村镇常用建筑材料与施工便携手册

村镇给水排水与采暖工程

白宏海　主编

中国铁道出版社

2012年·北京

内 容 提 要

本书主要内容包括:给水排水与采暖工程常用材料、村镇给水工程、村镇排水与污水处理工程、村镇采暖工程、太阳能热水设备工程。

本书既可为广大农民、农村基层领导干部和农村科技人员提供新农村建设的具有实践性、指导性的技术参考资料,也可作为社会主义新型农民、工程技术人员的培训教材。

图书在版编目(CIP)数据

村镇给水排水与采暖工程/白宏海主编 . —北京:中国
铁道出版社,2012.12
　(村镇常用建筑材料与施工便携手册)
　ISBN 978-7-113-15686-2

Ⅰ.①村…　Ⅱ.①白…　Ⅲ.①乡镇—给排水系统—建筑
安装—工程施工—技术手册②乡镇—采暖设备—建筑安装
—工程施工—技术手册　Ⅳ.①TU82-62②TU832-62

中国版本图书馆 CIP 数据核字(2012)第 280067 号

书　　名:	村镇常用建筑材料与施工便携手册
	村镇给水排水与采暖工程
作　　者:	白宏海

策划编辑:	江新锡　曹艳芳	
责任编辑:	冯海燕	电话:010-51873371
封面设计:	郑春鹏	
责任校对:	焦桂荣	
责任印制:	郭向伟	

出版发行: 中国铁道出版社(100054,北京市西城区右安门西街 8 号)

网　　址:	http://www.tdpress.com
印　　刷:	北京海淀五色花印刷厂
版　　次:	2012 年 12 月第 1 版　2012 年 12 月第 1 次印刷
开　　本:	787mm×1092mm　1/16　印张:15.25　字数:386 千
书　　号:	ISBN 978-7-113-15686-2
定　　价:	37.00 元

前　言

国家"十二五"规划提出改善农村生活条件之后,党和政府相继出台了一系列相关政策,强调"加强对农村建设工作的指导",并要求发展资源型、生态型、城镇型新农村,这为我国村镇的发展指明了方向。同时,这也对村镇建设工作者及其管理工作者提出了更高的要求。为了推进社会主义新农村建设,提高村镇建设的质量和效益,我们组织编写了《村镇常用建筑材料与施工便携手册》丛书。

本丛书依据"十二五"规划和《国务院关于推进社会主义新农村建设的若干意见》对建设社会主义新农村的部署与具体要求,结合我国村镇建设的现状,介绍了村镇建设的特点、基础知识,重点介绍了村镇住宅、村镇道路以及园林等方面的内容。编写本书的目的是为了向村镇建设的设计工作者、管理工作者等提供一些专业方面的技术指导,扩展他们的有关知识,提高其专业技能,以适应我国村镇建设的不断发展,更好地推进村镇建设。

《村镇常用建筑材料与施工便携手册》丛书包括七分册,分别为:

《村镇建筑工程》;

《村镇电气安装工程》;

《村镇装饰装修工程》;

《村镇给水排水与采暖工程》;

《村镇道路工程》;

《村镇建筑节能工程》;

《村镇园林工程》。

本系列丛书主要针对村镇建设的园林规划,道路、给水排水和房屋施工与监督管理环节,系统地介绍和讲解了相关理论知识、科学方法及实践,尤其注重基础设施建设、新能源、新材料、新技术的推广与使用,生态环境的保护,村镇改造与规划建设的管理。

参加本丛书的编写人员有白宏海、魏文彪、王林海、孙培祥、栾海明、孙占红、宋迎迎、张正南、武旭日、孙欢欢、王双敏、王文慧、彭美丽、张婧芳、李仲杰、李芳芳、乔芳芳、张凌、蔡丹丹、许兴云、张亚等。在此一并表示感谢!

由于我们编写水平有限,书中的缺点在所难免,希望专家和读者给予指正。

编　者

2012 年 11 月

目 录

第一章 给水排水与采暖工程常用材料

第一节 给水工程材料

一、给水铸铁管

1. 连续铸铁管

连续铸铁管是用连续铸造生产的灰口铸铁管,其连接方式与砂型离心铸铁管相同,不同的是,连续铸铁管的直径范围较宽。连续铸铁管按其壁厚分 LA、A 和 B 三级。其中 LA 级相当于砂型离心铸铁管的 P 级,A 级相当于 G 级,B 级的强度更高。一般情况下,最高工作压力按试验压力的 50% 选用。

连续铸铁管与砂型离心铸铁管在外形上的区别是前者插口端没有凸缘,后者的插口有凸缘(外径为 D_4、宽度为 x)。连续铸铁管如图 1-1 所示和连续铸铁管各部尺寸见表 1-1。连续铸铁管的水压试验与力学性能见表 1-2。

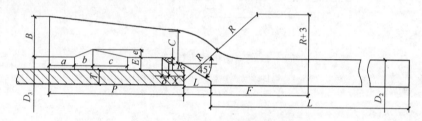

图 1-1 连续铸造铁管(单位:mm)

表 1-1 连续铸铁管各部尺寸

公称直径 DN(mm)	各部尺寸(mm)(图 1-2 所示参数项目)			
	a	b	c	e
75~450	15	10	20	6
500~800	18	12	25	7
900~1 200	20	14	30	8

注:$R = C + 2E$;$R_2 = E$。

表 1-2 连续铸铁管的试验压力与力学性能

水压试验压力(MPa)				力学性能	
公称直径 DN(mm)	LA	A	B	公称直径 DN(mm)	管环抗弯强度(MPa)
≤450	2.0	2.5	3.0	≤300	≥3.4
≥500	1.5	2.0	2.5	350~700	≥2.8
—	—	—	—	≥800	≥2.4

2. 柔性机械接口灰口铸铁管

柔性机械接口灰口铸铁管适用于输送煤气及给水。铸铁管按其壁厚分为 LA、A 和 B 三级。

(1)接口形式及尺寸。铸铁管接口形式分为 N(包括 N_1)型胶圈机械接口和 X 型胶圈机械接口。

1)N 型胶圈机械接口铸铁管的形式和尺寸应符合图 1-2 和表 1-3 的规定。N_1 型胶圈机械接口铸铁管的形式和尺寸应符合图 1-3 和表 1-4 的规定。

2)X 型胶圈机械接口铸铁管的形式和尺寸应符合图 1-4 和表 1-5 的规定。

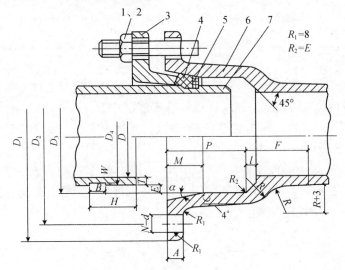

图 1-2　N 型胶圈机械接口(单位:mm)

1—螺母;2—螺栓;3—压兰;4—胶圈;

5—支承圈;6—管体承口;7—管体插口

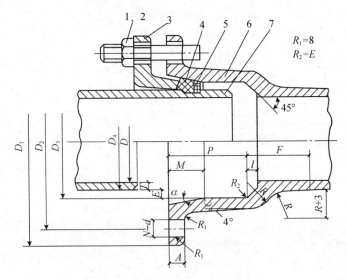

图 1-3　N_1 型胶圈机械接口(单位:mm)

1—螺母;2—螺栓;3—压兰;4—胶圈;

5—支承圈;6—管体承口;7—管体插口

表 1-3 N 型胶圈机械接口铸铁管尺寸

公称直径 DN (mm)	尺寸(mm)															螺栓孔	
	承口内径 D_3	承口法兰盘外径 D_1	螺孔中心圆 D_2	A	C	P	l	F	R	α	M	B	W	H		d	N(个)
100	138	250	210	19	12	95	10	75	32	10°	45	20	3	57		23	4
150	189	300	262	20	12	100	10	75	32	10°	45	20	3	57		23	6
200	240	350	312	21	13	100	11	77	33	10°	45	20	3	57		23	6
250	293.6	408	366	22	15	100	12	83	37	10°	45	20	3	57		23	6
300	344.8	466	420	23	16	100	13	85	38	10°	45	20	3	57		23	8
350	396	516	474	24	17	100	13	87	39	10°	45	20	3	57		23	10
400	447.6	570	526	25	18	100	14	89	40	10°	45	20	3	57		23	10
450	498.8	624	586	26	19	100	14	91	41	10°	45	20	3	57		23	12
500	552	674	632	27	21	100	15	97	45	10°	45	20	3	57		24	14
600	654.8	792	740	28	23	110	16	101	47	10°	45	20	3	57		23	16

表 1-4 N_1 型胶圈机械接口铸铁管尺寸

公称直径 DN (mm)	尺寸(mm)											螺栓孔	
	承口内径 D_3	承口法兰盘外径 D_1	螺孔中心圆 D_2	A	C	P	l	F	R	α	M	d	N(个)
100	126	262	209	19	14	95	10	75	32	15°	50	23	4
150	177	313	260	20	14	100	10	75	32	15°	50	23	6
200	228	366	313	21	15	100	11	77	33	15°	50	23	6
250	279.6	418	365	22	15	100	12	83	37	15°	50	23	6
300	330.8	471	418	23	16	100	13	85	38	15°	50	23	8
350	382	524	471	24	17	100	13	87	39	15°	50	23	10
400	433.6	578	525	25	18	100	14	89	40	15°	50	23	12
450	484.8	638	586	26	19	100	14	91	41	15°	50	23	12
500	536	682	629	27	21	100	15	97	45	15°	55	24	14
600	638.8	792	740	28	23	110	16	101	47	15°	55	24	16

表 1-5 **X 型胶圈机械接口铸铁管尺寸**

公称直径 D_1(mm)	外径 D_2(mm)	壁厚 T(mm)			承口尺寸(mm)							
		LA 级	A 级	B 级	D_3	D_4	D_5	A	C	P	F	R
75	93.0	9.0	9.0	9	115	101	169	36	14	90	70	25
100	118.0	9.0	9.0	9	140	126	194	36	14	95	70	25
150	169.0	9.0	9.2	10	191	177	245	36	14	100	70	25
200	220.0	9.2	10.1	11	242	228	300	38	15	100	71	26
250	271.6	10.0	11.0	12	294	280	376	38	15	105	73	26
300	322.8	10.8	11.9	13	345	331	411	38	16	105	75	27
400	425.6	12.5	13.8	15	448	434	520	40	18	110	78	29
500	528.0	14.2	15.6	17	550	536	629	40	19	115	82	30
600	630.8	15.8	17.4	19	653	639	737	42	20	120	84	31

质量(kg)				有效长度 L(mm)						橡胶圈工作直径 D_0(mm)
承口凸部	直部 1 m			5 000			6 000			
				总质量(kg)						
	LA 级	A 级	B 级	LA 级	A 级	B 级	LA 级	A 级	B 级	
6.69	17.1	17.1	17.1	92	92	92	109	109	109	116.0
8.28	22.2	22.2	22.2	119	119	119	141	141	141	141.0
11.4	32.6	33.3	36.0	174	178	191	207	211	227	193.0
15.5	43.9	48.0	52.0	235	255	275	279	308	327	244.5
19.9	59.2	64.8	70.5	316	344	372	375	409	443	297.0
24.4	76.2	83.7	91.1	405	443	480	482	527	571	348.5
36.5	116.8	128.5	139.3	620	679	733	737	808	872	452.0
50.1	165.0	180.8	196.5	875	954	1 033	1 040	1 135	1 229	556.0
65.0	219.8	241.4	262.9	1 165	1 273	1 380	1 384	1 514	1 643	659.5

注：(1)计算质量时，铸铁密度采用 7.20。承口质量为近似值。

(2)总质量＝直部 1 m 质量×有效长度＋承口凸部质量(计算结果，保留整数)。

(3)胶圈工作直径 D_0＝$1.01D_3$(计算结果取整到 0.5)mm。

·村镇给水排水与采暖工程·

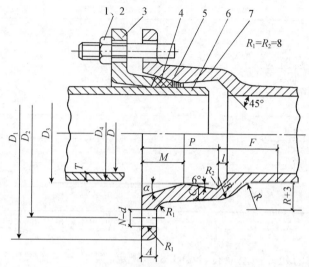

图 1-4　X 型胶圈机械接口(单位:mm)

1—螺母;2—螺栓;3—压兰;4—胶圈;5—支承圈;6—管体插口;7—管体承口

(2)柔性机械接口灰口铸铁管的试验压力与力学性能,见表 1-6。

表 1-6　柔性机械接口灰口铸铁管的试验压力与力学性能

水压试验压力(MPa)				力学性能	
公称直径 DN(mm)	LA	A	B	公称直径 DN(mm)	管环抗弯强度(MPa)
≤450	2.0	2.5	3.0	≤300	≥333
≥500	1.5	2.0	2.5	≥350	≥274

二、给水钢管

1. 焊接钢管

(1)低压流体输送用焊接钢管。低压流体输送用焊接钢管可用来输送水、污水、空气、蒸汽、煤气等低压流体,其公称口径与钢管的外径、壁厚见表 1-7。

表 1-7　钢管的公称口径与钢管的外径、壁厚对照表 (单位:mm)

公称口径	外径	壁　厚	
		普通钢管	加厚钢管
6	10.2	2.0	2.5
8	13.5	2.5	2.8
10	17.2	2.5	2.8
15	21.3	2.8	3.5
20	26.9	2.8	3.5
25	33.7	3.2	4.0
32	42.4	3.5	4.0
40	48.3	3.5	4.5

公称口径	外径	壁 厚	
		普通钢管	加厚钢管
50	60.3	3.8	4.5
65	76.1	4.0	4.5
80	88.9	4.0	5.0
100	114.3	4.0	5.0
125	139.7	4.0	5.5
150	168.3	4.5	6.0

注:表中的公称口径系近似内径的名义尺寸,不表示外径减去两个壁厚所得的内容。

钢管外径和壁厚的允许偏差应符合表 1-8 的规定,根据需方要求,经供需双方协商,并在合同中注明,可供应表 1-8 的规定以外允许偏差的钢管。

表 1-8 钢管外径和壁厚的允许偏差　　　　　　　　　　　　　　　　（单位:mm）

外 径	外径允许偏差		壁厚允许偏差
	管体	管端 (距管端 100 mm 范围内)	
$D \leqslant 48.3$	± 0.5	—	$\pm 10\%t$
$48.3 < D \leqslant 273.1$	$\pm 1\%D$	—	
$273.1 < D \leqslant 508$	$\pm 0.75\%D$	$+2.4$ -0.8	
$D > 508$	$\pm 1\%D$ 或 ± 10.0, 两者取较小值	$+3.2$ -0.8	

注:D 为外径(mm),t 为壁厚(mm)。

(2)螺旋缝焊接钢管。螺旋缝焊接钢管分为自动埋弧焊接和高频焊接两种。螺旋缝焊接钢管适用于水、污水、空气、采暖蒸汽等常温低压流体的输送。低压流体输送管道用螺旋缝埋弧焊钢管的标称外径、标称壁厚见表 1-9。

2. 无缝钢管

无缝钢管按制造方法分为热轧无缝钢管和冷拔(轧)无缝钢管。按用途可分为一般无缝钢管和专用无缝钢管。

(1)一般无缝钢管。一般无缝钢管由 10 号、20 号、Q295、Q345 钢制造。热轧钢管的长度为 3 000~12 000 mm,冷拔钢管的长度为 3 000~10 500 mm。

(2)专用无缝钢管。专用无缝钢管种类较多,有低、中压锅炉用无缝钢管、高压锅炉用无缝钢管、高压化肥设备用无缝钢管、石油裂化用无缝钢管、流体输送用不锈钢无缝钢管等。

1)低、中压锅炉用无缝钢管。低、中压锅炉用无缝钢管用 10 号、20 号优质碳钢制造,应用于工作压力 P 不大于 2.5 MPa,温度 t 不大于 450℃的中低压锅炉,亦可应用于相应工作压力下的过热蒸汽、高温水工程。

表1-9 钢管的标称外径、标称壁厚和线质量

外径 D (mm)	壁厚 T(mm) 线质量 M(kg/m)														
	5	5.4	5.6	6	6.3	7.1	8	8.8	10	11	12.5	14.2	16	17.5	20
273	33.05	35.64	36.93	39.51	41.44	46.56	52.28	57.34	64.86	—	—	—	—	—	—
323.9	39.32	42.42	43.96	47.04	49.34	55.47	62.32	68.38	77.41	—	—	—	—	—	—
355.6	43.23	46.64	48.34	51.73	54.27	61.02	68.58	75.26	85.23	—	—	—	—	—	—
(377)	45.87	49.45	51.29	54.90	57.59	64.77	72.80	79.91	90.51	—	—	—	—	—	—
406.4	49.50	53.40	55.34	59.25	62.16	69.92	78.60	86.29	97.76	107.26	—	—	—	—	—
(426)	51.91	56.01	58.06	62.15	65.21	73.35	82.47	90.54	102.59	112.58	—	—	—	—	—
457	55.73	60.14	62.34	66.73	70.02	78.78	88.58	97.27	110.24	120.99	137.03	—	—	—	—
508	—	—	69.38	74.28	77.95	87.71	98.65	108.34	122.81	134.82	152.75	—	—	—	—
(529)	—	—	72.28	77.39	81.21	91.38	102.79	112.89	127.99	140.52	159.11	—	—	—	—
559	—	—	76.43	81.83	85.87	96.64	108.71	119.41	135.39	148.66	168.47	—	—	—	—
610	—	—	—	89.37	93.80	105.57	118.77	130.47	147.97	162.49	184.19	—	—	—	—
(630)	—	—	—	92.33	96.90	109.07	122.72	134.81	152.90	167.92	190.36	—	—	—	—
660	—	—	—	96.77	101.56	114.32	128.63	141.32	160.30	176.06	199.60	226.15	—	—	—
711	—	—	—	—	109.49	123.25	138.70	152.39	172.88	189.89	215.33	244.01	—	—	—
(720)	—	—	—	—	110.89	124.83	140.47	154.35	175.10	192.34	218.10	247.17	—	—	—
762	—	—	—	—	117.41	132.18	148.76	163.46	185.45	203.73	231.05	261.87	—	—	—
813	—	—	—	—	125.33	141.11	158.82	174.53	198.03	217.56	246.77	279.73	—	—	—
864	—	—	—	—	133.26	150.04	168.88	185.60	210.61	231.40	262.49	297.59	334.61	—	—
914	—	—	—	—	—	—	178.75	196.45	222.94	244.96	277.90	315.10	354.34	—	—

续上表

外径 D (mm)	壁厚 T(mm) 线质量 M(kg/m)														
	5	5.4	5.6	6	6.3	7.1	8	8.8	10	11	12.5	14.2	16	17.5	20
1 016	—	—	—	—	—	—	198.87	218.58	248.09	272.63	309.35	350.82	394.58	—	—
1 067	—	—	—	—	—	—	—	229.65	260.67	286.47	325.07	368.68	414.71	—	—
1 118	—	—	—	—	—	—	—	240.72	273.25	300.30	340.79	386.54	434.83	474.95	541.57
1 168	—	—	—	—	—	—	—	251.57	285.58	313.87	356.20	404.05	454.56	496.53	566.23
1 219	—	—	—	—	—	—	—	262.64	298.16	327.70	371.93	421.91	474.68	518.54	591.38
1 321	—	—	—	—	—	—	—	—	260.67	286.47	325.07	368.68	414.71	452.94	516.41
1 422	—	—	—	—	—	—	—	—	348.22	382.77	434.50	493.00	554.79	606.15	691.51
1 524	—	—	—	—	—	—	—	—	373.38	410.44	465.95	528.72	595.03	650.17	741.82
1 626	—	—	—	—	—	—	—	—	398.53	438.11	497.39	564.44	635.28	694.19	741.82
1 727	—	—	—	—	—	—	—	—	—	—	528.53	599.81	675.13	737.78	841.94
1 829	—	—	—	—	—	—	—	—	—	—	559.97	635.53	715.38	781.80	892.25
1 930	—	—	—	—	—	—	—	—	—	—	591.11	670.90	755.23	825.39	942.07
2 032	—	—	—	—	—	—	—	—	—	—	—	706.62	795.48	869.41	992.38
2 134	—	—	—	—	—	—	—	—	—	—	—	—	835.73	913.43	1 042.69
2 235	—	—	—	—	—	—	—	—	—	—	—	—	875.58	957.02	1 092.50
2 337	—	—	—	—	—	—	—	—	—	—	—	—	915.83	1 001.04	1 142.81
2 438	—	—	—	—	—	—	—	—	—	—	—	—	955.68	1 044.63	1 192.63
2 540	—	—	—	—	—	—	—	—	—	—	—	—	995.93	1 088.65	1 242.94

注:1. 根据购方需要，并经购方与制造厂协议，可供应介于本表所列标称外径和标称壁厚之间或之外尺寸的钢管。

2. 本表中加括号的标称外径为保留标称外径。

2）高压锅炉用无缝钢管。高压锅炉用无缝钢管用优质碳素结构钢、合金结构钢、不锈耐热钢等制造,应用于高压蒸汽锅炉、过热蒸汽管道等。

3）高压化肥设备用无缝钢管。高压化肥设备用无缝钢管20号钢和低合金结构钢制造,应用于高压化肥设备和管道,也可应用于其他化工设备。

4）石油裂化用无缝钢管。石油裂化用无缝钢管用10号、20号优质碳钢,合金钢12CrMo、15CrMo制造,应用于石油精炼厂的炉管、热交换器和管道。

5）流体输送用无缝钢管。流体输送用无缝钢管用0Cr18Ni9、00Cr19Ni10、0Cr23Ni13、0Cr25Ni20、0Cr18Ni10Ti、0Cr18Ni11Nb、0Cr17Ni12Mo2、00Cr17Ni14Mo2、0Cr13等钢制造。主要用丁输送腐蚀性介质或低温、高温介质,是管道工程中的优质材料。不锈钢无缝钢管的制造方法有热轧和冷拔两种。

三、PVC-U、PE、PP-R、PB、铝塑复合管

1. 硬聚氯乙烯(PVC-U)给水管

给水用硬聚氯乙烯塑料(PVC-U)管是以聚氯乙烯树脂为主要原料,加入为生产符合国家标准的管材所必要的添加剂组成的混合料(混合料中不得加入增塑剂)经挤出成型的给水用管材。给水用硬聚氯乙烯塑料(PVC-U)管适用于输送温度不超过45℃的水,包括一般用水和饮用水的输送。

给水用硬聚氯乙烯塑料(PVC-U)管的连接形式分为弹性密封圈连接型承插口(图1-5)和溶剂粘接型承插口(图1-6)。

给水用硬聚氯乙烯塑料(PVC-U)管材的公称压力(PN)等级和规格尺寸见表1-10和表1-11。管材规格用 $d_e \times e$(公称外径×壁厚)表示。

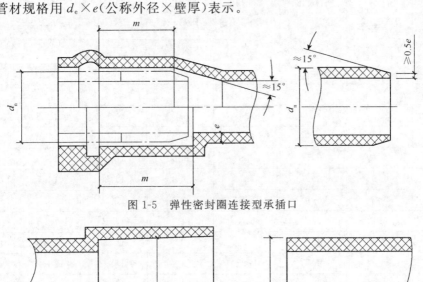

图1-5 弹性密封圈连接型承插口

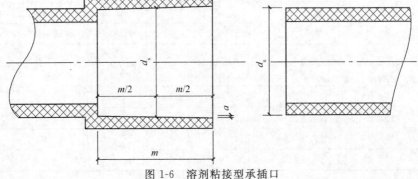

图1-6 溶剂粘接型承插口

表 1-10　公称压力等级和规格尺寸（一）　　　　　　（单位：mm）

公称外径 d_n	管材 S 系列 SDR 系列和公称压力						
	S16 SDR33 PN0.63	S12.5 SDR26 PN0.8	S10 SDR21 PN1.0	S8 SDR17 PN1.25	S6.3 SDR13.6 PN1.6	S5 SDR11 PN2.0	S4 SDR9 PN2.5
	公称壁厚 e_n						
20	—	—	—	—	—	2.0	2.3
25	—	—	—	—	2.0	2.3	2.8
32	—	—	—	2.0	2.4	2.9	3.6
40	—	—	2.0	2.4	3.0	3.7	4.5
50	—	2.0	2.4	3.0	3.7	4.6	5.6
63	2.0	2.5	3.0	3.8	4.7	5.8	7.1
75	2.3	2.9	3.6	4.5	5.6	6.9	8.4
90	2.8	3.5	4.3	5.4	6.7	8.2	10.1

注：公称壁厚 e_n 根据设计应力 $\sigma_s = 10$ MPa 确定，最小壁厚不小于 2.0 mm。

表 1-11　公称压力等级和规格尺寸（二）　　　　　　（单位：mm）

公称外径 d_n	管材 S 系列 SDR 系列和公称压力						
	S20 SDR11 PN0.63	S16 SDR33 PN0.8	S12 SDR26 PN1.0	S10 SDR21 PN1.25	S8 SDR17 PN1.6	S6.3 SDR13.6 PN2.0	S5 SDR11 PN2.5
	公称壁厚 e_n						
110	2.7	3.4	4.2	5.3	6.6	8.1	10.1
125	3.1	3.9	4.8	6.0	7.4	9.2	11.4
140	3.5	4.3	5.4	6.7	8.3	10.3	12.7
160	4.0	4.9	6.2	7.7	9.5	11.8	14.6
180	4.4	5.5	6.9	8.6	10.7	13.3	16.4
200	4.9	6.2	7.7	9.6	11.9	14.7	18.2
225	5.5	6.9	8.6	10.8	13.4	16.6	—
250	6.2	7.7	9.6	11.9	14.8	18.4	—
280	6.9	8.6	10.7	13.4	16.6	20.6	—
315	7.7	9.7	12.1	15.0	18.7	23.2	—
355	8.7	10.9	13.6	16.9	21.1	26.1	—
400	9.8	12.3	15.3	19.1	23.7	29.4	—
450	11.0	13.8	17.2	21.5	26.7	33.1	—
500	12.3	15.3	19.1	23.9	29.7	36.8	—
560	13.7	17.2	21.4	26.7	—	—	—
630	15.4	19.3	24.1	30.0	—	—	—

公称外径 d_n	管材 S 系列 SDR 系列和公称压力						
	S20 SDR11 PN0.63	S16 SDR33 PN0.8	S12 SDR26 PN1.0	S10 SDR21 PN1.25	S8 SDR17 PN1.6	S6.3 SDR13.6 PN2.0	S5 SDR11 PN2.5
	公称壁厚 e_n						
710	17.4	21.8	27.2	—	—	—	—
800	19.6	24.5	30.6	—	—	—	—
900	22.0	27.6	—	—	—	—	—
1 000	24.5	30.6	—	—	—	—	—

注：公称壁厚(e_n)根据设计应力(σ_s)12.5 MPa 确定。

给水用硬聚氯乙烯塑料(PVC-U)管的公称压力系指管材在 20℃ 条件下输送水的工作压力。若水温在 25℃～45℃ 之间时,应按表 1-12 不同温度的下降系数(f_t)予以修正。用下降系数(f_t)乘以公称压力(PN)得到最大允许工作压力。

表 1-12　不同温度的下降系数(f_t)

温度(℃)	下降系数 f_t	温度(℃)	下降系数 f_t
$0 < t \leqslant 25$	1	$35 < t \leqslant 45$	0.63
$25 < t \leqslant 35$	0.8	—	—

给水用硬聚氯乙烯塑料(PVC-U)管的一般长度为 4 m、6 m,也可由供需双方协商确定。长度不允许负偏差。管材长度不包括承插口深度,长度测量位置如图 1-7 所示(L 为管材长度,L_1 为有效长度)。

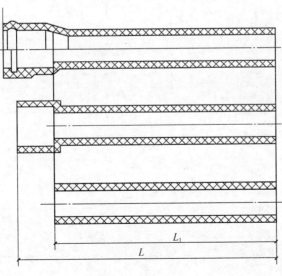

图 1-7　管材长度

2. 聚乙烯(PE)给水管材

聚乙烯(PE)给水管材的主要指标见表1-13。聚乙烯(PE)给水管材规格尺寸见表1-14。

表 1-13　聚乙烯(PE)给水管材的主要指标

项　目	内　容		
适用范围	适用水温度不超过40℃,一般用途的压力输水以及饮用水的输送		
颜色	市政饮用水管材的颜色为蓝色或黑色,黑色管上应有蓝色色条,色条沿管材纵向至少有三条;其他用途水管可以为蓝色或黑色。暴露在阳光下的敷设管道(如地上管道)必须是黑色		
原材料	PE80、PE100(混配料);PE63(可采用管材级基础树脂加母料);PE100、PE80、PE63、PE40、PE32 一般要求为混配料		
公称外径	16～1 000 mm		
静液压强度试验	条　件	试验时间	要求
	20℃静液压强度,环向应力;PE63(8.0 MPa),PE80(9.0 MPa),PE100(12.4 MPa)	100 h	不破裂,不渗漏
	80℃静液压强度,环向应力;PE63(3.5 MPa),PE80(4.6 MPa),PE100(5.5 MPa)	165 h	
	80℃静液压强度,环向应力;PE63(3.2 MPa),PE80(4.0 MPa),PE100(5.0 MPa)	1 000 h	

表 1-14　聚乙烯(PE)管材规格尺寸

PE63级聚乙烯管材公称压力和规格尺寸				
公称外径 d_n(mm)	公称壁厚 e_n(mm)			
	标准尺寸比			
	SDR33	SDR26	SDR17.6	SDR13.6	SDR11
	公称压力(MPa)			
	0.32	0.4	0.6	0.8	1.0
16	—	—	—	—	2.3
20	—	—	—	2.3	2.3
25	—	—	2.3	2.3	2.3
32	—	—	2.3	2.4	2.9
40	—	2.3	2.3	3.0	3.7
50	—	2.3	2.9	3.7	4.6
63	2.3	2.5	3.6	4.7	5.8
75	2.3	2.9	4.3	5.6	6.8
90	2.8	3.5	5.1	6.7	8.2

公称外径 d_n(mm)	公称壁厚 e_n(mm)				
	标准尺寸比				
	SDR33	SDR26	SDR17.6	SDR13.6	SDR11
	公称压力(MPa)				
	0.32	0.4	0.6	0.8	1.0
110	3.4	4.2	6.3	8.1	10.0
125	3.9	4.8	7.1	9.2	11.4
140	4.3	5.4	8.0	10.3	12.7
160	4.9	6.2	9.1	11.8	14.6
180	5.5	6.9	10.2	13.3	16.4
200	6.2	7.7	11.4	14.7	18.2
225	6.9	8.6	12.8	16.6	20.5
250	7.7	9.6	14.2	18.4	22.7
280	8.6	10.7	15.9	20.6	25.4
315	9.7	12.1	17.9	23.2	28.6
355	10.9	13.6	20.1	26.1	32.2
400	12.3	15.3	22.7	29.4	36.3
450	13.8	17.2	25.5	33.1	40.9
500	15.3	19.1	28.3	36.8	45.4
560	17.2	21.4	31.7	41.2	50.8
630	19.3	24.1	35.7	46.3	57.2
710	21.8	27.2	40.2	52.2	—
800	24.5	30.6	45.3	58.8	—
900	27.6	34.4	51.0	—	—
1 000	30.6	38.2	56.6	—	—

PE63级聚乙烯管材公称压力和规格尺寸

PE80级聚乙烯管材公称压力和规格尺寸

公称外径 d_n(mm)	公称壁厚 e_n(mm)				
	标准尺寸比				
	SDR33	SDR21	SDR17	SDR13.6	SDR11
	公称压力(MPa)				
	0.4	0.6	0.8	1.0	1.25
16	—	—	—	—	—
20	—	—	—	—	—

公称外径 d_n(mm)	PE80级聚乙烯管材公称压力和规格尺寸				
	公称壁厚 e_n(mm)				
	标准尺寸比				
	SDR33	SDR21	SDR17	SDR13.6	SDR11
	公称压力（MPa）				
	0.4	0.6	0.8	1.0	1.25
25	—	—	—	—	2.3
32	—	—	—	—	3.0
40	—	—	—	—	3.7
50	—	—	—	—	4.6
63	—	—	—	4.7	5.8
75	—	—	4.5	5.6	6.8
90	—	4.3	5.4	6.7	8.2
110	—	5.3	6.6	8.1	10.0
125	—	6.0	7.4	9.2	11.4
140	4.3	6.7	8.3	10.3	12.7
160	4.9	7.7	9.5	11.8	14.6
180	5.5	8.6	10.7	13.3	16.4
200	6.2	9.6	11.9	14.7	18.2
225	6.9	10.8	13.4	16.6	20.5
250	7.7	11.9	14.8	18.4	22.7
280	8.6	13.4	16.6	20.6	25.4
315	9.7	15.0	18.7	23.2	28.6
355	10.9	16.9	21.1	26.1	32.2
400	12.3	19.1	23.7	29.4	36.3
450	13.8	21.5	26.7	33.1	40.9
500	15.3	23.9	29.7	36.8	45.4
560	17.2	26.7	33.2	41.2	50.8
630	19.3	30.0	37.4	46.3	57.2
710	21.8	33.9	42.1	52.2	—
800	24.5	38.1	47.4	58.8	—
900	27.6	42.9	53.3	—	—
1 000	30.6	47.7	59.3	—	—

公称外径 d_n(mm)	PE100 级聚乙烯管材公称压力和规格尺寸				
	公称壁厚 e_n(mm)				
	标准尺寸比				
	SDR26	SDR21	SDR17	SDR13.6	SDR11
	公称压力(MPa)				
	0.6	0.8	1.0	1.25	1.6
32	—	—	—	—	3.0
40	—	—	—	—	3.7
50	—	—	—	—	4.6
63	—	—	—	4.7	5.8
75	—	—	4.5	5.6	6.8
90	—	4.3	5.4	6.7	8.2
110	4.2	5.3	6.6	8.1	10.0
125	4.8	6.0	7.4	9.2	11.4
140	5.4	6.7	8.3	10.3	12.7
160	6.2	7.7	9.5	11.8	14.6
180	6.9	8.6	10.7	13.3	16.4
200	7.7	9.6	11.9	14.7	18.2
225	8.6	10.8	13.4	16.6	20.5
250	9.6	11.9	14.8	18.4	22.7
280	10.7	13.4	16.6	20.6	25.4
315	12.1	15.0	18.7	23.2	28.6
355	13.6	16.9	21.1	26.1	32.2
400	15.3	19.1	23.7	29.4	36.3
450	17.2	21.5	26.7	33.1	40.9
500	19.1	23.9	29.7	36.8	45.4
560	21.4	26.7	33.2	41.2	50.8
630	24.1	30.0	37.4	46.3	57.2
710	27.2	33.9	42.1	52.2	—
800	30.6	38.1	47.4	58.8	—
900	34.4	42.9	53.3	—	—
1 000	38.2	47.7	59.3	—	—

给水用聚乙烯(PE)管材是以聚乙烯树脂为主要原料经挤出成型的。可用作建筑物内外

(埋地)给水用管材,用于输送温度不超过 40℃的一般用途的压力输水及生活饮用水。

3. 聚丙烯管材(PP-R)给水管

无规共聚聚丙烯(PP-R)管道目前最主要的应用领域为建筑物内(或附近)冷热水系统。适合用于公称压力为 0.6 MPa、1.6 MPa、2.0 MPa,公称外径为 12～160 mm,输送水温在 95℃以下的建筑内给水管材。无规共聚聚丙烯(PP-R)管的规格尺寸见表 1-15。

表 1-15　无规共聚聚丙烯(PP-R)管的规格尺寸　　　　　　(单位:mm)

公称外径 d_n	平均外径		管 系 列				
	最小外径 $d_{em,min}$	最大外径 $d_{em,max}$	S5	S4	S3.2	S2.5	S2
			公称壁厚 e_n				
12	12.0	12.3	—	—		2.0	2.4
16	16.0	16.3	—	2.0	2.2	2.7	3.3
20	20.0	20.3	2.0	2.3	2.8	3.4	4.1
25	25.0	25.3	2.3	2.8	3.5	4.2	5.1
32	32.0	32.3	2.9	3.6	4.4	5.4	6.5
40	40.0	40.4	3.7	4.5	5.5	6.7	8.1
50	50.0	50.5	4.6	5.6	6.9	8.3	10.1
63	63.0	63.6	5.8	7.1	8.6	10.5	12.7
75	75.0	75.7	6.8	8.4	10.3	12.5	15.1
90	90.0	90.9	8.2	10.1	12.3	15.0	18.1
110	110.0	111.0	10.0	12.3	15.1	18.3	22.1
140	140.0	141.1	12.7	15.7	19.2	23.3	28.1
160	160.0	161.5	14.6	17.9	21.9	26.6	32.1

4. 聚丁烯(PB)给水管

聚丁烯(PB)管,准确的应称为聚 1-丁烯(PB-1)。聚 1-丁烯(PB-1)的最大用途是用来制作管道,尤其适合制作薄壁小口径受压管道。PB 管的外观及化学性能类似于 PE 管和 PP 管,但有着较 PE 管和 PP 管更优越的性能。它具有强度高、耐蠕变性能好、热变形温度高、耐热性能好、脆化温度低等优点。使用温度范围为 -20℃～90℃,最高可达 110℃的高温,耐磨损、耐冲击性能好,可长期在较高的温度下工作。PB 管能够长期承受高达其屈服强度 90% 的应力。聚丁烯管的规格尺寸见表 1-16。

表 1-16　聚丁烯管的规格尺寸　　　　　　(单位:mm)

公称外径 d_n	平均外径		最小壁厚 e_{min}					
	最小外径 $d_{em,min}$	最大外径 $d_{em,max}$	S 系列					
			10	8	6.3	5	4	3.2
12	12.0	12.3	1.3	1.3	1.3	1.3	1.4	1.7
16	16.0	16.3	1.3	1.3	1.3	1.5	1.8	2.2

公称外径 d_n	平均外径		最小壁厚 e_{min}					
	最小外径 $d_{em,min}$	最大外径 $d_{em,max}$	S系列					
			10	8	6.3	5	4	3.2
20	20.0	20.3	1.3	1.3	1.5	1.9	2.3	2.8
25	25.0	25.3	1.3	1.5	1.9	2.3	2.8	3.5
32	32.0	32.3	1.6	1.9	2.4	2.9	3.6	4.4
40	40.0	40.4	1.9	2.4	3.0	3.7	4.5	5.5
50	50.0	50.5	2.4	3.0	3.7	4.6	5.6	6.9
63	63.0	63.6	3.0	3.8	4.7	5.8	7.1	8.6
75	75.0	75.7	3.6	4.5	5.5	6.8	8.4	10.3
90	90.0	90.9	4.3	5.4	6.6	8.2	10.1	12.3
110	110.0	111.0	5.3	6.6	8.1	10.1	12.3	15.1
125	125.0	126.2	6.0	7.4	9.2	11.4	13.2	17.1
140	140.0	141.3	6.7	8.3	10.3	12.7	15.7	19.2
160	160.0	161.5	7.7	9.5	11.8	14.6	17.9	21.9

5. 铝塑复合管

铝塑复合管是以聚乙烯(PE)或交联聚乙烯(PE-X)为内外层,中间夹一焊接铝管,在铝管的内外表面涂覆胶粘剂与塑料层粘接,通过复合工艺成型的管材。它是一种具有多层结构的复合管材。铝塑管按制作工艺的不同,分为铝管搭接焊接式铝塑管和铝管对接焊式铝塑管。嵌入金属层为搭接焊铝合金的铝塑管是铝管搭接焊式铝塑管;嵌入金属层为对接焊铝合金的铝塑管是铝管对接焊式铝塑管,如图1-8所示。

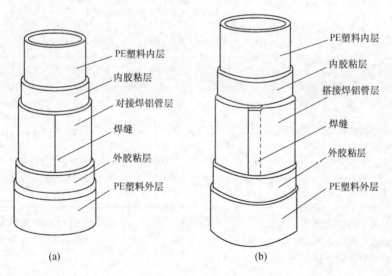

（a）　　　　　　　　　　（b）

图1-8　铝塑复合管

铝塑复合管的代号为 PAP,交联铝塑复合管的代号为 XPAP。铝塑复合管用来输送冷热水、燃气、供暖、压缩空气及特种介质等有压流体。

铝管对接焊式铝塑管的分类见表 1-17。

表 1-17　铝管对接焊式铝塑管的分类

类型	内　　容
一型铝塑管	外层为聚乙烯管,内层为交联聚乙烯管,嵌入金属为对接焊铝合金的复合管,代号为 XPAP1,适合在较高的工作温度和流体压力条件下使用
二型铝塑管	内外层均为交联聚乙烯塑料,嵌入金属层为对接焊铝合金的复合管,代号为 XPAP2,适合较高的工作温度和流体压力条件,比一型铝塑管具有更好的抗外部恶劣环境的性能
三型铝塑管	内外层均为聚乙烯塑料,嵌入金属层为对接焊的复合管,代号为 PAP3。适合较低的工作温度和流体压力条件
四型铝塑管	内外层均为聚乙烯塑料,嵌入金属层为对接焊的复合管,代号为 PAP4。适合较低的工作温度和流体压力条件。可用于输送燃气等流体

铝塑管种类较多,工程上通常按输送流体的不同进行分类。铝塑管品种分类见表 1-18,铝塑管结构尺寸见表 1-19。

表 1-18　铝塑管品种分类

液体类型		用途代号	铝塑管代号	长期工作温度 T_0(℃)	允许工作压力 P_0(MPa)
水	冷水	L	PAP3、PAP4	40	1.40
			XPAP1、XPAP2		2.00
	冷热水	R	PAP3、PAP4	60	1.00
			XPAP1、XPAP2	75	1.50
			XPAP1、XPAP2	95	1.25
燃气①	天然气	Q	PAP4	35	0.40
	液化石油气				0.40
	人工煤气②				0.20
特种流体③		T	PAP3	40	1.00

注:在输送易在管内产生相变的流体时,在管道系统中因相变产生的膨胀力不应超过最大允许工作压力或者在管道系统中采取防止相变的措施。

①输送燃气时应符合燃气安装的安全规定。

②在输送人工煤气时应注意到冷凝剂中芳香烃对管材的不利影响,工程中应考虑这一因素。

③系指和 HDPE 抗化学药品性能相一致的特种流体。

表 1-19　铝塑管结构尺寸　　　　　　　　　　　　（单位:mm）

铝管搭接式焊铝塑管结构尺寸要求									
公称外径 d_n	公称外径公差	参考内径 d_1	圆度		管壁厚 e_m		内层塑料最小壁厚 e_n	外层塑料最小壁厚 e_w	铝管层最小壁厚 e_a
			盘管	直管	最小值	公差			
12	+0.30	8.3	≤0.8	≤0.4	1.6	+0.50	0.7	0.4	0.18
16		12.1	≤1.0	≤0.5	1.7		0.9		
20		15.7	≤1.2	≤0.6	1.9		1.0		0.23
25		19.9	≤1.5	≤0.8	2.3		1.1		
32		25.7	≤2.0	≤1.0	2.9		1.2		0.28
40		31.6	≤2.4	≤1.2	3.9	+0.60	1.7		0.33
50		40.5	≤3.0	≤1.5	4.4	+0.70	1.7		0.47
63	+0.40	50.5	≤3.8	≤1.9	5.8	+0.90	2.1		0.57
75	+0.60	59.3	≤4.5	≤2.3	7.3	+1.10	2.8		0.67

第二节　排水工程材料

一、灰口铸铁管件

1. 技术要求

(1)化学成分。铸铁管件的磷含量不应大于 0.30%,硫含量不应大于 0.10%。

(2)力学性能。

1)铸铁管件的抗拉强度应不小于 1.4 N/mm²。

2)管件表面硬度不大于 HBW230,管件中心部分硬度不大于 HBW215。

(3)工艺性能。

1)水压试验。管件水压试验压力应符合表 1-20 的规定。

表 1-20　管件水压试验压力

公称直径 DN(mm)	试验压力(MPa)
≤300	2.5
≥350	2.0

2)气密性试验。管件用于输气管道时,需做气密性试验。

(4)组织。管件应为灰口铸铁,组织应致密,易于切削、钻孔。

(5)表面质量。管件内外表面应光洁,不允许有任何妨碍使用的明显缺陷。受铸造工艺的限制和影响,但又不影响使用的铸造缺陷允许存在。

管件上局部薄弱处应不多于 2 处。局部减薄后的厚度应不小于《连续铸铁管》(GB/T 3422—2008)中同口径离心直管 G 级的最小厚度。受减小壁厚影响的面积应小于内腔截面积的 1/10。

(6)涂覆。

1)管件内外表面可涂沥青质或其他防腐材料。若要求内表面不涂涂料时,由供需双方商定。

2)输水管与水接触的涂料应不溶于水,不得使水产生臭味,有害杂质含量应符合卫生部饮用水有关规定。

3)涂覆前,内外表面应光洁,并无铁锈、铁片。

4)涂覆后,内外表面应光洁,涂层均匀、粘附牢固,并不因气候冷热而发生异常。

2. 尺寸规格

(1)异型管件承插口断面,如图 1-9 所示,异型管件承插口尺寸见表 1-21。

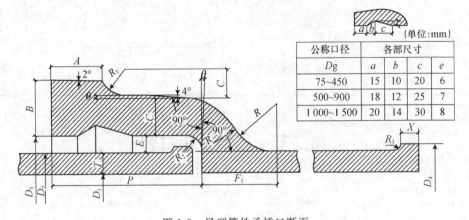

公称口径	各部尺寸			
Dg	a	b	c	e
75~450	15	10	20	6
500~900	18	12	25	7
1 000~1 500	20	14	30	8

(单位:mm)

图 1-9 异型管件承插口断面

表 1-21 异型管件承插口尺寸

公称直径	管厚	内径	外径	承口尺寸							插口尺寸						质量	
				mm													kg	
DN	T	D_1	D_2	D_3	A	B	C	P	E	F_1	R	D_4	R_3	X	r	R_1	R_2	承口凸部	插口凸部
75	10	73	93	113	36	28	14	90	10	41.6	24	103	5	15	4	14	10	6.83	0.17
100	10	98	118	138	36	28	14	95	10	41.6	24	128	5	15	4	14	10	8.49	0.21
(125)	10.5	122	143	163	36	28	14	95	10	41.6	24	153	5	15	4	14	10	9.85	0.25
150	11	147	169	189	36	28	14	100	10	41.6	24	179	5	15	4	14	10	11.70	0.30
200	12	196	220	240	38	30	15	100	10	43.3	25	230	5	15	4	15	10	15.90	0.38

公称直径	管厚	内径	外径	承口尺寸								插口尺寸						质量	
				mm														kg	
DN	T	D_1	D_2	D_3	A	B	C	P	E	F_1	R	D_4	R_3	X	r	R_1	R_2	承口凸部	插口凸部
250	13	245.6	271.6	293.6	38	32	16.5	105	11	47.6	27.5	281.6	5	20	4	16.5	11	21.98	0.63
300	14	294.8	322.8	344.8	38	33	17.5	105	11	49.4	28.5	332.8	5	20	4	17.5	11	26.94	0.74
(350)	15	344	374	396	40	34	19	110	11	52	30	384	5	20	4	19	11	34.07	0.86
400	16	393.6	425.6	447.6	40	36	20	110	11	53.7	31	435.6	5	25	5	20	11	40.67	1.46
(450)	17	442.8	476.8	498.8	40	37	21	115	11	55.4	32	486.8	5	25	5	21	11	48.69	1.64
500	18	492	528	552	40	38	22.5	115	12	59.8	34.5	540	6	25	5	22.5	12	57.08	1.81
600	20	590.8	630.8	654.8	42	41	25	120	12	64.1	37	642.8	6	25	5	25	12	77.39	2.16
700	22	689	733	757	42	44.5	27.5	125	12	68.4	39.5	745	6	25	5	27.5	12	101.5	2.51
800	24	788	836	860	45	48	30	130	12	72.7	42	848	6	25	5	30	12	130.3	2.86
900	26	887	939	963	45	51.5	32.5	135	12	77.1	44.5	951	6	25	5	32.5	12	163.0	3.21
1 000	28	985	1 041	1 067	50	55	35	140	13	83.1	48	1 053	6	25	5	35	13	202.8	3.55
1 200	32	1 182	1 246	1 272	52	62	40	150	13	91.8	53	1 258	6	25	5	40	13	294.5	4.25
1 500	38	1 478	1 554	1 580	57	72.5	47.5	165	13	104.8	60.5	1 566	6	25	6	47.5	13	474.4	4.29

注:公称直径 DN 中不带括号为第一系列,优先采用;带括号为第二系列,不推荐使用。

(2)异型管件法兰盘断面,如图 1-10 所示,异型管件法兰盘尺寸见表 1-22。

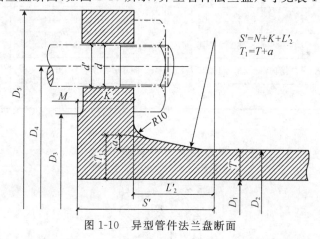

$$S'=N+K+L'_2$$
$$T_1=T+a$$

图 1-10 异型管件法兰盘断面

表 1-22 异型法兰盘尺寸

公称直径	管厚	内径	外径	法兰盘尺寸						螺栓				质量
										中心圆	直径	孔径	数量	
				mm									个	kg
DN	T	D_1	D_2	D_5	D_3	K	M	a	L'_2	D_4	d	d'	N	法兰凸部
75	10	73	93	200	133	19	4	4	25	160	16	18	8	3.69
100	10	98	118	220	158	19	4.5	4	25	180	16	18	8	4.14

公称直径	管厚	内径	外径	法兰盘尺寸							螺栓				质量
											中心圆	直径	孔径	数量	
				mm										个	kg
DN	T	D_1	D_2	D_5	D_3	K	M	a	L'_2		D_4	d	d'	N	法兰凸部
(125)	10.5	122	143	250	184	19	4.5	4	25		210	16	18	8	5.04
150	11	147	169	285	212	20	4.5	4	25		240	20	22	8	6.60
200	12	196	220	340	268	21	4.5	4	25		295	20	22	8	8.86
250	13	245.6	271.6	395	320	22	4.5	4	25		350	20	22	12	11.31
300	14	294.8	322.8	445	370	23	4.5	5	30		400	20	22	12	13.63
(350)	15	344	374	505	430	24	5	5	30		460	20	22	16	17.60
400	16	393.6	425.6	565	482	25	5	5	30		515	24	26	16	21.76
(450)	17	442.8	476.8	615	532	26	5	5	30		565	24	26	20	24.65
500	18	492	528	670	585	27	5	5	30		620	24	26	20	28.75
600	20	590.8	630.8	780	685	28	5	5	30		725	27	30	20	36.51
700	22	689	733	895	800	29	5	5	30		840	27	30	24	47.52
800	24	788	836	1 015	905	31	5	6	35		950	30	33	24	63.61
900	26	887	939	1 115	1 005	33	5	6	35		1 050	30	33	28	73.17
1 000	28	985	1 041	1 230	1 110	34	6	6	35		1 160	33	36	28	90.26
1 200	32	1 182	1 246	1 455	1 330	38	6	6	35		1 380	36	39	32	131.88
1 500	38	1 478	1 554	1 785	1 640	42	6	7	40		1 700	39	42	36	197.80

注:同表1-22表注。

(3)承盘短管,如图1-11所示,承盘短管尺寸见表1-23。

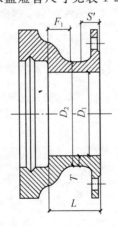

图1-11 承盘短管

侧栏:村镇给水排水与采暖工程

表 1-23　承盘短管尺寸

公称直径	管厚	外径	内径	管长	质量
		mm			kg
DN	T	D_2	D_1	L	
75	10	93	73	120	12.78
100	10	118	98	120	16.01
(125)	10.5	143	122	120	18.67
150	11	169	147	120	23.00
200	12	220	196	120	31.53
250	13	271.6	245.6	170	46.21
300	14	322.8	294.8	170	57.18
(350)	15	374	344	170	72.36
400	16	425.6	393.6	170	87.62
(450)	17	476.8	442.8	170	103.38
500	18	528	492	170	121.11
600	20	630.8	590.8	250	182.95
700	22	733	689	250	237.42
800	24	836	788	250	304.04
900	26	939	887	250	370.65
1 000	28	1 041	985	250	460.89
1 200	32	1 246	1 182	320	707.44
1 500	38	1 554	1 478	320	1 088.97

(4)插盘短管,如图 1-12 所示,插盘短管尺寸见表 1-24。

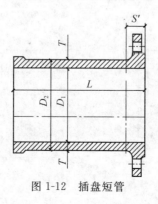

图 1-12　插盘短管

表 1-24　插盘短管尺寸

公称直径	管厚	外径	内径	管长	质量
		mm			kg
DN	T	D_2	D_1	L^*	
75	10	93	73	400(700)	12.26(17.90)
100	10	118	98	400(700)	15.3(22.62)
(125)	10.5	143	122	400(700)	19.4(28.84)
150	11	169	147	400(700)	24.56(36.34)
200	12	220	196	500(700)	40.3(51.59)
250	13	271.6	245.6	500(700)	53.85(68.05)
300	14	322.8	294.8	500(700)	68.86(88.41)
(350)	15	374	344	500(700)	86.51(110.86)
400	16	425.6	393.6	500(750)	106.19(143.23)
(450)	17	476.8	442.8	500(750)	125.43(169.61)
500	18	528	492	500(750)	147.2(199.09)
600	20	630.8	590.8	600(750)	222.22(263.65)
700	22	733	689	600(750)	284.84(337.89)
800	24	836	788	600(750)	362.1(428.18)
900	26	939	887	600(800)	437.86(545.16)
1 000	28	1 041	985	600(800)	526.71(654.91)
1 200	32	1 246	1 182	700(800)	820.32(908.12)
1 500	38	1 554	1 478	700(800)	1 229.4(1 359.6)

*管长 L 括号内尺寸为加长管,供用户按不同接口工艺时选用。

(5)套管,如图 1-13 所示,套管尺寸见表 1-25。

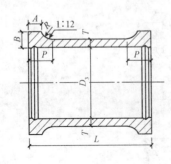

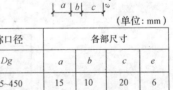

(单位:mm)

公称口径	各部尺寸			
Dg	a	b	c	e
75~450	15	10	20	6
500~900	18	12	25	7
1 000~1 500	20	14	30	8

图 1-13　套管

表 1-25 套管尺寸

公称直径	套管直径	管厚	各部尺寸					质量
					mm			kg
DN	Dg	T	A	B	R	P	L	
75	113	14	36	28	14	90	300	15.84
100	138	14	36	28	14	95	300	18.97
(125)	163	14	36	28	14	95	300	22.00
150	189	14	36	28	14	100	300	25.38
200	240	15	38	30	15	100	300	34.19
250	294	16.5	38	32	16.5	105	300	45.27
300	345	17.5	38	33	17.5	105	350	62.43
(350)	396	19	40	34	19	110	350	76.89
400	448	20	40	36	20	110	350	91.26
(450)	499	21	40	37	21	115	350	106.15
500	552	22.5	40	38	22.5	115	350	122.71
600	655	25	42	41	25	120	400	178.33
700	757	27.5	42	44.5	27.5	125	400	228.55
800	860	30	45	48	30	130	400	284.05
900	963	32.5	45	51.5	32.5	135	400	344.62
1 000	1 067	35	50	55	35	140	450	454.80
1 200	1 272	40	52	62	40	150	450	622.18
1 500	1 580	47.5	57	72.5	47.5	165	500	1 018.02

二、硬聚氯乙烯管

建筑排水用硬聚氯乙烯管材是以聚氯乙烯树脂为主要原料,加入必需的添加剂,经挤出成型的硬聚氯乙烯管。适用于民用建筑物室内排水用管材。在考虑材料的耐化学性和耐热性的条件下,也可用于工业排水用管材。

建筑排水用硬聚氯乙烯管材用 $d_e \times e$(公称外径×壁厚)表示。建筑排水用硬聚氯乙烯管材的公称外径、平均外径和壁厚见表 1-26。

表 1-26 建筑排水用硬聚氯乙烯管材的公称半径、平均外径和壁厚　　(单位:mm)

公称外径 d_n	平均外径		壁　厚	
	最小平均外径 $d_{em,min}$	最大平均外径 $d_{em,max}$	最小壁厚 e_{min}	最大壁厚 e_{max}
32	32.0	32.2	2.0	2.4
40	40.0	40.2	2.0	2.4
50	50.0	50.2	2.0	2.4

公称外径 d_n	平均外径		壁　厚	
	最小平均外径 $d_{em,min}$	最大平均外径 $d_{em,max}$	最小壁厚 e_{min}	最大壁厚 e_{max}
75	75.0	75.3	2.3	2.7
90	90.0	90.3	3.0	3.5
110	110.0	110.3	3.2	3.8
125	125.0	125.3	3.2	3.8
160	160.0	160.4	4.0	4.6
200	200.0	200.5	4.9	5.6
250	250.0	250.5	6.2	7.0
315	315.0	315.6	7.8	8.6

三、硬聚氯乙烯管件

建筑排水用硬聚氯乙烯管件用于建筑物内排水系统,在考虑材料的耐化学性和耐温性的条件下,也可用作工业排水用管件,管件按《建筑排水用硬聚氯乙烯(PVC-U)管件》(GB/T 5836.2—2006)规定选用。建筑排水用硬聚氯乙烯管件可与《建筑排水用硬聚氯乙烯(PVC-U)管材》(GB 5836.1—2006)规定的管材配合使用。

(1)胶粘剂连接型承口和插口。胶粘剂连接型承口和插口如图 1-14 所示,其直径和长度见表 1-27。

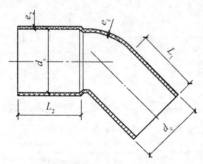

图 1-14　胶粘剂连接型承口和插口

表 1-27　胶粘剂粘接型承口和插口的直径和长度　　　　　(单位:mm)

公称外径 d_n	插口的平均外径		承口中部平均内径		承口深度和插口长度 $L_{1,max}$ 和 $L_{2,min}$
	$d_{em,min}$	$d_{em,max}$	$d_{sm,min}$	$d_{sm,max}$	
32	32.0	32.2	32.1	32.4	22
40	40.0	40.2	40.1	40.4	25
50	50.0	50.2	50.1	50.4	25

公称外径	插口的平均外径		承口中部平均内径		承口深度和插口长度
d_n	$d_{em,min}$	$d_{em,max}$	$d_{sm,min}$	$d_{sm,max}$	$L_{1,max}$和$L_{2,min}$
75	75.0	75.3	75.2	75.5	40
90	90.0	90.3	90.2	90.5	46
110	110.0	110.3	110.2	110.6	48
125	125.0	125.3	125.2	125.7	51
160	160.0	160.4	160.3	160.8	58
200	200.0	200.5	200.4	200.9	60
250	250.0	250.5	250.4	250.9	60
315	315.0	315.6	315.5	316.0	60

注:沿承口深度方向允许有不大于$30'$脱模所必需的锥度。

(2)弹性密封圈连接型承口和插口。弹性密封圈连接型承口和插口如图 1-15 所示,其直径和长度见表 1-28。

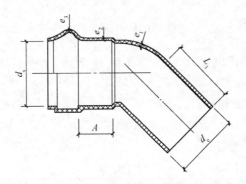

图 1-15 弹性密封圈连接型承口和插口

表 1-28 弹性密封圈连接型承口和插口的直径和长度 （单位:mm)

公称外径	插口的平均外径		承口端部平均内径	承口配合深度和插口长度	
d_n	$d_{em,min}$	$d_{em,max}$	$d_{sm,min}$	A_{min}	$L_{2,min}$
32	32.0	32.2	32.3	16	42
40	40.0	40.2	40.3	18	44
50	50.0	50.2	50.3	20	46
75	75.0	75.3	75.4	25	51
90	90.0	90.3	90.4	28	56
110	110.0	110.3	110.4	32	60

公称外径	插口的平均外径		承口端部平均内径	承口配合深度和插口长度	
d_n	$d_{em,min}$	$d_{em,max}$	$d_{sm,min}$	A_{min}	$L_{2,min}$
125	125.0	125.3	125.4	35	67
160	160.0	160.4	160.5	42	81
200	200.0	200.5	200.6	50	99
250	250.0	250.5	250.8	55	125
315	315.0	315.6	316.0	62	132

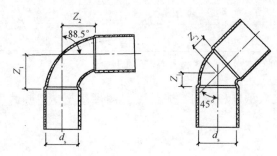

图 1-16　弯头

(3)弯头。弯头按弯曲角度可分为 90°弯头和 45°弯头,如图 1-16 所示。

(4)三通。三通是汇水管件,有 90°三通、45°三通。

(5)四通。四通有 45°四通和 90°四通。

(6)异径管。异径管是用于管道变径的连接管,异径管如图 1-17 所示。

(7)直通。直通如图 1-18 所示。

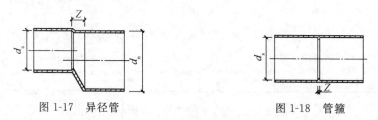

图 1-17　异径管　　　　图 1-18　管箍

第三节　采暖工程材料

一、阀门选用

1. 阀门分类

阀门有很多种类,针对管道工程中常用的标准系列阀门,按其用途和结构特点分为 11 类。常用阀门的分类见表 1-29。

表 1-29 常用阀门的分类

名称	用途	传动方式	连接形式
闸阀	截断管路中介质	手动、电动、液动、齿轮传动	法兰、螺纹
截止阀	截断管路中介质、调节	手动、电动	法兰、螺纹、卡套
球阀	截断介质,也可调节	手动、电动、气动、液动、涡轮传动	法兰、螺纹
旋塞阀	开闭管道、调节流量	手动	法兰、螺纹
蝶阀	开闭管道、调节流量	手动	法兰对夹
节流阀	开闭管道调节流量	手动	法兰、螺纹卡套
隔膜阀	可开闭调节、介质不进入阀体	手动	法兰、螺纹
止回阀	阻止介质倒流	自动	法兰、螺纹
安全阀	防止介质超压保证安全	自动	法兰、螺纹
减压阀	降低介质压力	自动	法兰
疏水阀	排除凝结水、防水蒸气泄漏	自动	法兰、螺纹

2. 阀门标记式样

识别阀门可从外部看出它的结构、材质和基本特性,也可通过在阀体上铸造、打印的文字、符号以及阀门自带的铭牌,再加上在阀体、手轮及法兰上的颜色进行识别。

铭牌、阀体上铸造的文字、符号等标志表明该阀门的型号、规格、公称直径和公称压力、介质流向、制造厂家及出厂时间。阀门的标记式样见表 1-30。

表 1-30 阀门的标记式样

阀体形式	介质流动方向	公称通径和公称压力	公称通径和工作压力	英寸单位通径和磅级单位压力
直通式或角式	介质由一个进口方向单向流向另一个出口	DN500 → 16	DN50 → P₅₄140	2 → 150
三通式	介质由一个进口向两个出口流动(三通分流)	DN100 ←→ 16	—	4 ←→ 300
	介质由两个进口向一个出口流动(三通合流)	DN125 → 16		5 ↑ 600

注:1. 介质可从任一方向流动的阀门,可不标记箭头。

2. 式样中剪头下方为公称压力代号,其数值为公称压力值(MPa)的 10 倍。

3. 式样中采用英寸单位的,上边表示阀门通径(in);下边表示磅级压力(lb)。

3. 阀门涂漆

(1)铸铁、碳素钢、合金钢材料的阀门,外表面应涂漆出厂。阀门应按其承压壳体材料区分颜色进行涂漆见表1-31。当用户订货合同有要求时,按用户指定的颜色进行涂漆。涂漆层应耐久、美观,并保证标志明显清晰。使用满足温度、无毒、无污染的漆。

表 1-31 阀门涂漆的颜色

阀体材料	涂漆颜色	阀体材料	涂漆颜色
灰铸铁、可锻铸铁、球墨铸铁	黑色	铬、铝合金钢	中蓝色
碳素钢	灰色	LCB、LCC系列等低温钢	银灰色

注:1. 阀门内外表面可使用满足的喷塑工艺代替。
　　2. 铁制阀门内表面,应涂满足使用温度范围、无毒、无污染的防绣漆,钢制阀门内表面不涂漆。

(2)铜合金材质阀门的承压壳体表面不涂漆。

(3)除有特殊要求外,耐酸钢、不锈钢材质的阀门承压壳体表面不涂漆。

(4)阀门驱动装置的涂漆。

1)手动齿轮传动机构,其表面的涂漆颜色同阀门表面的颜色。

2)阀门驱动装置(气动、液动、电动等)涂漆的颜色一般按企业标准的规定,当订货合同有要求时,应按用户指定的颜色进行涂漆。

4. 各类阀门的耐腐蚀性能

各类阀门的耐腐蚀性能见表1-32。

表 1-32 各类阀门的耐腐蚀性能

类别	适用介质	备注
碳钢阀门	水、空气、氨气、液氨、石油、中性有机介质、含有对碳钢产生钝化液添加剂的无机或有机介质、某些腐蚀性很低的介质、某些能使碳钢表面产生钝化膜的强酸(如浓硫酸)、煤气和氢气	—
铸铁阀门	与碳钢阀门相似,其耐蚀性能稍优于碳钢阀门	硅铸铁阀门的耐酸性能好,尤其是高硅铸铁阀门,但性硬而脆、价高。镍铸铁阀门耐稀硫酸、稀盐酸和苛性碱
不锈钢阀门	在较大的温度范围内耐硝酸、醋酸、磷酸、各种有机酸及碱类腐蚀。其中,1Cr18Ni9Ti不锈钢酸阀适用于硝酸类介质,1Cr18Ni12Ti含钼不锈耐酸钢阀适用于醋酸类、磷酸类介质	不耐含氯离子的溶液;不耐蚁酸、草酸、乳酸等几种有机酸介质;不耐潮湿的氯化氢、溴化氢、氟化氢以及氧化性氯化物;在海水中不能长期使用
铝阀门	耐一般浓度的醋酸、浓硝酸、氢氧化铵以及某些有机酸。耐硫化氢及其他硫化物、硫酸盐、二氧化碳、碳酸氢铵及尿素	铝纯度愈高,其耐蚀性能愈好,但机械强度愈低。不耐盐酸、碱

类别		适用介质	备　注
铜阀门		耐海水性能较好。常温下耐中等浓度的硫酸、稀硫酸、磷酸、醋酸、苛性碱等	不耐氨、铵盐、硫化氢、硝酸、氰化钾溶液。不耐氧化性酸及含空气的非氧化性酸
铅阀门		耐稀硫酸、海水、二氧化硫,中等浓度以下的磷酸、醋酸、氢氟酸、铬酸	不耐硝酸、盐酸、次氯酸、碱类、高锰酸盐以及二氧化碳水溶液
钛阀门		耐海水、温氯、硝酸、氧化性盐、次氯酸盐、一般有机物、碱	不耐氟、氟化氢水溶液、草酸、蚁酸、加热的浓碱、硫酸、盐酸等还原性酸
锆阀门		耐碱(甚至熔融状态的碱)、沸点以下所有浓度的盐酸和硝酸,300℃以下中等浓度的硫酸、沸点以下所有浓度的磷酸、醋酸、乳酸、柠檬酸以及海水、尿素等	不耐氧化性金属氯化物(如 $FeCl_2$)、氟化氢及其水溶液、湿氯、王水等。价格昂贵
陶瓷阀门		耐大多数种类各种浓度的无机酸、有机酸和有机溶剂	不耐氢氟酸、氟硅酸、氟、氟化氢和强碱。价廉但性脆
玻璃阀门		与陶瓷阀门类似	同陶瓷阀门
搪瓷阀门		搪瓷本身的耐蚀性能与陶瓷、玻璃相仿,但搪瓷阀门的耐蚀性,要根据搪瓷和与介质接触的其余阀件材料来确定	没有以搪瓷单一材料制造的阀门,故搪瓷阀门的耐蚀性能不仅取决于搪瓷材料,还取决于其余组合件材料
衬橡胶阀门	硫化天然橡胶	耐一般非氧化性强酸、有机酸、碱溶液和盐溶液	衬里用橡胶,多系天然橡胶。衬硫化天然橡胶的阀门不耐强氧化性酸(如硝酸、浓硫酸、铬酸)、强氧化剂(如过氧化氢、硝酸钾、高锰酸钾)、某些有机溶剂(如四氯化碳、苯、二硫化碳),在芳香族化合物中不稳定
	合成橡胶	丁苯橡胶。耐蚀性能与天然橡胶相似,但不耐盐酸	在氧化性酸中不稳定
		丁腈橡胶。耐油和有机溶剂。其余耐蚀性能与丁苯橡胶相似	以耐油著称
		氯丁橡胶。耐酸、碱、油和非极性溶剂性能均较好,仅次于丁腈橡胶	—
		氯磺化聚乙烯橡胶。在强氧化性介质中,如常温下70%硝酸、浓硫酸、碱液、过氧化物、盐溶液、多种有机介质中均稳定	其耐氧化性介质的腐蚀性能仅次于氟橡胶。不耐油、四氯化碳及芳香族化合物

类别		适用介质	备　注
衬橡胶阀门	合成橡胶	氟橡胶。耐蚀性能类似氟塑料,在浓酸、强氧化性酸中极稳定,在有机溶剂和碱溶液中稳定。是橡胶品种中性能最佳者	价格昂贵
塑料阀门		聚氯乙烯,耐大部分酸、碱、盐类,有机物。尤其对中浓度酸、碱介质耐蚀性能良好	不耐强氧化剂(如浓硝酸、发烟硫酸、芳香族有机物、酮类及氯化碳氢化合物)
		耐酸酚醛塑料。耐大部分酸类、有机溶剂,特别适用于盐酸、氯化氢、硫化氢、二氧化硫、低浓度及中等浓度的硫酸	不耐强氧化性酸(如浓硝酸、铬酸)、碱、碘、溴、苯胺、吡啶等
		聚乙烯。耐80℃以下溶剂、各种深度的酸、碱	对氧化性酸(如硝酸)耐蚀性不强
		聚丙烯。耐酸性能良好。常温下,能耐浓硫酸、浓硝酸及多种溶剂	温度高时,能溶于某些溶剂,其耐酸性能亦遭破坏
		尼龙(聚酰胺)耐碱、耐氨,不受醇、酯、碳、氢化合物、卤化碳氢化合物、酮、润滑油、油脂、汽油、显影液及清洁剂等腐蚀	不耐强酸与氧化性酸,在常温下溶于酚、氯化钙饱和的甲醇溶液、浓甲酸,在高温下溶于乙二醇、冰醋酸、氯乙醇、丙二醇、三氯乙烯和氯化锌的甲醇溶液
		聚四氯乙烯,几乎能耐一切酸、碱、盐、酮、醇、醚介质,化学稳定性极好,即使对王水、氢氟酸和强氧化剂也非常稳定	不能用于熔融状态下的碱金属介质。在高温高压下能与单质氟、三氟化氯起作用,价值高
		聚三氟氯乙烯。其耐蚀性能与聚四氟乙烯相近而稍逊。在温度不甚高时,能耐卤素、浓硫酸、浓硝酸、氢氟酸、次氯酸、王水以及其他强酸、强碱、弱酸、弱碱以及大多数溶剂	仅在高温下,在乙醚、四氯化碳等少数溶剂中稍有溶胀现象
		氯化聚醚。化学稳定性仅次于氟塑料,但价格较氟塑料为低。能耐酸、碱、有机溶剂等300多种化学介质	不耐发烟硝酸、发烟硫酸
玻璃钢阀门		玻璃钢阀门的耐蚀性能取决于玻璃钢的种类及其组分。如环氧玻璃钢能在盐酸、磷酸、稀硫酸和部分有机酸中使用,但不耐硝酸、浓硫酸;酚醛的耐酸性能较好,但不耐碱、卤素、强氧化性酸、苯胺等;呋喃玻璃钢的综合耐蚀性能较好,其耐酸性能优于环氧玻璃钢,也有一定的耐碱性能	玻璃钢有若干种,玻璃钢阀门的耐蚀性能最好参阅阀门制造厂家的产品说明书

二、截止阀

截止阀如图 1-19 所示,常用内螺纹截止阀型号、规格见表 1-33。

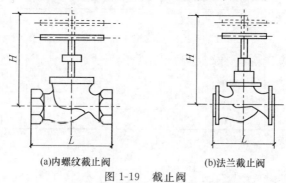

(a)内螺纹截止阀　　　(b)法兰截止阀

图 1-19　截止阀

表 1-33　常用内螺纹截止阀型号、规格

名称	型号	阀体材料	尺寸及质量	公称直径 DN(mm)							适用介质
				15	20	25	32	40	50	65	
内螺纹截止阀	J11X-10	灰铸铁	L(mm)	90	100	120	140	170	200	260	水 ≤50℃
			H(mm)	117	117	142	168	182	200	223	
			质量(kg)	0.84	1.1	1.8	2.5	3.8	5.5	9.3	

名称	型号	阀体材料	尺寸及质量	公称直径 DN(mm)									适用介质
				6	10	15	20	25	32	40	50	65	
内螺纹截止阀	J11W-10T	铸铜	L(mm)	60	70	90	100	120	140	170	200	260	水、蒸汽 ≤200℃
			H(mm)	95	96	116	137	144	168	193	221	275	
			质量(kg)	0.37	0.45	0.81	1.2	1.8	2.6	4	5.4	10	

名称	型号	阀体材料	尺寸及质量	公称直径 DN(mm)							适用介质
				15	20	25	32	40	50	65	
内螺纹截止阀	J11H-16	灰铸铁	L(mm)	90	100	120	140	170	200	260	水、蒸汽、油品 ≤200℃
			H(mm)	117	117	142	168	182	200	223	
			质量(kg)	0.7	1.3	1.7	2.7	3.8	6	10	
	J11T-16		L(mm)	90	100	120	140	170	200	260	水、蒸汽 ≤200℃
			H(mm)	117	117	142	168	182	200	223	
			质量(kg)	0.9	1	1.8	2.6	3.7	5.6	9	
	J11W-16		L(mm)	90	100	120	140	170	200	260	油品 ≤200℃
			H(mm)	117	117	142	168	182	200	223	
			质量(kg)	0.9	1	1.8	2.6	3.7	5.6	9	

名称	型号	阀体材料	尺寸及质量	公称直径 DN(mm)						适用介质
				15	20	25	32	40	50	
内螺纹截止阀	J11H-25 J11Y-25	碳钢	L(mm)	90	110	120	140	150	190	水、蒸汽、油品 ≤425℃
			H(mm)	220	258	272	289	323	373	
			质量(kg)	3	5	6	8	11	16	
	J11H-40 J11Y-40		L(mm)	90	110	120	140	150	190	
			H(mm)	220	258	272	289	323	373	
			质量(kg)	3	5	6	8	11	16	

三、节流阀

节流阀如图 1-20 所示,常用节流阀型号、规格见表 1-34。

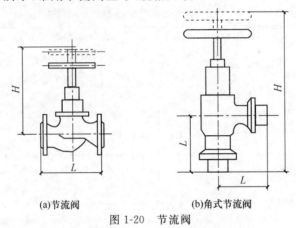

(a)节流阀   (b)角式节流阀

图 1-20　节流阀

表 1-34　常用节流阀型号、规格

名称	型号	阀体材料	尺寸及质量	公称直径 DN(mm)		介质参数
				10	15	
外螺纹节流阀	L21W-25K	可锻铸铁	L(mm)	155	165	氨、氨液 -40℃～150℃
			H(mm)	128	144	
			质量(kg)	—	—	

名称	型号	阀体材料	尺寸及质量	公称直径 DN(mm)		介质参数
				20	25	
外螺纹节流阀	L21B-25K	可锻铸铁	L(mm)	183	152	氨、氨液 -40℃～150℃
			H(mm)	203	169	
			质量(kg)	—	—	

名称	型号	阀体材料	尺寸及质量	公称直径 DN(mm)			介质参数
				32	40	50	
节流阀	L41B-25Z	可锻铸铁	L(mm)	180	200	230	氨、氨液 -40℃～150℃
			H(mm)	203	269	276	
			质量(kg)	—	—	—	

名称	型号	阀体材料	尺寸及质量	公称直径 DN(mm)		介质参数
				10	15	
角式节流阀	L24W-25K	可锻铸铁	L(mm) H(mm) 质量(kg)	77 201	82 225	氨、氨液 -40℃~ 150℃

名称	型号	阀体材料	尺寸及质量	公称直径 DN(mm)		介质参数
				20	25	
外螺纹角式节流阀	L24B-25K	可锻铸铁	L(mm) H(mm) 质量(kg)	791 235	101 261	氨、氨液 -40℃~ 150℃

名称	型号	阀体材料	尺寸及质量	公称直径 DN(mm)			介质参数
				32	40	50	
角式节流阀	L44B-25Z	可锻铸铁	L(mm) H(mm) 质量(kg)	180 188 —	200 229 —	230 233 —	氨、氨液 -40℃~ 150℃

名称	型号	阀体材料	尺寸及质量	公称直径 DN(mm)												介质参数
				10	15	20	25	32	40	50	65	80	100	125	150	
节流阀	L41H-25	碳钢	L(mm) H(mm) 质量(kg)	130 252 4.5	130 252 4.6	150 260 7	160 309 8.8	190 319 12.7	200 359 17	230 407 24	290 433 36	310 473 45	350 519 65	400 591 98	— — 150	水、蒸汽、油 ≤425℃
	L41H-40		L(mm) H(mm) 质量(kg)	130 252 5	130 252 5	150 260 7	160 310 8.8	190 320 13	200 354 17	230 413 24	290 433 36	310 473 45	350 519 65	400 591 98	480 672 150	

四、止回阀

止回阀如图 1-21 所示,常用止回阀型号、规格见表 1-35。

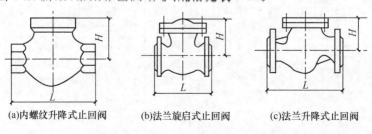

(a)内螺纹升降式止回阀 (b)法兰旋启式止回阀 (c)法兰升降式止回阀

图 1-21 止回阀

表 1-35　常用止回阀型号、规格

名称	型号	阀体材料	尺寸及质量	公称直径 DN(mm)							介质参数
				15	20	25	32	40	50	65	
内螺纹升降式止回阀	H11X-10	灰铸铁	L(mm)	—	—	—	—	—	—	—	水 ≤60℃
			H(mm)	—	—	—	—	—	—	—	
			质量(kg)	0.6	0.8	1.4	2	3.2	5	—	
	H11H-16		L(mm)	90	100	120	140	170	200	260	水、蒸汽 ≤200℃
			H(mm)	64	64	75	84	96	106	130	
			质量(kg)	0.5	0.8	1.4	2	3.2	5	7.5	
	H11T-16		L(mm)	90	100	120	140	170	200	260	
			H(mm)	60	62	75	84	95	109	128	
			质量(kg)	0.6	0.8	1.4	1.7	2.6	4	8	

名称	型号	阀体材料	尺寸及质量	公称直径 DN(mm)											介质参数
				15	20	25	32	40	50	65	80	100	125	150	
升降式止回阀	H41X-10	灰铸铁	L(mm)	—	—	—	—	—	—	—	—	—	—	—	水 ≤60℃
			H(mm)	—	—	—	—	—	—	—	—	—	—	—	
			质量(kg)	2	2.7	3.5	6	6.3	8	13.2	24	48	60	95	
	H41H-10		L(mm)	—	—	—	—	—	—	—	—	—	—	—	水、蒸汽、油品 ≤100℃
			H(mm)	—	—	—	—	—	—	—	—	—	—	—	
			质量(kg)	2	2.7	3.6	5.5	7.3	9.5	15	27	39	—	—	

名称	型号	阀体材料	尺寸及质量	公称直径 DN(mm)										介质参数
				25	40	50	65	80	100	125	150	200	250	
旋启式衬胶止回阀	H41X-6	灰铸铁	L(mm)	160	200	230	290	310	350	400	480	500	550	腐蚀性介质 ≤60℃
			H(mm)	—	—	—	—	—	—	—	—	—	—	
			质量(kg)	6	8	10	20	25	30	50	65	95	137	

名称	型号	阀体材料	尺寸及质量	公称直径 DN(mm)														介质参数
				50	65	80	100	125	150	200	250	300	350	400	450	500	550	
旋启式止回阀	H44T-10	灰铸铁	L(mm)	230	290	310	350	400	480	500	550	620	720	820	880	980	1 180	水、蒸汽 ≤200℃
			H(mm)	137	142	160	178	203	233	262	299	350	396	448	484	525	608	
			质量(kg)	13	21	24	32	52	74	100	141	211	387	450	600	800	1 190	

名称	型号	阀体材料	尺寸及质量	公称直径 DN(mm)												介质参数
				15	20	25	32	40	50	65	80	100	125	150	200	
升降式止回阀	H41 $\frac{T}{(W)}$-16	灰铸铁	L(mm)	130	150	160	180	200	230	290	310	350	400	480	600	水、蒸汽(油品) ≤200℃(100℃)
			H(mm)	58	63	71	84	96	115	145	156	170	201	238	268	
			质量(kg)	2	3	4	7	10	12	20	25	40	60	95	126	
	H41H-25	碳钢	L(mm)	130	150	160	180	200	230	290	310	350	400	480	600	水、蒸汽、油品 ≤425℃
			H(mm)	89	100	113	123	140	155	165	175	200	232	262	312	
			质量(kg)	3.5	4.5	5.5	7	10	13	17	26	35	47	70	115	
	H41H-25Q	球墨铸铁	L(mm)	—	—	160	180	200	230	290	310	350	400	480	—	水、蒸汽、油品 ≤350℃
			H(mm)	—	—	120	125	135	150	150	160	195	258	290	—	
			质量(kg)	—	—	—	8	10	14	20	30	45	65	100	—	
	H41H-25K	可锻铸铁	L(mm)	—	—	160	180	200	230	290	310	—	—	—	—	蒸汽 ≤300℃
			H(mm)	—	—	80	92	108	117	145	150	—	—	—	—	
			质量(kg)	4.5	5	6	7	9.5	14	27	33	48	—	—	—	

名称	型号	阀体材料	尺寸及质量	公称直径 DN(mm)													介质参数
				40	50	65	80	100	125	150	200	250	300	350	400	500	
旋启式止回阀	H44H-25	碳钢	L(mm)	200	230	290	310	350	400	480	550	650	750	850	950	1 150	水、蒸汽、油品 ≤350℃
			H(mm)	160	177	192	192	217	250	270	294	332	375	418	466	—	
			质量(kg)	20	24	30	34	52	73	103	135	196	285	388	496	950	

名称	型号	阀体材料	尺寸及质量	公称直径 DN(mm)													介质参数
				10	15	20	25	32	40	50	65	80	100	125	150	200	
升降式止回阀	H41H-40	碳钢	L(mm)	130	130	150	160	100	200	230	290	310	350	400	480	600	水、蒸汽、油品 ≤425℃
			H(mm)	—	89	100	113	123	140	150	160	175	200	223	262	312	
			质量(kg)	3.4	4	4.5	5.5	10	13	17	26	31	47	70	115	200	
	H41H-40Q	球墨铸铁	L(mm)	—	130	150	160	180	200	230	290	310	350	400	480	—	水、蒸汽、油品 ≤350℃
			H(mm)	—	—	97	110	124	140	164	188	220	258	290			
			质量(kg)	—	4.5	5.5	6	10	15	20	25	35	50	70	100	180	

名称	型号	阀体材料	尺寸及质量	公称直径 DN(mm)											介质参数
				15	20	25	32	40	50	65	80	100	125	150	
升降式止回阀	H41N-40	碳钢	L(mm)	130	150	160	190	200	230	290	310	350	—	—	液化石油气 -40℃~80℃
			H(mm)	85	105	115	120	140	150	160	175	195	—	—	
			质量(kg)	4	5	6	8	12	16	23	30	44	66	99	

名称	型号	阀体材料	尺寸及质量	公称直径 DN(mm)											介质参数
				50	65	80	100	125	150	200	250	300	350	400	
旋启式止回阀	H44H-40	碳钢	L(mm)	220	290	310	350	400	480	550	650	750	850	950	水、蒸汽、油品 ≤425℃
			H(mm)	177	192	192	217	250	270	342	365	424	455	510	
			质量(kg)	22	30	37	55	91	129	213	297	362	450	585	

名称	型号	阀体材料	尺寸及质量	公称直径 DN(mm)				介质参数
				100	125	150	200	
立式止回阀	H42H-25 H42H-40	—	L(mm)	210	275	300	380	水、蒸汽、油品 ≤400℃
			D(mm)	230	270	300	360	
			质量(kg)	50	70	115	200	

五、旋 塞 阀

旋塞阀如图 1-22 所示,常用旋塞阀型号、规格见表 1-36。

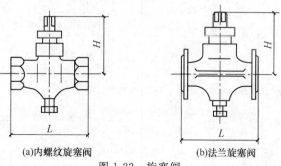

(a)内螺纹旋塞阀　　　　(b)法兰旋塞阀

图 1-22　旋塞阀

村镇给水排水与采暖工程·

表 1-36　常用旋塞阀型号、规格

名称	型号	阀体材料	尺寸及质量	公称直径 DN(mm)							介质参数
				15	20	25	32	40	50	65	
内螺纹三通式旋塞阀	X14W-6T	铸青铜	L(mm)	70	100	120	140	170	180	230	水、蒸汽≤200℃
			H(mm)	67	92	106	128	145	165	228	
			质量(kg)	0.6	1.7	2.5	4	6	10	16	
内螺纹三通式无填料旋塞阀	X16W-6T		L(mm)	70	—	—	116	130	—	—	
			H(mm)	78	—	—	128	152	—	—	
			质量(kg)	0.6	1.7	1.7	2.8	3.8		19	

名称	型号	阀体材料	尺寸及质量	公称直径 DN(mm)									介质参数
				15	20	25	32	40	50	65	80	100	
内螺纹直通式旋塞阀	X13W-10	灰铸铁	L(mm)	80	90	110	130	150	170	220	250	300	油品≤100℃
			H(mm)	99	114	131	152	202	260	295	327	425	
			质量(kg)	0.8	1.1	1.7	3.2	4.5	7	13	18	30	
	X13W-10T	铸铜	L(mm)	50	60	70	90	105	170	220	250	—	水≤100℃
			H(mm)	85	101	118	150	172	200	295	327	—	
			质量(kg)	1	1.5	2	3.5	5	8	14	19	—	
	X13T-10	灰铸铁	L(mm)	80	90	110	130	150	170	220	250	—	
			H(mm)	99	114	131	152	202	260	295	327	—	
			质量(kg)	0.9	1.3	2.2	3.5	5.5	8.2	12	18	—	

名称	型号	阀体材料	尺寸及质量	公称直径 DN(mm)						介质参数
				15	20	25	32	40	50	
内螺纹衬套旋塞阀	X13F-10	灰铸铁	L(mm)	60	70	80	95	110	130	天然气、煤气≤150℃
			H(mm)	85	100	100	125	140	150	
			质量(kg)	0.8	1	2	2.5	4	7	

名称	型号	阀体材料	尺寸及质量	公称直径 DN(mm)									介质参数
				25	32	40	50	65	80	100	125	150	
三通式旋塞阀	X44W-6	灰铸铁	L(mm)	145	170	180	200	230	260	300	350	400	煤气、油品<150℃
			H(mm)	128	145	178	185	227	270	295	518	545	
			质量(kg)	5	10	12	17	27	43	52	82	110	

名称	型号	阀体材料	尺寸及质量	公称直径 DN(mm)									介质参数
				25	32	40	50	65	80	100	125	150	
三通式旋塞阀	X44W-6T	铸青铜	L(mm)	145	170	180	200	230	260	300	350	400	水、蒸汽≤150℃
			H(mm)	152	186	234	270	300	400	433	518	545	
			质量(kg)	6	15	19	21	27	53	66	100	133	
	X44T-6	灰铸铁	L(mm)	145	170	180	200	230	260	300	350	400	
			H(mm)	128	186	234	270	300	400	433	518	545	
			质量(kg)	5	12	15	18	24	45	60	87	119	

名称	型号	阀体材料	尺寸及质量	公称直径 DN(mm)										介质参数
				20	25	32	40	50	65	80	100	125	150	
直通式旋塞阀	X43W-10	灰铸铁	L(mm)	90	110	130	150	170	220	250	300	350	400	油品≤100℃
			H(mm)	124	133	152	182	236	264	297	425	482	542	
			质量(kg)	2	3.5	4.3	8	11	18	23	31	52	93	
	X43T-10	灰铸铁	L(mm)	90	110	130	150	170	220	250	300	350	400	水≤100℃
			H(mm)	124	133	152	182	236	264	297	425	482	542	
			质量(kg)	3	4	6	9	12	18	24	36	54	95	
	X43W-10T	铸铜	L(mm)	—	110	130	150	160	200	250	300	—	350	水、煤气≤150℃
			H(mm)	—	156	190	211	240	280	322	344	—	448	
			质量(kg)	—	6	8	10	14	20	25	40	—	100	

名称	型号	阀体材料	尺寸及质量	公称直径 DN(mm)						介质参数
				50	80	100	150	200	300	
油封煤气旋塞阀	MX47W-10	灰铸铁	L(mm)	178	241	305	394	457	610	天然气、煤气、油品≤150℃
			H(mm)	250	370	430	725	840	1 010	
			质量(kg)	16	30	45	148	210	420	

六、球　阀

球阀如图 1-23 所示,常用球阀型号、规格见表 1-37。

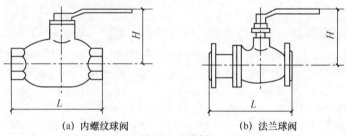

(a) 内螺纹球阀　　　　　　(b) 法兰球阀

图 1-23　球阀

表 1-37　常用球阀型号、规格

名称	型号	阀体材料	尺寸及质量	公称直径 DN(mm)							介质参数
				15	20	25	32	40	50	65	
内螺纹球阀	Q11F-16	灰铸铁	L(mm)	90	100	115	130	150	180	190	水、蒸汽≤100℃
			H(mm)	76	81	92	112	121	137	147	
			质量(kg)	1.5	2	4	5	7.5	9	12	
	Q11F-16Q	球墨铸铁	L(mm)	90	100	115	130	150	180	—	水、油品≤150℃
			H(mm)	78	81	92	114	125	140	—	
			质量(kg)	1.5	2	4	5	7.5	19	—	

·村镇给水排水与采暖工程·

内螺纹球阀

名称	型号	阀体材料	尺寸及质量	15	20	25	32	40	50	65	介质参数
				公称直径 DN(mm)							
内螺纹球阀	Q11F-16R	铬镍铝耐酸铜	L(mm)	90	100	115	130	150	170	200	醋酸类 −2℃～100℃
			H(mm)	80	85	92	118	126	145	154	
			质量(kg)	1	1.5	2.5	3.5	6	6.5	12	
	Q11F-25R		L(mm)	90	100	115	130	150	170	200	硝酸类 ≤150℃
			H(mm)	76	81	92	114	125	144	154	
			质量(kg)	1.5	2	2.5	5	7.5	10	13	
	Q11F-40R		L(mm)	90	100	115	130	150	180	—	硝酸类 −20℃～100℃
			H(mm)	80	85	92	118	126	145	—	
			质量(kg)	1.5	2	2.5	5	7.5	10	—	
	Q11F-40	碳钢	L(mm)	90	100	115	130	150	180	—	水、油品 ≤150℃
			H(mm)	80	85	92	118	126	145	—	
			质量(kg)	1	2	2	2.2	3.5	5.3	—	

球阀

名称	型号	阀体材料	尺寸及质量	15	20	25	32	40	50	65	80	100	介质参数
				公称直径 DN(mm)									
球阀	Q41F-6C	碳钢	L(mm)	95	105	120	130	150	165	185	210	235	水、油品 ≤150℃
			H(mm)	50	60	75	100	115	135	152	175	182	
			质量(kg)	1.5	2	2.5	3	4	6	10	13	20	
	Q41F-10CF	碳钢衬氟	L(mm)	—	—	150	165	180	200	220	250	280	酸、碱、盐 ≤150℃
			H(mm)	—	—	100	115	125	135	145	—	—	
			质量(kg)	—	—	5	6	7	9	15	19	29	

球阀

名称	型号	阀体材料	尺寸及质量	15	20	25	32	40	50	65	80	100	125	150	200	介质参数
				公称直径 DN(mm)												
球阀	Q41F-16 (Q41F-16C)	（碳钢）灰铸铁	L(mm)	130	140	150	165	180	200	220	250	280	320	360	457	水、油品 ≤150℃
			H(mm)	82	100	103	134	140	155	180	200	222	254	320	386	
			质量(kg)	3	4	5	8	10	14	20	25	38	58	81	95	
							(10)	(14)	(20)	(25)	(30)	(40)	(65)	(80)	(153)	
	Q41F-25	碳钢	L(mm)	130	140	150	165	180	200	220	250	280	320	400	550	
			H(mm)	83	100	104	134	140	156	181	201	222	240	295	363	
			质量(kg)	3	4	5	10	14	20	25	50	70	80	101	216	
	Q41F-40		L(mm)	130	140	150	180	200	220	250	280	320	400	400	550	
			H(mm)	82	100	104	134	140	156	180	200	222	240	295	363	
			质量(kg)	3	4	5	10	14	20	25	50	70	80	101	216	

七、蝶 阀

蝶阀如图1-24所示,常用蝶阀型号、规格见表1-38。

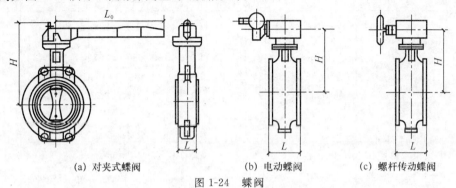

(a) 对夹式蝶阀　　　　(b) 电动蝶阀　　　　(c) 螺杆传动蝶阀

图1-24　蝶阀

表1-38　常用蝶阀型号、规格

名称	型号	阀体材料	尺寸及质量	公称直径 DN(mm)								介质参数
				40	50	65	80	100	120	150	200	
对夹式蝶阀	D71X-10	灰铸铁	L(mm)	35	45	48	48	54	58	58	62	蒸汽、水 ≤200℃
			H(mm)	164	174	174	180	222	257	286	330	
			L_0(mm)	255	255	255	255	290	290	305	305	
			质量(kg)	2.8	3.1	3.9	5.5	7.3	10.2	15.7	22.5	
	D71X-16		L(mm)	35	45	48	48	54	58	58	62	蒸汽、水 ≤150℃
			H(mm)	164	174	174	180	222	257	286	330	
			L_0(mm)	255	255	255	255	290	290	305	305	
			质量(kg)	2.8	3.1	3.9	5.5	7.3	10.2	15.7	22.5	

名称	型号	阀体材料	尺寸及质量	公称直径 DN(mm)					介质参数
				50	65	80	100	125	
聚四氟乙烯衬里对夹式蝶阀	D71F₄-10	碳钢	L(mm)	43	46	46	52	66	硫酸、氢氟酸等强腐蚀性介质-20℃~180℃
			H(mm)	198	208	223	239	254	
			L_0(mm)	255	255	255	255	255	
			质量(kg)	3.1	3.6	3.9	6	8.4	

名称	型号	阀体材料	尺寸及质量	公称直径 DN(mm)									介质参数
				250	300	350	400	450	500	600	700	800	
螺旋传动对夹式蝶阀	D271X-10	灰铸铁	L(mm)	70	80	80	104	116	129	156	167	192	海水、煤气 ≤200℃
			H(mm)	579	614	659	805	864	905	1 080	1 130	1 190	
			质量(kg)	89	107	160	195	227	247	480	587	695	

名称	型号	阀体材料	尺寸及质量	公称直径 DN(mm)													介质参数
				50	65	80	100	125	150	200	250	300	350	400	450	500	
蜗轮传动对夹式中线蝶阀	D341X-10	灰铸铁	L(mm)	42	45	45	52	55	56	60	65	77	77	87	106	132	水、油品 ≤50℃
			H(mm)	235	248	254	273	286	299	349	381	435	466	525	547	625	
			质量(kg)	8.5	9.2	9.6	11	13	14	22	28	51	61	85	120	165	

名称	型号	阀体材料	尺寸及质量	公称直径 DN(mm)															介质参数
				40	50	65	80	100	125	150	200	250	300	350	400	450	500	600	
对夹式电动蝶阀	D971X-10/16	灰铸铁	L(mm)	37	47	50	50	56	60	60	64	72	82	82	106	118	131	158	水、蒸汽、油品 ≤120℃
			H(mm)	378	388	398	398	418	438	458	480	585	625	675	715	836	956	1 016	
			质量(kg)	—	—	—	—	—	—	—	—	—	—	—	—	—	—	—	

名称	型号	阀体材料	尺寸及质量	公称直径 DN(mm)						介质参数
				50	65	80	100	125	150	
衬胶蝶阀	D71J-10	灰铸铁	L(mm)	43	46	46	52	56	56	水、蒸汽、腐蚀性介质 ≤65℃
			H(mm)	130	455	163	167	219	220	
			质量(kg)	3	4.5	6	7.5	11	16	

名称	型号	阀体材料	尺寸及质量	公称直径 DN(mm)												介质参数
				50	65	80	100	125	150	200	250	300	350	400	450	
气动对夹式衬胶蝶阀	D671J-10	灰铸铁	L(mm)	43	46	46	52	56	56	60	68	78	78	102	114	水、蒸汽、油品、腐蚀性介质 65℃~200℃
			H(mm)	240	280	313	305	393	408	443	469	541	578	589	—	
			质量(kg)	10	11	12	14	30	45	58	78	100	150	185	200	

名称	型号	阀体材料	尺寸及质量	公称直径 DN(mm)								介质参数
				150	200	250	300	350	400	400	600	
电动对夹式衬胶蝶阀	D971J-10	灰铸铁	L(mm)	56	60	68	78	78	102	127	154	水、蒸汽、油品、腐蚀性介质 65℃~200℃
			H(mm)	375	410	490	563	600	769	828	1 093	
			质量(kg)	50	80	105	110	120	150	240	260	

第二章 村镇给水工程

第一节 村镇给水方式的选择

一、不同给水方式的适用条件

给水方式一般由政府部门结合当地镇(乡)村规划、水源条件、地形条件、能源条件、经济条件及技术水平等因素合理划分供水范围,综合确定。

不同给水方式的适用条件见表 2-1。

表 2-1 不同给水方式的适用条件

给水方式 适用条件	集中式给水	分散式给水
地理位置	距城镇较近	偏远地区
水源条件	水源集中、水量充沛、水质较好	水源分散、水量较小
地形条件	平原地区	山区和丘陵地区
用户条件	居民点集中	居民点分散
经济条件	相对发达地区	相对贫困地区

二、给水方式的选择

供水范围和给水方式应根据当地水源条件、用水需求、地形条件、居民点分布等进行技术经济比较,按照优质水优先保证生活饮用工程投资和运行成本合理及便于管理的原则确定。

村庄距离城镇供水管网较近、条件适宜时,应选择管网延伸供水,纳入到城镇供水系统中。

水源水量充沛,在地形、管理、投资效益比、制水成本等条件适宜时,应优先选择适度规模的联村或联片集中式给水方式。

水源水量较小,或受其他条件限制时,可选择单村集中式给水方式。

确无好水源,或水量有限或制水成本较高、用户难于接收时,可分质供水。

无条件建设集中式给水工程的村镇,可根据当地村镇整治的具体情况和需要,选择手动泵、引泉池或雨水收集场等单户或联户分散式给水方式。

第二节 给水管道的安装

一、室外给水管道的安装

1. 普通给水铸铁管安装

(1)安装前的检查、检验。

1)铸铁管及管件应有制造厂的名称和商标、制造日期及工作压力等标记,管材、管件应符合国家现行的有关标准,并具有出厂合格证。

2)铸铁管及管件应进行外观检查,每批抽10%检查其表面状况、涂漆质量及尺寸偏差。

3)铸铁管及管件内外表面应整洁,不得有裂纹,管子及管件不得凹凸不平。

4)采用橡胶圈柔性接口的铸铁管,承口的内工作面和插口外工作面应光滑、轮廓清晰,不得有影响接口密封性的缺陷;承口根部不得有凹陷,其他部分的凹陷不得大于 5 mm;机械加工部位的轻微孔穴不大于 1/3 壁厚,且不大于 5 mm;间断凹陷、重皮及疤痕的深度不大于壁厚的 10%,且不大于 2 mm。

5)铸铁管及管件的尺寸公差应符合现行国家产品标准的规定。

6)铸铁管及管件下管前,应清除承口内部的油污、飞刺、铸砂及凹凸不平的铸瘤;柔性接口铸铁管及管件承口的内工作面、插口的外工作面应修整光滑,不得有沟槽、凸脊缺陷,有裂纹的管子及管件不得使用。

7)阀门安装前应检查阀门制造厂家的合格证、产品说明书及装箱单;核对阀门的规格、型号、材质是否与设计相符。

8)阀门在安装前应进行外观检查,阀体、零件应无裂缝、重皮、砂眼、锈蚀及凹陷等缺陷;检查阀杆有无歪斜,转动是否灵活,有无卡涩现象。

9)阀门安装前,应做强度和严密性试验,试验应在每批(同型号、同规格、同牌号)中抽查10%,且不少于 1 个。若有不合格,再抽查 20%,如仍有不合格,则需逐个检查、试验。阀门的强度试验压力为公称压力的 1.5 倍,试验的持续时间不少于 5 min,以壳体不变形、破裂、填料无渗漏为合格。严密性试验压力为公称压力的 1.1 倍,试验的持续时间不少于 3 min,试验时间内壳体、填料、阀瓣及密封面无渗漏为合格。

10)检验合格的阀门暂不安装时,应保存在干燥的库房内;阀门堆放应整齐,不得露天存放。

11)试验不合格的阀门,须作解体检查,解体检查合格后,应重新进行试验。解体检查的阀门,质量应符合下列要求。

①阀座与阀体结合应牢固。

②阀芯(瓣)与阀座、阀盖与阀体应结合良好,无缺陷。

③阀杆与阀芯(瓣)的连接应灵活、可靠。

④阀杆无弯曲、锈蚀,阀杆与填料压盖配合适度。

⑤垫片、填料、螺栓等齐全,无缺陷。

(2)室外给水管道埋设的技术要求。

1)非冰冻地区的金属管道管顶埋设深度一般不小于 0.7 m,非金属管道管顶的埋设深度一般不宜小于 1 m。

2)冰冻地区的管顶埋设深度除决定于上述因素外,还应考虑土的冻结深度,在无保温措施时,给水管道管顶埋设深度一般不小于土冰冻深度加 0.2 m。

3)沟槽开挖宜分段快速施工,敞沟时间不宜过长,管道安装完毕应及时试验,合格后应立即回填。

4)给水管道与建筑物、构筑物、铁路和其他管道的水平净距,应根据建筑物基础的结构、路面种类、卫生安全、管道埋深、管径、管材、施工条件、管内工作压力、管道上附属构筑物的大小及有关规定等条件确定,一般不得小于表 2-2 的规定。

表 2-2　给水管道与其他管线(构筑物)的最小水平净距

建(构)筑物或管线名称			与给水管线的最小水平净距(m)	
			$D \leqslant 200$ mm	$D > 200$ mm
建筑物			1.0	3.0
污水、雨水排水管			1.0	1.5
燃气管	中低压	$P \leqslant 0.4$ MPa	0.5	
	高压	0.4 MPa$<P\leqslant$0.8 MPa	1.0	
		0.8 MPa$<P\leqslant$1.6 MPa	1.5	
热力管			1.5	
电力电缆			0.5	
电信电缆			1.0	
乔木(中心)			1.5	
灌木				
地上杆柱	通信照明且<10 kV		0.5	
	高压铁塔基础边		3.0	
道路侧石边缘			1.5	
铁路钢轨(或坡脚)			5.0	

(3)沟槽开挖。

1)沟槽按其断面的形式不同可分为直槽、梯形槽、混合槽和联合槽等。

梯形槽边坡尺寸按设计要求确定,如设计无要求时,对于质地良好、土质均匀、地下水位低于槽底、沟槽深度在 5 m 以内、不加支撑的陡边坡应符合表 2-3 的规定。

表 2-3　深度在 5 m 以内的沟槽边坡的最陡坡度

土的类别	边坡坡度(高:宽)		
	坡顶无荷载	坡顶有静载	坡顶有动载
中密的砂土	1:1.00	1:1.25	1:1.50
中密的碎石类土 (充填物为砂土)	1:0.75	1:1.00	1:1.25
硬塑的粉土	1:0.67	1:0.75	1:1.00
中密的碎石类土 (充填物为黏性土)	1:0.50	1:0.67	1:0.75
硬塑的粉质黏土、黏土	1:0.33	1:0.50	1:0.67
老黄土	1:0.10	1:0.25	1:0.33
软土(经井点降水后)	1:1.25	—	—

2)沟槽开挖是室外管道工程施工的重要环节,应该合理地组织沟槽开挖。对于埋设较深、距离较长、直径较大的管道,由于土方量大,管道穿越地段的水文地质和工程地质变化较大,在施工前应采取挖探和钻探的方法查明与施工相关的地下情况,以便采取相应的措施。沟槽开挖的方法有人工开挖和机械开挖(表2-4)。应根据沟槽的断面形式、地下管线的复杂程度、土质坚硬程度、工作量的大小、施工场地的实际状况以及机械配备、劳动力等条件确定。

表 2-4 沟槽开挖的方法

方法	注意事项
机械开挖	(1)开挖前应做详细的调查,搞清楚地下管线的种类和分布状况,严禁不做调查、分析便盲目开展大规模的机械化施工。 (2)机械开挖应严格控制标高,为防止超挖或扰动槽底面,槽底应留 0.2~0.3 m 厚的土层暂时不挖,待管道铺设前用人工清理至槽底标高,并同时修整槽底。 (3)沟槽开挖需要井点降水时,应提前打设井点降水,将地下水位稳定至槽底以下0.5 m 时方可开挖,以免产生挖土速度过快,因土层含水量过大支撑困难,贻误支护时机导致塌方。 (4)沟槽开挖需要支撑时,挖土应与支撑相配合,机械挖土后应及时支撑,以免槽壁失稳,导致坍塌。当采用挖掘机挖土时,挖掘机不得进入未设支撑的区域。 (5)对地下管线和各种构筑物应尽可能临时迁移,如不能,应采用人工挖掘的方法使其外露,并采取吊托等加固措施,同时对挖掘机司机做详细的技术交底
人工开挖	(1)沟槽应分段开挖,并应合理确定开挖顺序和分层开挖深度。若沟槽有坡度,应由低向高处进行,当接近地下水时,应先开挖最低处土方,以便在最低处排水。 (2)开挖人员疏密布置要合理,一般间隔 5 m 为宜,在开挖过程中和敞沟期间应保持沟壁完整,防止坍塌,必要时应支撑保护。 (3)开挖的沟槽如不能立即铺管,应在沟底留 0.15~0.2 m 的一层暂不挖除,待铺管时再挖至设计标高。 (4)沟槽底不得超挖,如有局部超挖,应用相同的土予以填补,并夯实至接近天然密实度,或用砂、砂砾石填补。槽底遇有不易清除的大块石头,应将其凿至槽底以下0.15 m处,再用砂土填补夯实。 (5)开挖沟槽遇有管道、电缆或其他构筑物时,应严加保护,并及时与有关单位联系,会同处理

3)沟槽支撑是防止沟槽坍塌的一种临时性挡土结构。一般情况下,沟槽土质较差、深度较大而又挖成直槽时,或高地下水位、砂性土质并采用表面排水措施时,均应支设支撑。支设支撑的直壁沟槽,可以减少土方量,缩小施工面积,减少拆迁。在有地下水时,支设板桩支撑,由于板桩下端深入槽底,延长了地下水的渗水途径,起到了一定的阻水作用。但支撑增加材料消耗,也给后续作业带来不便。因此,是否设支撑,应根据土质、地下水情况、槽深、槽宽、开挖方法、排水方法和地面荷载等情况综合确定。

①沟槽支撑一般由木材或钢材制作。支撑形式有横撑、竖撑和板桩撑等。

②沟槽支撑的适用范围见表 2-5。

表 2-5　沟槽支撑的适用范围

支撑形式	内　　容
横撑	横撑用于土质较好,地下水量较小的沟槽
竖撑	竖撑的是撑板可在开槽过程中先于挖土插入土中,在回填以后再拔出,因此,支撑和拆撑都较安全
板桩撑	在沟槽开挖之前用打桩机打入土中,并且深入槽底有一定长度,故在沟槽开挖及其以后的施工中,不但能起到保证安全的作用,还可延长地下水的渗水路径,有效防止流沙渗入

4)沟基处理。土体天然状态下承受荷载能力的大小与土体的天然组分有关。因此,管道地基是否需要处理取决于地基土的强度。若地基土的强度满足不了工程需要时,则应加固。地基土的加固方法较多,管道地基的常用加固方法有换土、压实、挤密桩三种方式,其中换土和压实、挤密桩加固地基的相关内容见表 2-6。

表 2-6　换土和压实、挤密桩加固地基

项目		内　　容
换土和压实		(1)换土是管道工程加固基础常采用的一种方法。换土垫层作为地基的持力层,可提高地基承载力,并通过垫层的应力扩散作用,减少对垫层下面地基单位面积的荷载。采用透水性大的材料做垫层时,有助于土中水分的排除,加速含水黏性的固结。 1)挖除换填,是将基础底面下一定深度的弱承载土挖去,换为低压缩性的散体材料,如素土、灰土、砂、卵石、碎石、块石等。 2)换土是强挤出换填,是不挖出原弱土层,而借换填土的自重下沉将弱土挤出。这种方法施工方便,但难以保证换填断面的形状正确,从而可能导致上部结构失稳。 (2)压实是用机械的方法,使土孔隙率减小,密度提高。压实加固是各种土加固方法中施工最简单、成本最低的方法,管道基础的压实方法是夯实法
挤密桩加固地基	砂桩加固地基	(1)适用条件。当沟槽开挖遇到粉砂、细砂、亚砂土及薄层砂质黏土,下卧透水层数时,由于排水不利发生扰动,深度在 0.8~2.0 m 时,可采用砂桩法挤密排水来提高承载力。 (2)施工工艺。砂桩法是先将钢管打入土中,然后将砂子(中砂、粗砂,含泥量不超过5%)灌入钢管内,并进行捣实,随灌砂随拔出钢管,混凝土桩靴打入土中后自由脱落。砂桩施工所用设备主要有落锤、振动式打桩机和拔桩机。在软土地区使用振动式打桩应注意避免过分扰动软土
	短木桩加固地基	(1)此方法是用木桩将扰动的土挤密,使其承载能力增加,同时,也可将荷载通过木桩传递给深层地基中。 (2)处理效果好,但应用木材较多。 (3)适用于一般槽底软土深 0.8~2 m 的地基

(4)下管。下管应在沟槽和管道基础验收合格后进行。为了防止将不合格或已经损坏的管材及管件下入沟槽,下管前应对管材进行检查与修补。经检验、修补后,在下管前应先在槽上排列成行,经核对管节、管件无误后方可下管。

下管的方法有人工下管和机械下管,采用何种下管方法要根据管材种类、管节的质量和长度、现场条件及机械设备等情况来确定。

1)人工下管。人工下管多用于施工现场狭窄、不便于机械操作或质量不大的中小规格的管道,以方便施工、操作安全为原则。

2)机械下管。机械下管一般是用汽车或履带式起重机进行下管,机械下管的方式及注意事项见表 2-7。

表 2-7　机械下管的方式及注意事项

项目	内　容
方式	(1)分段下管,是起重机械将管子分别起吊后下入沟槽内,这种方式适用于大直径的铸铁管和钢筋混凝土管。 (2)长管段下管,是将钢管节焊接连接成长串管段,用 2～3 台起重机联合起重下管。由于长管段下管需要多台起重机共同工作,操作要求高,故每段管道一般不宜多于 3 台起重机联合下管。
注意事项	(1)机械下管时,起重机沿沟槽开行距沟边的距离应大于 1 m,以避免沟壁坍塌。 (2)起重机不得在架空输电线路下作业,在架空线路附近作业时,其安全距离应符合当地电力管理部门的规定。 (3)机械下管应由专人指挥。指挥人员必须熟悉机械吊装的有关安全操作规程和指挥信号,驾驶员必须听从信号进行操作。 (4)捆绑管道应找好重心,捆绑阀门时,绳索应绑在阀体上,严禁绑在手轮、阀杆上,不得将绳索穿引在法兰螺栓孔上。 (5)起吊管道、管件、阀门时,要平吊轻放,运转平稳,不得忽快忽慢,不得突然制动。 (6)起吊作业过程中,任何人不得停留在作业区和从作业区穿过。 (7)起吊及搬运管材、配件时,对于法兰盘面、管材的承插口、管道防腐层,均应采取妥善的防护措施,以防损坏。 (8)管道下入沟槽时,不得与槽壁支撑及槽下的管道相互碰撞;沟槽内运管时不得扰动天然地基

(5)对口连接。

1)承插口式铸铁管安装对口要求。

a. 承插口对口最大间隙。铸铁管承插口对口纵向间隙应根据管径、管口填充材料等确定,但一般不得小于 3 mm,最大间隙应符合表 2-8 的要求。

表 2-8　铸铁管承插口对口纵向最大间隙　　　　　　　　(单位:mm)

管　径	沿直线铺设时	沿曲线铺设时
75	4	5
100～250	5	7～13
300～500	6	14～22

b. 承插口环型间隙。沿直线铺设的承插铸铁管的环型间隙应均匀,环型间隙及其允许偏

差见表 2-9;沿曲线敷设时,每个接口允许有 2°转角。

表 2-9　铸铁管承插捻口的环型间隙及其允许偏差　　　(单位:mm)

管　　径	标准环型间隙	允许偏差
75～200	10	＋3,－2
250～450	11	＋4,－2
500	12	＋4,－2

c. 允许转角。在管道施工中,由于现场条件的限制,管道微量偏转和弧形安装时经常遇到的问题。承插接口相邻管道微量偏转的角度称为借转角。借转角的大小主要关系到接口的严密性,承插式刚性接口和柔性接口借转角的控制原则有所不同。刚性接口,一方面要求承插口最小缝隙和标准缝宽的减小数相比不大于 5 mm,否则填料难以操作;另一方面借转时填料及嵌缝总深度不宜小于承口总深度的 5/6,以保证其捻口质量。柔性接口借转时,一方面插口凸台处间隙不小于 11 mm,另一方面在借转时,胶圈的压缩比不小于原值的 95%,否则接口的柔性将受到影响,甚至胶圈容易被冲脱。管道沿曲线安装时,接口的允许转角应符合表 2-10的规定。

表 2-10　管道沿曲线安装时接口的允许转角

管径(mm)	允许转角(°)
75～600	3
700～800	2
≥900	1

2)稳管。稳管是将管道按设计高程和位置,稳定在地基或基础上。对距离较长的重力流管道工程一般由下游向上游进行施工,以便使已安装的管道先期投入使用,同时也有利于地下水的排除。

①高程控制。高程控制是沿管道线每 10～15 m 埋设一坡度板(坡度板又称龙门板、高程样板),板上有中心钉和高程钉,利用坡度板上的高程钉进行高程控制。稳管时用一木制样尺(或称高程尺)垂直放入管内底中心处,根据下返数和坡度线控制高程。样尺高度一般取整数,以 50 cm 一档为宜,使样尺高度固定。

坡度板应设置在稳定地点,每一管段两头的检查井处和中间部位放测的三块坡度板应能通视。坡度板必须经复核后方可使用,在挖至底层土、做基础、稳管等施工过程中应经常复核,发现偏差及时纠正,放样复核的原始记录必须妥善保存,以备查验。

②轴线位置控制。管轴线位置的控制是指所敷设的管线符合设计规定的坐标位置。

(6)承插铸铁管接口。承插铸铁管接口由嵌缝材料和密封填料两部分组成(表 2-11)。

表 2-11　承插铸铁管接口的组成

组成材料	内　　容
嵌缝材料	嵌缝的主要作用是使承插口缝隙均匀和防止密封填料掉入管内,保证密封填料击打密实。

组成材料	内　容
嵌缝材料	嵌缝材料有油麻、橡胶圈、粗麻绳和石棉绳等,给水铸铁管常用的嵌缝材料有油麻和橡胶圈
密封填料	密封填料的作用是养护嵌缝材料和密封接口。 常用的密封填料有石棉水泥、自应力水泥、石膏水泥和青铅,见表2-12

表 2-12　常用的密封填料

密封填料	内　容
石棉水泥	石棉水泥用不低于42.5级的普通硅酸盐水泥,软4级或软5级石棉绒并加水湿润调制而成。石棉和水泥的质量配比为3：7,水泥含水量10%左右,气温较高时,水量可适当增加,加水量的多少常用经验法判断
自应力水泥	自应力水泥又称膨胀水泥,有较大的膨胀性,它能弥补石棉水泥在硬化过程中收缩和接口操作时劳动强度大的不足。用于接口的自应力水泥的砂浆是用配比(质量比)为自应力水泥：砂：水＝1：1：(0.28～0.32)拌和而成。自行配制的自应力水泥必须经过技术鉴定合格,才能使用。成品自应力水泥砂浆正式使用前,应进行试接口试验,取得可靠数据后,方可进行规模化施工
石膏水泥	石膏水泥填料同样具有膨胀性能,但所用的材料不同。石膏水泥是由42.5级硅酸盐水泥和半水石膏配置而成,其中水泥是强度组分。由于硅酸盐水泥中的 Al_2O_3 含量很有限,在初凝前水化硫铝酸钙产生的膨胀性能比不上自应力水泥。但半水石膏在初凝前若没有全部变成二水石膏,则在养护期内仍要吸收水分转化为二水石膏,这时石膏本身具有微膨胀性能。
石膏水泥	石膏水泥填料的一般配比(质量比)为42.5级硅酸盐水泥：半水石膏：石棉绒＝10：1：1,水灰比为0.35～0.45
青铅	青铅密封填料接口,不需要养护,施工后即投入运行,发现渗漏也不必剔除,只需补打数道即可。但铅是有色金属,造价高、操作难度大,仅在紧急抢修或振动大的场所使用。铅接口使用的铅纯度在99%以上

(7)沟槽回填。沟槽回填应在管道隐蔽工程验收合格后进行。凡具备回填条件,均应及时回填,防止管道暴露时间过长造成不应有的损失。沟槽回填应具备的条件及填土料要求见表2-13。

表 2-13　沟槽回填应具备的条件及填土料要求

项目	内　容
沟槽回填应具备的条件	(1)预制管节现场铺设的现浇混凝土基础强度、接口抹带或预制构件现场装配的接缝水泥砂浆强度不小于5 MPa。 (2)现场浇筑混凝土管道的强度达到设计规定。

项目	内 容
沟槽回填应具备的条件	(3)混合结构的矩形管道或拱形管道,其砖石砌体水泥砂浆强度达到设计规定;当管道顶板为预制盖板时,应装好盖板。 (4)现场浇筑或预制构件现场装配的钢筋混凝土拱形管道或其他拱形管道应采取相应措施,确保回填时不发生位移或损伤管道。 (5)压力管道水压试验前,除接口外,管道两侧及管顶以上回填高度不应小于0.5 m,水压试验合格后,及时回填剩余部分。 (6)管径人于900 mm的钢管道,必要时可采取措施控制管顶的竖向变形。 (7)回填前必须将沟槽底的杂物(草包、模板及支撑设备等)清理干净。 (8)回填时沟槽内不得有积水,严禁带水回填
沟槽回填土料的要求	(1)槽底至管顶以上0.5 m的范围内,不得含有机物、冻土以及大于50 mm的砖石等硬块;在抹带接口处、防腐绝缘层或电缆周围,应采用细粒土回填。 (2)采用砂、石灰土或其他非素土回填时,其质量要求按施工设计规定执行。 (3)回填土的含水率,宜按土类和采用的压实工具控制在最佳含水率附近
回填施工	沟槽回填施工包括还土、摊平和夯实等施工过程。 还土时应按基底排水方向由高至低分层进行,同时管腔两侧应同时进行。沟槽底至管顶以上50 cm的范围内均应采用人工还土,超过管顶500 mm以上时可采用机械还土。还土时按分层铺设夯实的需求,每一层采用人工摊平。沟槽回填土的夯实通常采用人工夯实和机械夯实两种方法。 回填土夯实的每层虚铺厚度,与采用的压实工具和要求有关,采用木夯、铁夯夯实时,每层的虚铺厚度不大于200 mm,采用蛙式夯、火力夯夯实时,每层的虚铺厚度为200～250 mm,采用压路机夯实时,虚铺厚度为200～300 mm,采用振动压路机夯实时,虚铺厚度不应大于400 mm。 回填压实应逐层进行。管道两侧和管顶以上500 mm范围内的压实,应采用薄夯、轻夯夯实,管道两侧夯实面的高差不应超过300 mm,管顶500 mm以上回填时,应分层整平和夯实,若使用重型压实机械或较重车辆在回填土上行驶时管道顶部应有厚度不小于700 mm的压实回填土

2. 球墨铸铁管安装

球墨铸铁管连接属于柔性连接,具有强度高、韧性大、抗腐蚀能力好等特点。

球墨铸铁管的接口主要有三种形式,即滑入式接口(简称"T"型接口)、机械式接口(简称"K"型接口)和法兰式接口(简称"RF"接口),以滑入式应用居多。

(1)滑入式接口("T"型接口)。

1)滑入式接口("T"型接口)球墨铸铁管的安装要点见表2-14。

表 2-14 滑入式接口("T"型接口)球墨铸铁管的安装要点

项目	要 点
下管	按下管的技术要求将管道下到沟槽底,如管子有向上的标志,应按标志摆放管子
清理管口	将插口内的所有杂物予以清除,并擦洗干净

项 目	要 点
清理胶圈、上胶圈	将胶圈上的粘结物擦揩干净;手拿胶圈,把胶圈弯成心形或花形(大口径)装入口槽内,并用手沿整个胶圈按压一遍,确保胶圈各个部分不翘、不扭曲,均匀地卡在槽内
安装机具设备	将准备好的机器设备安装到位,安装时注意不要将已清理的管子部位再次污染
在插口外表面和胶圈上刷涂润滑剂	润滑剂宜用厂方提供的,也可用肥皂水,将润滑剂均匀地涂刷在承口内已安装好的胶圈内表面,在插口外表面刷润滑剂时应注意刷至插口端部的坡口处
顶推管道使之插入承口	球墨铸铁管柔性接口的安装一般采用顶推和拉入的方法,可根据现场的施工条件、管子规格、顶推力的大小以及现场机具及设备的情况确定
检查	检查插口插入承口的位置是否符合要求;用探尺伸入承插口间隙中检查胶圈位置是否正确

2)滑入式接口("T"型接口)球墨铸铁管的安装方法。滑入式接口("T"型接口)球墨铸铁管的安装方法有撬杠顶入法、千斤顶顶入法、捯链拉入法和牵引机拉入等方法见表2-15。

表 2-15 滑入式接口("T"型接口)球墨铸铁管的安装方法

方法	内 容
撬杠顶入法	将撬杠插入已对口连接管承口端工作坑的土层中,在撬杠与承口端面间垫以木板,扳动撬杠使插口进入已连接管的承口,将管顶入
千斤顶顶入法	先在管沟两侧各挖一竖槽,每槽内埋一根方木作为后背,用钢丝绳、滑轮与符合管节模数的钢拉杆与千斤顶连接。启动千斤顶,将插口顶入承口。每顶进一根管子,加一根钢拉杆,一般安装10根管子移动一次方木。也可用特制的弧形卡具固定在已经安装好的管道上,将后背工字钢、千斤顶、顶铁(纵、横)、垫木等组成的一套顶推设备安装在一辆平板小车上,用钢拉杆把卡具和后背工字钢拉起来,使小车与卡具、拉杆形成一个自锁推拉系统。系统安装完好后,启动千斤顶,将插口顶入承口
捯链(手拉葫芦)拉入法	在已安装稳固的管道上拴上钢丝绳,在待拉入管道承口处,放好后背横梁。用钢丝绳和捯链(手拉葫芦)连好绷紧对正,拉动捯链,即将插口拉入承口中。每接一根管道,将钢拉杆加长一节,安装数根管道后,移动一次拴管位置
牵引机拉入法	在待连接管的承口处,横放一根后背方木,将方木、滑轮(或滑轮组)和钢丝绳连接好,启动牵引机械(如卷扬机、绞磨)将对好胶圈的插口拉入承口中。 安装一节管道后,当卸下安装工具时,接口有脱开的可能,故安装前应准备好配套工具,如用钢丝绳和捯链将安装好的管子锁住。锁管时应在插口端作出标记,锁管前后均应检查使之符合要求

(2)机械式("K"型接口)。机械式("K"型接口)球墨铸铁管安装又称压兰式球墨铸铁管安装,为柔性接口,是将铸铁管的承插口加以改造,使其适应一个特殊形状的橡胶圈作为挡水材料,外部不需其他任何填料,不需要复杂的安装机具,施工简单。

1)机械式("K"型接口)球墨铸铁管的安装方法及要求。

①按下管要求将管子和配件放入沟槽,不得抛掷管道和配件以及其他工具和材料。管道放入槽底时应将承口端的标志置于正上方。

②压兰与胶圈定位。插口、压兰及胶圈定位后,在插口上定出胶圈的安装位置,先将压兰推入插口,然后把胶圈套在插口已定好的位置处。

③刷润滑剂。刷润滑剂前应将承插口和胶圈再清理一遍,然后将润滑剂均匀地涂刷在承口内表面和插口及胶圈的外表面。

④对口。管道安装时,宜从下游开始,承口应朝着施工前进的方向。将管子稍许吊起,使插口对正承口装入,调整好接口间隙后固定管身,卸去吊具。机械式("K"型接口)球墨铸铁管安装允许对口间隙见表2-16。

表 2-16　机械式("K"型接口)球墨铸铁管安装允许对口间隙　　　(单位:mm)

公称直径	A 型	K 型	公称直径	A 型	K 型	公称直径	A 型	K 型
75	19	20	500	32	32	1 500	—	36
100	19	20	600	32	32	1 600	—	43
150	19	20	700	32	32	1 650	—	45
200	19	20	800	32	32	1 800	—	48
250	19	20	900	32	32	2 000	—	53
300	19	32	1 000	—	36	2 100	—	55
350	32	32	1 100	—	36	2 200	—	58
400	32	32	1 200	—	36	2 400	—	63
450	32	32	1 350	—	36	2 600	—	71

⑤临时紧固。将密封胶圈推入承插口的间隙,调整压兰的螺栓孔使其与承口上的螺栓孔对正,先用4个互相垂直方位的螺栓临时紧固。

⑥紧固螺栓。将全部的螺栓穿入螺栓孔,并安上螺母,然后按上下左右交替紧固的顺序,对称均匀地分数次上紧螺栓。

⑦检查。螺栓上紧后,用力矩扳手检验每个螺栓的扭矩。螺栓的紧固扭矩见表2-17。

表 2-17　螺栓的紧固扭矩

公称直径(mm)	螺栓规格	紧固扭矩(N·m)
75	M16	60
100～600	M20	100
700～800	M24	140
900～3 600	M30	200

2)曲线安装。机械式球墨铸铁管沿曲线安装时,接口的转角不能过大,接口的转角一般是根据管道的长度和允许的转角计算管端偏移的距离进行控制。机械式球墨铸铁管安装的允许转角和管端的最大偏移值见表2-18。

3)注意事项。

①管道安装前,应认真地对管道、管件进行检查、检验。

②管道安装前,应将接口工作坑挖好。

③管道的弯曲部位应尽量使用弯头,如确需利用管道接口借转时,管道转过的角度应符合表 2-18 的规定。

表 2-18　机械式球墨铸铁管沿曲线安装时允许的转角和管端的最大偏移值

公称直径(mm)	允许转角θ(°)	管道的允许偏移值(mm)			公称直径(mm)	允许转角θ(°)	管道的允许偏移值(mm)		
		4 000	5 000	6 000			4 000	5 000	6 000
75	500	35	—	—	1000	1500	—	—	19
100	500	35	—	—	1 100	140	—	—	17
150	500	—	44	—	1 200	130	—	—	15
200	500	—	44	—	1 350	120	—	—	14
250	400	—	35	—	1 500	110	—	—	12
300	320	—	—	35	1 600	130	10	13	—
350	450	—	—	50	1 650	130	10	13	—
400	410	—	—	43	1 800	130	10	13	—
450	350	—	—	40	2 000	130	10	13	—
500	320	—	—	35	2 100	130	10	13	—
600	250	—	—	29	2 200	130	10	13	—
700	230	—	—	26	2 400	130	10	—	—
800	210	—	—	22	2 600	130	10	—	—
900	200	—	—	21					

④切管一定要用专用切割工具,切管后,应对管口进行清理,切口应与管轴线垂直。切口处如有内衬和防腐层损伤,应进行修补。管子切好后,应对切管部位的外周长和外径进行测量,测量结果应符合规定。

⑤管道吊装运输时,应采用兜底两点平吊的方法,使用的吊具应不损伤管道和管件,管道和吊具之间要用柔韧、涩性好的材料予以隔垫。

⑥橡胶圈应单独存放,妥善保管。在施工现场,应随用随从包中取出,暂不用的橡胶圈一定用原包装封好,放在阴凉、干燥处。

3. 室外消火栓安装

(1)严格检查消火栓的各处开关是否灵活、严密吻合,所配带的附属设备配件是否齐全。

(2)室外地下消火栓应砌筑消火栓井,室外地上消火栓应砌筑消火栓闸门井。在高级路面和一般路面上,井盖表面同路面相平,允许偏差为±5 mm;明确规定时,井盖高出室外设计标高50 mm,并应在井口周围以 2%的坡度向外做护坡。

(3)室外地下消火栓与主管连接的三通或弯头,下部带座和无座的,均应先稳固在混凝土支墩上,管下皮距井底不应小于 200 mm,消火栓顶部距井盖底部不应大于 400 mm,如果超过 400 mm,应增加短管。

（4）按有关工艺要求，进行法兰闸阀、双法兰短管及水龙带接扣安装，接出的直管高于1 m时，应加固定卡子一道，井盖上铸有明显的"消火栓"字样。

（5）室外消火栓地上安装时，一般距地面高度450 mm，首先应将消火栓下部的弯头带底座安装在混凝土支墩上，安装应稳固。

（6）安装消火栓开闭阀门，两者距离不应超过2.5 m。

（7）地下消火栓安装时，如设置阀门短管，必须将消火栓自身的放水口堵死，在井内另设放水门。

（8）按要求，进行消火栓阀门短管、消火栓法兰短管、带法兰阀门的安装。

（9）使用的阀门井，井盖上应有"消火栓"字样。

（10）管道穿过井壁处，应严密不漏水。

4. 室外水表安装

（1）严格检查准备安装的水表、阀门是否灵活、严密、吻合，所配带的附属配件是否齐全，是否符合设计的型号、规格、耐压强度。

（2）阀门安装以前应更换盘根。

（3）先把室外水表或阀门安装在砌好的混凝土支墩或砖砌支墩上。

（4）按标准的有关工艺要求进行配件和连接管的螺纹连接和法兰连接。

（5）安装时，要求位置和进出口方向正确，连接牢固、紧密。

5. 水压试验和管道冲洗

（1）水压试验。对已安装好的管道应进行水压试验，试验压力值按设计要求及施工规范规定确定。

（2）管道冲洗。管道安装完毕，验收前应进行冲洗，使水质达到规定洁净要求，并请有关单位验收，做好管道冲洗验收记录。

二、室内给水管道的安装

1. 干管安装

（1）按照设计图纸上的管道布置，确定标高并放线，经复核无误后，开挖管沟至设计要求深度；检查并贯通各预留孔洞。

（2）安装时一般从进水口处开始。总进水口端头封闭堵严以备试压用。管道应在预制后、安装前按设计要求做好防腐。

（3）把预制完的管道运到安装部位按编号依次排开，从进水方向顺序依次安装。在挖好的管沟或房心土回填到管底标高处铺设管道时，干管安装前应清扫管膛。

（4）挖好工作坑，将预制好的管段缓慢放入管沟内，总进水口及各甩口，做好临时支撑。按施工图纸的坐标、标高找好位置和坡度，以及各预留管口的方向和中心线，在合格的基础上铺设埋地管道。将管段接口相连，找平找直后，将管道固定。管道拐弯和始端处应支撑顶牢，防止连接时轴向移动，所有管口随时封堵好。

（5）给水铸铁管道安装。

1）在进行管道连接前，先将承口内侧插口及外侧端头的沥青除掉，承口朝来水方向顺序排列，连接的对口间隙应不小于3 mm。进行连接时要先清除承口内的污物。

2）捻麻时将油麻绳拧成麻花状，用麻钎捻入承口内，一般捻两圈以上，约为承口深度的1/3，使承口周围间隙保持均匀，将油麻捻实后进行捻灰，用强度等级32.5以上水泥加水拌匀

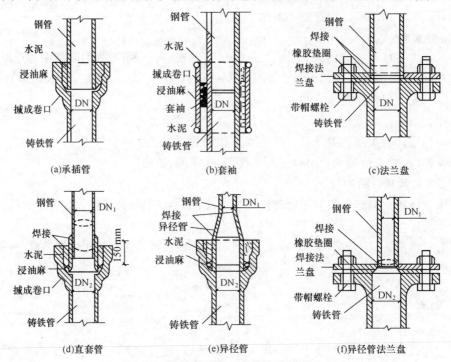

（水灰比为1∶9），用捻凿将灰填入承口，随填随捣，填满后用手锤打实，直至将承口打满，灰口表面有光泽。承口捻完后应进行养护，用湿土覆盖或用麻绳等物缠住接口，定时浇水养护，一般养护2～5 d。冬季应采取防冻措施。

3）采用青铅接口的给水铸铁管在承口油麻打实后，用定型卡箍或包有胶泥的麻绳紧贴承口，缝隙用胶泥抹严，用化铅锅加热铅锭至500℃左右（液面呈紫红颜色），水平管灌铅口位于上方，将熔铅缓慢灌入承口内，使空气排出，对于大管径管道灌铅速度可适当加快，防止熔铅中途凝固。每个接口应一次灌满，凝固后立即拆除卡箍或泥模，用捻凿将铅口打实（铅接口也可采用捻铅条的方式）。

4）给水铸铁管与镀锌钢管或给水钢塑复合管连接时应按如图2-1所示的几种方式安装。

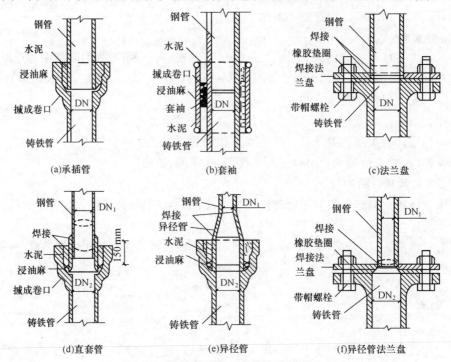

| (a)承插管 | (b)套袖 | (c)法兰盘 |

| (d)直套管 | (e)异径管 | (f)异径管法兰盘 |

图2-1　给水铸铁管与钢管的连接方式

5）热水管道的穿墙处均按设计要求加好套管及固定支架，安装补偿器按规定做好预拉伸，待管道固定卡件安装完毕后，除去预拉伸的支撑物，调整好坡度，翻身处高点要有放风装置，低点要有泄水装置。

6）给水大管径管道使用无镀锌碳素钢管时，应采用焊接法兰连接，管材和法兰根据设计压力选用焊接钢管或无缝钢管，管道安装完毕先做水压试验，无渗漏编号后再拆开法兰进行镀锌加工。加工镀锌的管道不得刷漆及污染，管道镀锌后按编号进行二次安装。

2. 立管安装

（1）根据工程现场实际情况，重新布置、合理安排管井内各种管道的排列，按图纸要求检查确认各层预留孔洞、预埋套管的坐标、标高。确定管井内各类管道的安装顺序。

（2）按照确定的顺序，从干管甩口处开始向立管末端顺序安装。各种管材的连接应符合相应的管材连接的要求，连接牢固、甩口准确、到位、朝向正确，角度合适。

（3）立管明装，每层每趟立管从上至下统一吊线安装卡件，高度一致；竖井内立管安装时其卡件宜设置型钢卡架，将预制好的立管按编号分层排开，顺序安装，对好调直时的印记。校核预留甩口的高度、方向是否正确。支管甩口均加好临时丝堵。立管阀门安装朝向应便于操作和修理。安装完后用线坠吊直找正，配合土建堵好楼板洞。

（4）立管暗装，安装在墙内的立管应在结构施工中预留管槽。立管安装后吊直找正，校核预留甩口的高度、方向是否正确。确认无误后进行防腐处理并用卡件固定牢固。支管的甩口应明露并加好临时丝堵。管道安装完毕应及时进行水压试验，试压合格后进行隐蔽工程检查，通过隐蔽工程验收后应配合土建填堵管槽。

（5）热水立管除应满足上述要求外，一般情况下立管与干管连接应采用2个弯头。

（6）给水立管上应安装可拆卸的连接件。

（7）如设计要求立管采取热补偿措施，其安装同干管。

（8）管道安装完成后，按照施工图对安装好的管道坐标、标高、坡度及预留管口尺寸进行自检，确认准确无误后调整所有支吊架固定管道，并进行水压试验。

（9）试验合格后对镀锌钢管或钢塑复合管外露螺纹和镀锌层破损处刷好防锈漆。对保温或在吊顶内等需隐蔽的管道进行隐检，并填写隐蔽工程验收记录，办理隐蔽工程验收手续。

3. 支管安装

支管安装见表2-19。

表 2-19　支管安装

项　　目	内　　容
支管明装	将预制好的支管从立管或横干管甩口依次逐段进行安装，有阀门应将阀门盖卸下再安装，根据管道长度适当加好临时固定卡，核定不同卫生器具的冷热水预留口高度、位置是否正确，找平找正后栽支管卡，去掉临时固定卡，上好临时丝堵。支管如装有水表先装上连接管，试压后在交工前拆下连接管，安装水表
支管暗装	确定支管高度后画线定位，剔出管槽，将预制好的支管敷在槽内，找平找正定位后用勾钉固定。卫生器具的冷热水预留口要做在明处，加好丝堵

4. 给水硬聚氯乙烯管道安装

（1）室内明敷管道应在土建粉饰完毕后进行安装。安装前应首先复核预留孔洞的位置是否正确。

（2）管道安装前，宜按要求先设置管卡。其位置应准确，埋设应平整、牢固。管卡与管道接触应紧密，但不得损伤管道表面。

（3）若采用金属管卡固定管道时，金属管卡与塑料管间采用塑料带或橡胶物隔垫，不得使用硬物隔垫。

（4）在金属管配件与塑料管连接部位，管卡应设置在金属管配件一端，并尽量靠近金属配件。

（5）硬聚氯乙烯（PVC-U）给水管道支吊架的最大间距应符合表2-20的规定。

表 2-20　立管和横管支吊架最大间距　　　　　（单位：mm）

公称外径 d_n		20	25	32	40	50	63	75	90	110	160
最大间距	立管	900	1 000	1 000	1 300	1 600	1 800	2 000	2 200	2 400	2 800
	横管	600	700	800	900	1 000	1 100	1 200	1 350	1 550	1 800

注：室内立管每层之间应设有支承。

(6)塑料管穿越楼板时,必须设置套管,套管可采用塑料管;穿越屋面时必须采用金属套管。套管应高出地面或屋面不小于 100 mm,并采取严格的防水措施。

(7)管道敷设严禁有轴向扭曲。穿越墙或楼板时不得强制校正。

(8)塑料管道与其他金属管道并行时,应留有一定的保护距离。若设计无规定时,净距不宜小于 100 mm。并行时,塑料管道宜在金属管道的内侧。

(9)室内暗敷的塑料管道墙槽必须采用 1:2 水泥砂浆填补。

(10)在塑料管道的各配水点、受力点处,必须采取可靠的固定措施。

(11)室内地坪±0.000 以下塑料管道铺设宜分为两段进行。先进行地坪±0.000 以下至基础墙外壁管段的铺设,待土建施工结束后,再进行户外连接管的铺设。

(12)室内地坪以下管道铺设应在土建工程回填土夯实以后,重新开挖进行。严禁在回填土之前或未经夯实的土层中铺设。

(13)铺设管道的沟底不得有突出的尖硬物体。土的颗粒粒径不宜大于 12 mm,必要时可铺 100 mm 厚的砂垫层。

(14)埋地管道回填时,管周回填土不得夹杂尖硬物直接与塑料管壁接触。应先用砂土或颗粒粒径不大于 12 mm 的土回填至管顶以上 300 mm 处,经夯实后方可回填原土。室内埋地管道的埋置深度不宜小于 300 mm。

(15)塑料管出地坪处应设置护管,其高度应高出地坪 100 mm。

(16)塑料管在穿基础墙时,应预埋金属套管。套管与基础墙预留孔上方的净空距离不应小于建筑物的沉降量,且不应小于 100 mm。

5. 给水铝塑复合管安装

(1)直埋敷设管道的管槽,宜在土建施工时预留,管槽的底和壁应平整无凸出的尖锐物。管槽宽度宜比管道公称外径大 40~50 mm,管槽深度宜比管道公称外径大 20~25 mm。

1)铺设管道后,应用管卡(或鞍形卡片),将管道固定牢固,水压试验后方可填塞管槽。

2)管槽的填塞应采用 M7.5 水泥砂浆。冷水管管槽的填塞宜分两层进行,第一层填塞至 3/4 管高,砂浆初凝时应将管道略做左右摇动,使管壁与砂浆之间形成缝隙,再进行第二层填塞,填满管槽与地(墙)面抹平,砂浆必须密实饱满。

3)热水管直线管段的管槽填塞操作与冷水管相同,但在转弯段应在水泥砂浆堵塞前沿转弯管外侧插嵌宽度等于管外径厚度为 5~10 mm 的质地松软板条,再按上述操作填塞。

(2)管道穿越混凝土屋面、楼板、墙体等部位,应按设计要求配合土建预留孔洞或预埋套管,孔洞或套管的内径宜比管道公称外径大 30~40 mm。

(3)管道穿越屋面、楼板部位,应做防渗措施,可按下列规定施工。

1)贴近屋面或楼板的底部,应设置管道固定支承件。

2)预留孔或套管与管道之间的环形缝隙,用 C15 细石混凝土或 M15 膨胀水泥砂浆分两次嵌缝,第一次嵌缝至板厚的 2/3,待达到 50% 强度后进行第二次嵌缝至板平面,并用 M10 水泥砂浆抹高、宽不小于 25 mm 的三角灰。

(4)管道穿越地下室外壁或混凝土水池壁时,必须配合土建预埋带有止水翼环的金属套管,套管长度不应小于 200 mm,套管内径宜比管道公称外径大 30~40 mm。

管道安装完毕后,对套管与管道之间的环形缝隙进行嵌缝;先在套管中部塞 3 圈以上油麻,再用 M10 膨胀水泥砂浆嵌缝至平套管口。

(5)管道穿越无防水要求的墙体、梁、板的做法应符合下列规定。

1)靠近穿越孔洞的一端应设固定支承件将管道固定。

2)管道与套管或孔洞之间的环形缝隙应用阻燃材料填实。

(6)铝塑复合管管道的最大支承间距应符合表 2-21 的规定。

表 2-21　铝塑复合管管道的最大支承间距　　　　　　　（单位：mm）

公称外径	12	14	16	18	20	25	32	40	50	63	75
立管间距	500	600	700	800	900	1 000	1 100	1 300	1 600	1 800	2 000
横管间距	400	400	500	500	600	700	800	1 000	1 200	1 400	1 600

(7)管道支承和支承件应符合下列规定。

1)无伸缩补偿装置的直线管段,固定支承件的最大间距为冷水管不宜大于 6.0 m,热水管不宜大于 3.0 m,且应设置在管道配件附近。

2)采用管道伸缩补偿器的直线管段,固定支承件的间距应经计算确定,管道伸缩补偿器应在两个固定支承件的中间部位。

3)采用管道折角进行伸缩补偿时,悬臂长度不应大于 3.0 m,自由臂长不应小于 300 mm。

4)固定支承件的管卡与管道表面应全面接触,管卡的宽度宜为管道公称外径的 1/2,收紧管卡时不得损坏管壁。

5)滑动支承件的管卡应卡住管道,可允许管道轴向滑动,但不允许管道产生横向位移,管道不得从管卡中弹出。

6.阀门及水表等附件安装

阀门及水表等附件安装见表 2-22。

表 2-22　阀门及水表等附件安装

项　　目	内　　容
阀门安装	(1)安装前应仔细检查,核对阀门的型号、规格是否符合设计要求。 (2)根据阀门的型号和出厂说明书,检查它们是否可以在所要求的条件下应用,并且按设计和规范规定进行试压,请甲方或监理验收并填写试验记录。 (3)检查填料及压盖螺栓,必须有足够的节余量,并要检查阀杆是否转动灵活,有无卡涩现象和歪斜情况。法兰和螺栓连接的阀门应加以关闭。 (4)不合格的阀门不准安装。 (5)阀门在安装时应根据管道介质流向确定其安装方向。 (6)安装一般的截止阀时,使介质自阀盘下面流向上面,简称"低进高出"。安装闸阀、旋塞时,允许介质从任意一端入流出。 (7)安装止回阀时,必须特别注意使阀体上箭头指向与介质的流向相一致,只有这样才能保证阀盘自由开启。对于升降式止回阀,应保证阀盘中心线与水平面相互垂直。对于旋启式止回阀,应保证其摇板的旋转枢轴装成水平。 (8)安装杠杆式安全阀和减压阀时,必须使阀盘中心线与水平面互相垂直,发现斜倾时应予以校正。 (9)安装法兰阀门时,应保证两法兰端面相互平行和同心。尤其是安装铸铁等材质较脆弱的阀门时,应避免因强力连接或受力不均引起的损坏。拧螺栓应对称或十字交叉进行。 (10)螺纹阀门应保证螺纹完整无缺,并按不同介质要求选择密封填料物。拧紧时,必须用扳手咬牢拧入管道一端的六棱体上,以保证阀体不致变形或损坏

项　　目	内　　容
水表安装	（1）水表应安装在查看方便、不受暴晒、不受污染和不易损坏的地方，引入管上的水表装在室外水表井、地下室或专用的房间内。 （2）水表安装到管道上以前，应先除去管道中的污物（用水冲洗），以免造成水表堵塞。 （3）水表应水平安装，并使水表外壳上的箭头方向与水流方向一致，切勿装反。水表前后应装设阀门。 （4）对于不允许停水或设有消防管道的建筑，还应设旁通管道。此时水表后侧要装止回阀，旁通管上的阀门应设有铅封。 （5）为保证水表计量准确，水表前面应装有大于水表口径 10 倍的直管段，水表前面的阀门在水表使用时全部打开。 （6）家庭独用小水表，明装于每户进水总管上，水表前应有阀门，水表外壳距墙面不得大于30 mm，水表中心距另一墙面（端面）的距离为 450～500 mm，安装高度为600～1 200 mm。水表前后直管段长度大于 300 mm 时，其超出管段应用弯头引靠到墙面，沿墙面敷设，管中心距离墙面 20～25 mm

7. 管道系统消毒

（1）生活给水系统管道在交付使用前必须冲洗和消毒，并经有关部门取样检验，符合现行国家标准《生活饮用水卫生标准》（GB 5749—2006）方可使用。

（2）管道试压合格后，将管道内的水放空，各配水点与配水件连接后，进行管道消毒。用含20～30 mg/L 游离氯的水灌满管道进行消毒，含氯水在管道中应留置 24 h 以上。

（3）消毒结束后，放空管道内的消毒液，用生活饮用水冲洗管道，至各末端配水件出水水质符合现行国家标准《生活饮用水卫生标准》（GB 5749—2006）为止。

第三节　集中式给水工程

一、取水构筑物

1. 地下水取水构筑物

（1）地下水取水构筑物一般分为水平和垂直两种类型，有时两种类型也可结合使用（表 2-23）。

表 2-23　地下水取水构筑物的种类

类　　别	内　　容
垂直取水构筑物	指管井、大口井等
水平取水构筑物	指渗渠、集水廊道等
混合取水构筑物	指辐射井、坎儿井和大口井与渗渠结合的取水构筑物

（2）地下水取水构筑物的适用条件，见表 2-24。

2. 地表水取水构筑物

（1）地表水取水构筑物一般分为固定式、活动式、低坝式和底栏栅式 4 种类型。其中固定式取水构筑物又包括岸边式、河床式、斗槽式,活动式取水构筑物包括浮船式、缆车式。

表 2-24 地下水取水构筑物的适用条件

型式	尺寸	深度	适用条件				出水量
			地下水类型	地下水埋深	含水层厚度	水文地质特征	
管井	井径 50～1 000 mm,常用 200～600 mm	井深 8～1 000 m,常用在 300 m 以内	潜水、承压水、裂隙水、岩溶水	200 m 以内,常用在 70 m 以内	视透水性确定	适用于砂、砾石、卵石及含水黏性土、裂隙、岩溶含水层	一般 500～600 m³/d
大口井	井径 2～12 m,常用 4～8 mm	井深在 20 m 以内,常用 5～15 m	潜水、承压水	一般在 10 m 以内	一般为 5～15 m	砂、砾石、卵石,渗透系数最好在 20 m/d 以上	一般 500～1 000 m³/d
辐射井	集水井直径 4～6 m,辐射井直径 50～300 mm,75～150 mm	集水井井深常用 3～12 m	潜水	埋深 12 m 以内,辐射管距含水层应大于 1 m	一般大于 2 m	细、中、粗砂、砾石,但不可含漂石,弱透水层	一般 500～5 000 m³/d
渗渠	直径 450～1 500 mm,常用 600～1 000 mm	埋深 10 m 以内,常用 4～6 m	潜水	一般在 2 m 以内,最大达 8 m	一般在 2 m 以上	中、粗砂、砾石、卵石	一般 5～20 m³/(d·m)

(2)地表水取水构筑物的适用条件见表 2-25。

表 2-25 地表水取水构筑物的适用条件

型式		特 点	适用条件
固定式	岸边式	(1)型式较多。 (2)水下工程量较大,结构复杂。 (3)造价高	(1)河(库、湖等)岸坡较陡,稳定。 (2)工程地质条件良好。 (3)岸边有足够水深,水位变化幅度较小。 (4)水质较好
	河床式	(1)型式较多。 (2)水下工程量较大,结构复杂。 (3)造价高	(1)河(库、湖等)岸坡较陡,稳定。 (2)枯水期水深不足或水质不好。 (3)中心有足够水深,水质较好。 (4)河床稳定

型 式		特　点	适用条件
活动式	浮船式	(1)水下工程量小,施工较固定式简单。 (2)船体构造简单。 (3)水位涨落变化较大时,管理复杂。 (4)怕冲撞、对风浪适应差	(1)水位变化幅度大,但水位变化速度不大于2 m/h,枯水期水深大于1 m,且流水平稳,风浪较小。 (2)无冰凌,漂浮物少
	缆车式	(1)水下工程量小,施工较固定式简单。 (2)比浮船式稳定,能适应较大风浪。 (3)管理复杂。 (4)只能取岸边表层水	(1)水位变化幅度大,但水位变化速度不大于2 m/h。 (2)河床比较稳定,工程地质条件较好。 (3)无冰凌,漂浮物少
	潜水泵直接取水	(1)水下工程量小,施工简单、方便。 (2)投资省。 (3)目前潜水泵型式较多,可根据安装条件适当选用	(1)临时供水。 (2)漂浮物和泥砂含量较少。 (3)河床稳定
低坝式	固定低坝式	(1)在河水中筑垂直于河床的固定式堤坝,以提高水位,在坝上游岸边设置进水闸或取水泵房。 (2)常发生坝前泥砂淤积	(1)适用于枯水期流量特别小。 (2)水浅、不通航不放筏。 (3)推流质不多的小型山溪河流
	活动低坝式	(1)水力自动翻板闸低坝或橡胶低坝。 (2)大大减少了坝前泥砂淤积,取水安全可靠	(1)适用于枯水期流量特别小。 (2)水浅、不通航不放筏。 (3)推流质不多的小型山溪河流
底栏栅式		(1)利用带栏栅的引水廊道垂直于河流取水。 (2)常发生坝前泥砂淤积,格栅堵塞	(1)适用于河床较窄,水深较浅,河底纵向坡较大,大颗粒推移质特别多的山溪河流。 (2)要求截取河床上径流水及河床下潜流水之全部或大部分的流量

3. 取水构筑物整治的主要内容及方法

目前我国农村部分集中式给水工程取水构筑物仍存在着形式不甚合理,设备、设施老化、陈旧等问题,需要进行整治。

取水构筑物整治的主要内容及方法见表 2-26。

表 2-26　取水构筑物整治的主要内容及方法

整治内容	整治方法
取水构筑物选择	(1)结合当地具体情况,从水源条件、位置等方面对原有取水构筑物进行评估。 (2)根据评估结果选择取水构筑物类型
取水构筑物设备、设施	对取水构筑物中老化、陈旧的设备、设施等进行修理或更换

二、水处理构筑物和设施

1. 预处理

(1)预沉见表 2-27。

表 2-27 预　沉

项目	内　　容
技术的局限性	一般仅作为预处理,不作为单独处理工艺
标准与做法	(1)自然沉淀池的沉淀时间宜为 8～12 h。 (2)自然沉淀池的有效水深宜为 1.5～3.0 m,超高为 0.3 m,并根据清泥方式确定积泥高度,一般不宜小于 0.3 m。 (3)自然沉淀池宜分成 2 格并设跨越管。 (4)天然预沉池内一般不设排泥设施,主要依靠人工清掏。 (5)人工预沉池宜设溢流管和排泥管,并尽量采用重力排泥。 (6)人工预沉池可采用钢筋混凝土、砖或块石建造
维护及检查	(1)根据预沉池的容积及沉淀情况,定期清掏积泥,以保证预沉池有效容积和沉淀效果。挖泥频率宜为每 1～3 年挖泥一次。 (2)高寒地区在冰冻期间应根据当地的具体情况控制水位和采取防冻措施

(2)高锰酸钾预氧化见表 2-28。

表 2-28　高锰酸钾预氧化

项目	内　　容
技术的局限性	一般仅作为预处理,不作为单独处理工艺
标准与做法	(1)高锰酸钾宜在水厂取水口投加;如在水处理流程中投加,先于其他水处理药剂投加的时间不宜少于 3 min。 (2)经过高锰酸钾预氧化的水必须通过滤池过滤。 (3)高锰酸钾预氧化的用量应通过试验确定,并应精确控制,用于去除微量有机污染物、藻类和控制嗅味的高锰酸钾投加量宜采用 0.5～2.5 mg/L。 (4)高锰酸钾的投加可参照凝聚剂的投加方式
维护及检查	(1)严格控制药剂的配比,并使高锰酸钾在水中充分的混合溶解。 (2)采用各种形式的投加方式,均应配有计量器具。计量器具每年按检定周期要求进行检定

(3)粉末活性炭预处理见表 2-29。

表 2-29　粉末活性炭预处理

项目	内　　容
技术的局限性	粉末活性炭一般用于预处理或深度处理,不作为单独处理工艺
标准与做法	(1)粉末活性炭投加宜根据水处理工艺流程综合考虑确定。一般投加于原水中,经过与原水充分混合、接触后,再投加混凝剂或助凝剂。

· 第二章　村镇给水工程 ·

项目	内 容
标准与做法	(2)粉末活性炭的用量根据试验确定,宜采用5~30 mg/L。 (3)炭浆浓度宜采用5%~10%(按质量计)。 (4)粉末活性炭的贮藏、输送和投加车间,应有防尘、集尘和防火设施。 (5)粉末活性炭的投加宜采用湿投、重力或压力加注。压力加注时需采用耐磨损、不易堵塞的加注泵。 (6)水厂常年需投加粉末活性炭时,为减小劳动强度和保护环境卫生,宜采用有吸尘装置和回收炭粉的投加系统
维护及检查	(1)严格控制粉末活性炭的投加量,投加量过多时易增加滤池负担并可能造成穿透滤池。 (2)粉末活性炭长期存放,效率会下降,购入炭后要做好标识,先到先用。 (3)人工拆包投加粉末活性炭时,要尽量减少粉末飞扬,保证安全和环境卫生

2. 粗滤池和慢滤池

(1)粗滤池见表2-30。

表2-30 粗滤池

项目	内 容
技术的局限性	一般仅作为慢滤池进水前的预处理,不作为单独处理工艺
标准与做法	(1)粗滤池构筑物形式包括竖流式和平流式两种,其选择应根据净水构筑物高程布置和地形条件等因素,通过技术经济比较后确定。 (2)竖流粗滤池宜采用二级串联,平流粗滤池宜由3个相连的卵石或砾石室组成。 (3)竖流粗滤池的滤料应按表2-31的规定取值。 (4)平流粗滤池的滤料应按表2-32的规定取值。 (5)粗滤池滤速宜为0.3~1.0 m/h。 (6)竖流粗滤池滤层表面以上的水深宜为0.2~0.3 m,超高为0.3 m。 (7)上向流竖流粗滤池底部设有配水室、排水管和集水槽。 (8)滤料宜选用卵石或砾石,顺水流方向由大到小按三层敷设,并符合表2-31的规定
维护及检查	粗滤池运行较长时间后,若滤料堵塞严重,应采用人工方法进行更换或清洗

表2-31 竖流粗滤池滤料的组成

粒径(mm)	厚度(mm)
4~8	200~300
8~16	300~400
16~32	450~500

表 2-32 平流粗滤池滤料的组成与池长

砾(卵)石室	粒径(mm)	池长(mm)
I	16~32	2 000
II	8~16	1 000
III	4~8	1 000

(2)慢滤池见表 2-33。

表 2-33 慢滤池

项目	内 容
技术特点	慢滤池宜用于原水浊度常年低于 20 NTU、瞬时不超过 60 NTU 的地表水处理。具有如下特点： (1)构造简单，便于就地取材，容易建设。 (2)水处理过程中无需投药，管理要求低。 (3)滤料表面形成生物滤膜截流细菌能力强，出水水质好。 (4)造价及运行成本低，适用于小型的农村供水工程
技术的局限性	滤速低，产水量小，占地面积大，刮砂、洗砂工作量大
标准与做法	(1)慢滤池应按 24 h 连续工作考虑，滤速宜按 0.1~0.3 m/h，进水浊度高时取低值。 (2)滤料宜采用石英砂，粒径 0.3~1 mm，滤层厚度 800~1 200 mm。 (3)承托层宜为卵石或砾石，自上而下分 5 层铺设，并符合表 2-34 的规定。 (4)滤料表面以上水深宜为 1.2~1.3 m；池顶应高出水面 0.3 m，高出地面 0.5 m。 (5)慢滤池面积小于 15 m² 时，可采用底沟集水，集水坡度为 1‰；当滤池面积较大时，可设置穿孔集水管，管内流速宜采用 0.3~0.5 m/s。 (6)出口应有控制滤速的措施，宜设可调堰或在出水管上设控制阀和转子流量计。 (7)有效水深以上应设溢流管，池底应设排空管。 (8)慢滤池应分格，格数不少于 2 个。 (9)北方地区应采取防冻和防风沙措施，南方地区应采取防晒措施
维护及检查	(1)滤池运行一段时间后，若滤料堵塞严重，应采用人工方法进行清洗。 (2)当滤料清洗若干次后，仍然堵塞严重，应进行刮砂清洗，刮砂厚度 30~40 mm，刮出的砂运至洗砂池以备集中清洗。 (3)滤池经多次刮砂，滤层厚度逐渐减薄，当滤层厚度减小到 400 mm 时，一般经过 3~5 年的运行，应将慢滤池进行大清洗。此时将滤池内的全部滤料挖出与以前刮出滤料一起清洗后，再重新铺入滤池。 (4)慢滤池滤料也可在每次刮砂后，将刮出的砂清洗干净后回填，或另外回填干净的细砂

表 2-34 慢滤池承托层组成

粒径(mm)	厚度(mm)	粒径(mm)	厚度(mm)
1~2	50	8~16	100

粒径(mm)	厚度(mm)	粒径(mm)	厚度(mm)
2～4	100	16～32	100
4～8	100		

3. 混合

混合是将凝聚剂充分、均匀地扩散于水体的过程,对于取得良好的絮凝效果具有重要作用。

混合方式基本分为两大类,水力混合和机械混合。水力混合有多种形式,目前农村水厂较常采用的有水泵混合、管式静态混合器混合等。机械混合也有多种形式,如桨式、推进式、涡流式等,农村水厂较多采用的为桨式。

水力混合简单,但不能适应流量的变化;机械混合可进行调节,能适应各种流量的变化,但需要一定的机械维修量。具体采用何种方式应根据净水工艺平面及竖向布置、水质、水量、投加药剂品种及数量以及维修条件等因素确定。

(1)水泵混合见表 2-35。

表 2-35　水泵混合

项目	内　容
技术特点与适用情况	水泵混合具有设备简单、混合充分、效果较好的优点,不另外消耗动能,适用于原水提升泵房距离净水构筑物较近的水厂
技术的局限性	吸水管较多时,投药设备要增加,安装管理较麻烦,配合加药自动控制较麻烦
标准与做法	(1)药管应装在水泵吸水口前 0.3～0.5 m 处。 (2)投加点至净水构筑物的距离不宜超过 120 m,混合后的原水在管(渠)内的停留时间不宜超过 120 s
维护及检查	定期检查加药管,加药管全线不得漏气

(2)管式静态混合器见表 2-36。

表 2-36　管式静态混合器

项目	内　容
技术特点与适用情况	管式静态混合器设备简单,维护管理方便,不需要土建构筑物,在设计流量范围,混合效果较好,因此适用于水量变化不大的各种规模的水厂
技术的局限性	水量变化影响混合效果,水头损失较大,混合器构造较复杂
标准与做法	(1)投加点至净水构筑物的距离不宜超过 120 m,混合后的原水在管(渠)内的停留时间不宜超过 120 s。 (2)管式静态混合器规格一般为 $\phi150～\phi1\,200$ mm

(3)机械混合见表 2-37。

表 2-37 机械混合

项目	内 容
技术特点与适用情况	机械混合效果较好,设备简单,水头损失较小,混合效果基本不受水量变化影响,适用于各种规模的水厂
技术的局限性	机械混合需消耗动能,管理维护较复杂,规模较大的水厂需建混合池
标准与做法	(1)混合时间宜为 10~60 s,最大不超过 2 min。 (2)投加点至净水构筑物的距离不宜超过 120 m,混合后的原水在管(渠)内的停留时间不宜超过 120 s
维护及检查	定期检查机电设备和搅拌桨片有无损坏,如有损坏应及时修理或更换

4. 絮凝

投加凝聚剂并经充分混合后的原水,在水流作用下使微絮粒相互碰撞,以形成更大的絮粒的过程称作絮凝。完成絮凝过程的构筑物为絮凝池,习惯上也称作反应池。

絮凝池形式的选择,应根据净水工艺平面及竖向布置、水质、水量、沉淀池形式以及维修条件等因素确定。农村水厂使用较多的有穿孔旋流絮凝池、网格(栅条)絮凝池、折板絮凝池及机械絮凝池等。

(1)穿孔旋流絮凝池见表 2-38。

表 2-38 穿孔旋流絮凝池

项目	内 容
技术特点与适用情况	絮凝时间短,絮凝效果较好,构造简单。适用于水量变化不大的水厂
标准与做法	(1)絮凝时间宜为 15~25 min。 (2)絮凝池孔口流速,应按由大渐小的变速设计,起始流速宜为 0.6~1.0 m/s,末端流速宜为0.2~0.3 m/s。 (3)每格孔口应作上、下对角交叉布置。 (4)每组絮凝池分格数不宜少于 6 格。 (5)应尽量与沉淀池合建,避免用管渠连接。如确需用管渠连接时,管渠中的流速应小于 0.15 m/s,并避免流速突然升高或水头跌落。 (6)为避免已形成絮体的破碎,絮凝池出水穿孔墙的过孔流速宜小于 0.1 m/s。 (7)应避免絮体在絮凝池中沉淀。如难以避免,应采取相应的排泥措施。 (8)穿孔旋流絮凝池一般为钢筋混凝土结构
维护及检查	(1)应经常观测絮凝池的絮体颗粒大小和密实程度,及时调整加药量和混合设备,以保证絮凝池出水中的絮体颗粒大、密实、均匀、与水分离度大。 (2)应及时排泥,经常检查排泥设备,保持排泥管路畅通

(2)栅条、网格絮凝池见表 2-39。

表 2-39　栅条、网格絮凝池

项目	内　容
技术特点与适用情况	絮凝时间短,絮凝效果较好,构造简单。适用于水量变化不大的水厂
标准与做法	(1)絮凝池宜设计成多格竖向回流式。 (2)絮凝时间宜为 10～15 min。 (3)前段网格或栅条总数宜为 16 层以上,中段在 8 层以上,上下层间距为 60～70 cm,末段可不放。 (4)絮凝池单格竖向流速,过栅(过网)和过孔流速应逐段递减,分段数宜分为三段,流速分别为: 1)每格竖向流速:前段和中段 0.12～0.14 m/s;末段 0.10～0.14 m/s。 2)网孔或栅条流速:前段 0.25～0.30 m/s;中段 0.22～0.25 m/s。 3)各格间的过水孔洞流速:前段 0.2～0.3 m/s;中段 0.15～0.2 m/s;末段 0.1～0.4 m/s。 (5)絮凝池应尽量与沉淀池合并建造,避免用管渠连接。如确需用管渠连接时,管渠中的流速应小于 0.15 m/s,并避免流速突然升高或水头跌落。 (6)为避免已形成絮体的破碎,絮凝池出水穿孔墙的过孔流速宜小于 0.1 m/s。 (7)絮凝池应有排泥设施。 (8)网格或栅条絮凝池一般为钢筋混凝土结构
维护及检查	(1)应经常观测絮凝池的絮体颗粒大小和密实程度,及时调整加药量和混合设备,以保证絮凝池出水中的絮体颗粒大、密实、均匀、与水分离度大。 (2)应及时排泥,经常检查排泥设备,保持排泥管路畅通

(3)折板絮凝池见表 2-40。

表 2-40　折板絮凝池

项目	内　容
技术特点与适用情况	絮凝时间较短,絮凝效果好,适用于水量变化不大的水厂
标准与做法	(1)絮凝时间宜为 8～15 min。 (2)絮凝过程中的速度应逐段降低,分段数一般不宜少于三段,各段的流速分别为:第一段:0.25～0.35 m/s;第二段:0.15～0.25 m/s;第三段:0.10～0.15 m/s。 (3)折板夹角可分 90°～120°。 (4)应尽量与沉淀池合建,避免用管渠连接。如确需用管渠连接时,管渠中的流速应小于0.15 m/s,并避免流速突然升高或水头跌落。 (5)为避免已形成絮体的破碎,絮凝池出水穿孔墙的过孔流速宜小于 0.1 m/s。 (6)应避免絮体在絮凝池中沉淀。如难以避免,应采取相应的排泥措施。 (7)折板絮凝池一般为钢筋混凝土结构
维护及检查	(1)应经常观测絮凝池的絮体颗粒大小和密实程度,及时调整加药量和混合设备,以保证絮凝池出水中的絮体颗粒大、密实、均匀、与水分离度大。 (2)应及时排泥,经常检查排泥设备,保持排泥管路畅通

(4)机械絮凝池见表2-41。

表 2-41　机械絮凝池

项目	内　　容
技术特点与适用情况	絮凝效果好,水头损失较小,适应水质、水量的变化。适用于各种规模及水量变化较大的水厂
标准与做法	(1)絮凝时间宜为 15～20 min。 　(2)池内宜设 3～4 挡搅拌机。 　(3)搅拌机的转速应根据浆板边缘处的线速度通过计算确定,线速度宜自第一挡的 0.5 m/s 逐渐变小至末挡的 0.2 m/s。 　(4)池内宜设防止水体短流的设施。 　(5)应尽量与沉淀池合建,避免用管渠连接。如确需用管渠连接时,管渠中的流速应小于0.15 m/s,并避免流速突然升高或水头跌落。 　(6)为避免已形成絮体的破碎,絮凝池出水穿孔墙的过孔流速宜小于 0.1 m/s。 　(7)应避免絮体在絮凝池中沉淀。如难以避免,应采取相应的排泥措施。 　(8)机械絮凝池一般为钢筋混凝土结构
维护及检查	(1)应经常观测絮凝池的絮体颗粒大小和密实程度,及时调整加药量和混合设备,以保证絮凝池出水中的絮体颗粒大、密实、均匀、与水分离度大。 　(2)应及时排泥,经常检查排泥设备,保持排泥管路畅通

5.沉淀

　　投加凝聚剂并经充分混合和絮凝后,水中形成的絮粒在重力的作用下从水中分离出来的过程称作沉淀。完成沉淀过程的构筑物为沉淀池。

　　沉淀池按其构造的不同可以布置成多种形式。按沉淀池水流方向可分为竖流式、平流式和辐流式。由于竖流式沉淀池表面负荷小,处理效果差,基本上已不被采用。按沉淀距离不同,沉淀池可分为一般沉淀和浅层沉淀。斜管和斜板沉淀池为典型的浅层沉淀。

　　选择沉淀池池型时需要考虑的主要因素有水量规模、进水水质条件、高程布置的影响、气候条件、经常运行费用、占地面积以及地形、地质条件及运行经验等,具体设计时应进行综合分析,通过技术经济比较确定。目前农村水厂较为常用的沉淀池主要有平流沉淀池和斜管沉淀池。

　　(1)平流沉淀池见表2-42。

表 2-42　平流沉淀池

项目	内　　容
技术特点与适用情况	(1)造价较低。 　(2)操作管理方便,施工简单。 　(3)对原水适应性强,潜力大,处理效果稳定。 　(4)带有机械排泥设备时,排泥效果好。 　(5)可用于各种规模水厂,一般用于大、中型水厂

项目	内 容
技术的局限性	(1)占地面积较大。 (2)不采用机械排泥装置时,排泥较困难。 (3)需维护机械排泥设备
标准与做法	平流沉淀池构造简单,为一长方形的水池,一般与絮凝池合建。平流沉淀池的设计应使进、出水均匀,池内水流稳定,提高水池的有效容积,同时减少紊动影响,以有利于提高沉淀效率。平流沉淀池沉淀效果,除受絮凝效果的影响外,与池中水平流速、沉淀时间、颗粒沉降速度、进出口布置形式及排泥效果等因素有关,其主要设计参数为水平流速、沉淀时间、池深、池宽、长宽比、长深比等。 (1)池数一般不少于 2 个,沉淀时间一般为 2.0~4.0 h。 (2)沉淀池内平均水平流速一般为 10~20 mm/s。 (3)有效水深可采用 2.5~3.5 m,沉淀池每格宽度(或导流墙间距)宜为 3~8 m。 (4)池的长宽比应不小于 4,池的长深比应不小于 10。 (5)农村水厂主要采用人工排泥,可根据原水悬浮物含量采用单斗或多斗排泥。 (6)泄空时间一般超过 6 h。 (7)平流沉淀池一般为钢筋混凝土结构
维护及检查	(1)平流沉淀池应做好排泥工作,排泥时间宜根据排泥形式和具体情况确定。 (2)平流沉淀池的停止和启用操作应注意保持滤池进水浊度的稳定

(2)异向流斜管沉淀池见表 2-43。

表 2-43 异向流斜管沉淀池

项目	内 容
技术特点	沉淀效率高、池子容积小和占地面积少
技术的局限性	斜管沉淀池因沉淀时间短,故在运转中遇到水量、水质变化时,应注意加强管理。采用此类沉淀池时,还应注意絮凝的完善和排泥布置的合理等。 (1)斜管耗用较多材料,老化后尚需更换。 (2)对原水适应性较平流池差。 (3)不设机械排泥装置时,排泥较困难;设机械排泥时,维护管理较平流池麻烦。 (4)单池处理水量不宜过大
标准与做法	(1)斜管断面一般采用蜂窝六角形,其内径一般采用 25~35 mm。 (2)斜管长度一般为 800~1 000 mm 左右,水平倾角 θ 常采用 60°。 (3)斜管上部的清水区高度,不宜小于 1.0 m,较高的清水区有助于出水均匀和减少日照影响及藻类繁殖。 (4)斜管下部的布水区高度,不宜小于 1.5 m。为使布水均匀,在沉淀池进口处应设穿孔墙或格栅等整流布置。 (5)积泥区高度应根据沉泥量、沉泥浓缩程度和排泥方式等确定。排泥设备同平流沉淀池,可采用穿孔排泥或机械排泥等。

项目	内　　容
标准与做法	(6)斜管沉淀池的出水系统应使池子的出水均匀,可采用穿孔管或穿孔集水槽等集水。 (7)斜管沉淀池一般为钢筋混凝土结构
维护及检查	(1)每天定时巡视,观察斜管沉淀池运行状况。 (2)斜管沉淀池不应在不排泥或超负荷情况下运行。 (3)启用斜管时,初始的上升流速应行缓慢,防止斜管漂起。 (4)斜管沉淀池采用穿孔管式的排泥装置时,应保持快开阀的完好、灵活以及排泥管道的通畅,排泥频率应每8 h不少于一次。 (5)斜管表面及斜管管内沉积产生的絮体泥渣应定期进行冲洗

6. 澄清池

澄清池是利用池中积聚的泥渣与原水中的杂质颗粒相互接触、吸附,以达到清水较快分离的净水构筑物。

澄清池按泥渣的情况,一般分为泥渣循环和泥渣悬浮等形式。主要有机械澄清池、水力循环澄清池、脉冲澄清池、悬浮澄清池等。

澄清池形式的选择,主要应根据原水水质、出水要求、生产规模以及水厂布置等条件,进行技术经济比较后确定。目前较为常用的主要是机械搅拌澄清池。

(1)不同形式澄清池的优缺点和适用条件见表2-44。

表 2-44　不同形式澄清池比较

方式	优点	缺点	适用条件
机械搅拌澄清池	(1)处理效率高,单位面积产水量较大。 (2)适应性较强,处理效果稳定	(1)需要机械搅拌设备。 (2)维修较麻烦	一般为圆形池子,适用于大、中型水厂
水力循环澄清池	(1)无机械搅拌设备。 (2)构造较简单	(1)投药量较大。 (2)要消耗较大的水头。 (3)对水质、水温变化适应性较差	一般为圆形池子,适用于中、小型水厂
脉冲澄清池	(1)虹吸式机械设备较为简单。 (2)混合充分,布水较均匀	(1)虹吸式水头损失较大,脉冲周期较难控制。 (2)操作管理要求较高,排泥不好,影响效果。 (3)对水质、水温变化适应性较差	可建成圆形或方形池子,适用于大、中、小型水厂
悬浮澄清池	(1)构造较简单。 (2)型式较多	(1)需设气水分离器。 (2)对进水量,水温等因素敏感,处理效果不如机械搅拌澄清池稳定	一般流量变化每小时不大于10%,水温变化每小时不大于1℃

(2)机械搅拌澄清池见表 2-45。

表 2-45　机械搅拌澄清池

项　目	内　　容
标准与做法	机械搅拌澄清池属泥渣循环型澄清池,其特点是利用机械搅拌的提升作用来完成泥渣回流和接触反应。加药混合后的原水进入第一反应室,与几倍于原水的循环泥渣在叶片的搅动下进行接触反应,然后经叶轮提升至第二反应室继续反应,以结成较大的絮粒,在通过导流室进入分离室进行沉淀分离。 　　(1)第二反应室计算流量(考虑回流因素在内)一般为出水量的 3～5 倍。 　　(2)清水区上升流速一般采用 0.7～1.0 mm/s。 　　(3)水在池中的总停留时间一般为 1.2～1.5 h;第一反应室和第二反应室的停留时间一般控制在 20～30 min。 　　(4)为使进水分配均匀,可采用三角配水槽缝隙或孔口出流以及穿孔管配水等;为防止堵塞,也可以采用底部进水方式。 　　(5)加药点一般设于池外,在池外完成快速混合。第一反应室可设辅助加药管以备投加助凝剂。投加石灰时,投加点应在第一反应室,以防止堵塞进水管道。 　　(6)第二反应室应设导流板,其宽度一般为其直径的 1/10 左右。 　　(7)清水区高度为 1.5～2.0 m。 　　(8)底部锥体坡度一般在 45°左右。当有刮泥设备时亦可做成平底。 　　(9)集水方式可选用淹没孔集水槽或三角堰集水槽,过孔流速为 0.6 m/s 左右。池径较小时,采用环形集水槽;池径较大时,采用辐射集水槽及环形集水槽。集水槽中流速 0.4～0.6 m/s,出水管流速为 1.0 m/s 左右。 　　考虑水池超负荷运行或留有加装斜板(管)的可能,集水槽和进水管的校核流量宜适当增大。 　　(10)池径小于 24 m 时,可采用污泥浓缩斗排泥和底补排泥相结合的形式。根据池子大小设置1～3 个污泥斗,污泥斗的容积一般约为池容积的 1%～4%,小型水池也可只用底部排泥。池径大于24 m时应设机械排泥装置。 　　(11)污泥斗和底部排泥宜用自动定时的电磁排泥阀、电磁排泥虹吸装置或橡胶斗阀,也可使用手动快开阀人工排泥。 　　(12)在进水管、第一反应室、第二反应室、分离区、出水槽等处,可视具体要求设取样管。 　　(13)机械搅拌澄清池的搅拌机由驱动装置、提升叶轮、搅拌桨叶和调流装置组成。驱动装置一般采用无级变速电动机,以便根据水质和水量变化调整回流比和搅拌强度;提升叶轮用以将第一反应室水提升至第二反应室,并形成澄清区泥渣回流至第一反应室,搅拌桨叶用以搅拌第二反应室水体,促使颗粒接触絮凝;调流装置用作调节回流量。 　　(14)搅拌桨叶外径一般为叶轮直径的 0.8～0.9,高度为第一反应室高度的 1/3～1/2,宽度为高度的 1/3。某些水厂的实践运行经验表明,加长叶片长度、加宽叶片,使叶片总面积增加,搅拌强度增大,有助于改进澄清池处理效果,减少池底排泥。 　　(15)机械搅拌澄清池一般为钢筋混凝土结构
维护及检查	(1)每天定时巡视,观察机械搅拌澄清池运行状况。 　　(2)机械搅拌澄清池的投药和运行应连续。 　　(3)机械搅拌澄清池初始运行时,水量应为设计水量的 1/2～2/3,投药量为正常运行投药量的 1～2 倍。原水浊度偏低时,在投药的同时可投加石灰、黏土,以形成泥渣。

项目	内　　容
维护及检查	(4)短时停止使用时,搅拌机不应停机,以防止回流缝堵塞并便于恢复运行。 (5)机械搅拌澄清池应进行快速排泥。 (6)加装斜管的机械搅拌澄清池应定期进行冲洗

7. 过滤池

滤池形式的选择,应根据设计生产能力、运行管理要求、进出水水质和净水构筑物高程布置等因素,并结合当地条件,通过技术经济比较确定。目前农村水厂较多采用的有普通快滤池、重力式无阀滤池和过滤设备,前二者适合大、中型水厂,后者适用于中、小水厂。购买过滤设备应选用质量合格的产品,经济条件允许时,可采用自动化程度高的成套设备。

(1)快滤池见表 2-46。

表 2-46　快 滤 池

项目	内　　容
技术特点与适用情况	(1)有成熟的运转经验,运行稳妥可靠。 (2)采用石英砂滤料或煤、砂双层滤料,材料易得,价格便宜。 (3)采用大阻力配水系统,单池面积可做的较大,池深较浅。 (4)可采用降速过滤,水质较好。 (5)适用于大、中水厂
技术的局限性	阀门多,必须设全套冲洗设备
标准与做法	(1)滤池的分格应根据滤池形式、生产规模、操作运行和维护检修等条件通过技术经济比较确定,不得少于两格。 (2)快滤池滤料应具有足够的机械强度和抗蚀性能,一般采用石英砂、无烟煤等。单层石英及双层滤料滤池的滤料层厚度与有效粒径 d_{10} 之比应大于 1 000。 (3)单层石英砂滤料快滤池滤速宜为 6～8 m/h,煤砂双层滤料快滤池滤速宜为 8～12 m/h。 (4)滤池滤速及滤料组成的选用,应根据进水水质、滤后水水质要求,滤池构造等因素,参照相似条件下已有滤池的运行经验确定。 (5)快滤池滤层表面以上的水深宜为 1.5～2.0 m。 (6)快滤池冲洗前的水头损失宜为 2.0～2.5 m。 (7)单层石英滤料快滤池宜采用大阻力或中阻力配水系统。 (8)快滤池冲洗排水槽的总面积不应大于过滤面积的 25%,滤料表面到洗砂排水槽底的距离应等于冲洗时滤层的膨胀高度。 (9)单水冲洗滤池的冲洗周期,当为单层石英滤料时,宜采用 12～24 h。 (10)快滤池冲洗水的供给可采用冲洗水泵或冲洗水箱。当采用水泵冲洗时,水泵的流量应按单格滤池冲洗水量设计。当采用水箱冲洗时,水箱有效容积应按单格滤池冲洗水量的 1.5 倍计算。清水池亦可用作反冲洗水池。 (11)快滤池一般为钢筋混凝土结构

项目	内 容
维护及检查	(1)快滤池应经常观察滤池的水位,当水头损失达 1.5～2.5 m 或滤后水浊度超标时,应按设计要求和冲洗强度进行冲洗。 (2)间断运行的快滤池,每次运行结束后,应进行冲洗;冲洗结束后,应保持滤料层表面有一定的水深。 (3)定期检测滤层厚度,发现滤料跑失应及时查找原因和补充滤料。滤池新装滤料后,应冲洗两次,经检验滤后水合格后,方能投入使用

(2)重力式无阀滤池见表 2-47。

表 2-47 重力式无阀滤池

项目	内 容
技术特点与适用情况	(1)不需设置阀门。 (2)自动冲洗,管理方便。 (3)适用于大、中型水厂
技术的局限性	(1)运行过程看不到滤层情况。 (2)清砂不方便。 (3)单池面积较小,一般不大于 25 m²。 (4)冲洗效果较差。 (5)变水位等速过滤,水质不如降速过滤
标准与做法	(1)每座无阀滤池应设单独的进水系统,进水系统应有防止空气进入滤池的措施。 (2)重力式无阀滤池滤料的设置,当原水为沉淀池出水时,宜采用单层石英砂滤料;当采用接触过滤时,宜采用双层滤料。 (3)重力式无阀滤池滤速宜为 6～8 m/h。 (4)重力式无阀滤池冲洗前的水头损失可为 1.5 m。 (5)重力式无阀滤池冲洗强度宜为 15 L/(s·m²),冲洗时间 5～6 min。 (6)重力式无阀滤池过滤室内滤料表面以上的直壁高度,应等于冲洗时滤料的最大膨胀高度加保护高度。 (7)重力式无阀滤池宜采用小阻力配水系统。 (8)无阀滤池的反冲洗虹吸管应设有辅助虹吸设施和强制冲洗装置,并在虹吸管出口设调节冲洗强度的装置。 (9)重力式无阀滤池一般为钢筋混凝土结构
维护及检查	(1)定期检查重力式无阀滤池虹吸管有无损坏,若有损坏应尽快修复。 (2)重力式无阀滤池的冲洗是全自动的,但当滤后水浊度超标时,即便滤池水头损失还没有达到最大值时,也应进行强制冲洗

(3)过滤设备见表 2-48。

村镇给水排水与采暖工程

表 2-48 过滤设备

项目	内 容
技术的局限性	过滤设备一般为钢制,需进行防腐处理,使用年限较短
标准与做法	目前市场上生产过滤设备的厂家和种类很多,如石英砂单层过滤器、煤砂双层过滤器等。 (1)过滤设备分重力式和压力式两种,处理水量一般 1～50 m³/h。 (2)设备安装应在厂家指导下进行,安装牢固可靠。运行初期应根据厂家操作说明、当地水质条件等逐步摸索运行经验,以确定运行参数及反冲洗条件等。 (3)过滤设备运行期间,进水浊度不得高于设计进水指标,并按设计要求进行反冲洗,否则会造成运行周期的缩短或滤层内形成泥球,严重时影响出水水质。 (4)过滤设备一般为钢制,应具有良好的防腐性能且防腐材料不能影响水质,其合理设计使用年限应不低于 15 年

8. 一体化净水装置

一体化净水装置见表 2-49。

表 2-49 一体化净水装置

项目	内 容
技术特点与适用情况	一体化净水装置具有体积小、占地少、一次性投资省、建设速度快的特点。国内生产的一体化净水装置的处理能力一般为 5～100 m³/h,适用于日供水量 1 000 m³/d 以下的水厂
技术的局限性	一体化净水装置一般为钢制,需进行防腐处理,使用年限较短
标准与做法	(1)一体化净水装置可采用重力式或压力式,净水工艺应根据原水水质、设计规模确定。 1)原水浊度长期不超过 20 NTU、瞬时不超过 60 NTU 的地表水净化,可选择接触过滤工艺的净水装置。 2)原水浊度长期不超过 500 NTU、瞬时不超过 1000 NTU 的地表水净化,可选择絮凝、沉淀、过滤工艺的一体化净水装置;原水浊度经常超过 500 NTU、瞬时超过 5 000 NTU 的地表水净化,可在上述处理工艺前增设预沉池。 (2)一体化净水装置产水量一般为 5～100 m³/h,设计参数应符合相关规范、规程的有关规定,并选用有鉴定证书的合格产品。 (3)一体化净水装置应具有良好的防腐性能且防腐材料不能影响水质,其合理设计使用年限应不低于 15 年。 (4)压力式净水装置应设排气阀、安全阀、排水阀及压力表,并有更换或补充滤料的条件。容器压力应大于工作压力的 1.5 倍。 (5)选择一体化净水设备时,应根据当地水质条件等复核设备主要设计参数。 (6)购买一体化净水装置应选用质量合格的产品,经济条件允许时,可采用自动化程度高的成套设备

9. 膜处理

目前农村水厂采用的膜处理工艺主要有超滤、电渗析和反渗透,其中电渗析和反渗透主要应用于苦咸水或含氟、含砷水的处理。超滤膜处理见表 2-50。

表 2-50　超滤膜处理

项　目	内　　　容
技术特点与适用情况	(1)超滤膜过滤精度高,出水水质好。 (2)超滤膜装置占地面积小,施工周期短。 (3)运行可完全实现自动化,管理方便。 (4)处理规模灵活,适用于小型集中式水厂或分散式供水
技术的局限性	(1)超滤膜对进水水质有一定要求,需要预处理。 (2)超滤膜使用寿命为 5～8 年,需要更换膜
标准与做法	(1)进入超滤膜组件的原水水质应符合膜厂商的进水水质要求,运行参数和方式宜通过调试运行后确定。 (2)超滤装置一般由预处理系统、超滤膜组件、冲洗系统、化学清洗系统、控制系统等组成。 (3)超滤装置运行的跨膜压差不宜大于 1.0 bar,膜通量宜为 50 L/(m^2·h·bar),进水压力不应超过膜厂商规定的最高压力。 (4)自动反冲洗超滤装置宜为全流过滤,每运行 20～30 min 后,可自动反冲洗 1 min 左右。手动反冲洗超滤装置宜为错流过滤,浓水流量宜为进水流量的 5%～10%,每运行 2～4 h 后,应手动反冲洗 5～10 min
维护及检查	(1)应严格按工艺要求和设备厂家操作说明运行及操作,由专人管理,定期清洗。 (2)膜分离水处理过程中产生的反冲洗水和清洗排放水等应妥善处理,防止形成新的污染源

10. 消毒

生活饮用水必须消毒。消毒可采用液氯、漂白粉、次氯酸钠、二氧化氯等方法,采用臭氧、紫外线消毒要有防止二次污染的措施。农村集中式供水工程较多采用的消毒方式包括次氯酸钠、漂白粉等,目前二氧化氯在农村水厂推广使用较快,此外有些地区采用紫外线消毒。

(1)次氯酸钠消毒见表 2-51。

表 2-51　次氯酸钠消毒

项　目	内　　　容
技术特点与适用情况	(1)具有余氯的持续消毒作用。 (2)比投加液氯安全、方便,操作简单。 (3)使用成本虽较液氯高,但较漂白粉低。 (4)适用于小型水厂或管网中途加氯
技术的局限性	(1)不能贮存,必须现场制取使用。 (2)必须耗用一定电能和食盐
标准与做法	(1)加氯点应根据原水水质、工艺流程及净化要求选定,滤后必须加氯,必要时也可在混凝沉淀前和滤后同时加氯。加氯间应尽量靠近投加点。

项　目	内　　　容
标准与做法	(2)次氯酸钠的设计投加量应根据类似水厂的运行经验,按最大用量确定。氯与水的接触时间不小于 30 min,出厂水游离余氯含量不低于 0.3 mg/L,管网末端游离余氯含量不低于 0.05 mg/L。 (3)加氯给水管道应保证连续供水,水压和水量应满足投加要求。 (4)消毒剂仓库的储备量应按当地供应、运输等条件确定,一般按最大用量的 15～30 d 计算。 (5)投加次氯酸钠的管道及配件必须耐腐蚀,宜采用无毒塑料给水管材
维护及检查	(1)应严格按工艺要求和设备厂家操作说明操作。 (2)经常检测药剂溶液的浓度,要有现场测试设备。 (3)定期检查设备及管路密闭,没有泄漏。 (4)次氯酸钠不宜久贮,夏天应当天生产、当天用完;冬天贮存时间不得超过一周,并须采取避光贮存。 (5)设备由专人管理,熟悉各部件的性能及使用方法,定期进行检查保养、维修。 (6)整流电源的输出正负极不得接错,阳极(内管)接正级、阴级(外管)接负级,否则将造成电极损坏。 (7)电解时,保证盐水和冷却水不中断,消毒液不受阻。 (8)保护电极。阳级是次氯酸钠发生器的核心部件,使用不当会缩短寿命,甚至造成永久性的损坏

(2)二氧化氯消毒见表 2-52。

表 2-52　二氧化氯消毒

项　目	内　　　容
技术特点与适用情况	(1)较液氯的杀毒效果好。 (2)具有强烈的氧化作用,可除臭、去色、氧化锰、铁等物质。 (3)投加量少,接触时间短,余氯保持时间长。 (4)不会生成有机氯化物副产物。 (5)适用于中、小型水厂
技术的局限性	(1)成本较高。 (2)一般需现场随时制取使用。 (3)制取设备较复杂。 (4)需控制氯酸盐和亚氯酸盐等副产物
标准与做法	(1)市场上已经有成套设备。 (2)二氧化氯发生器有复合型和高纯性两种,应选用安全性好,在水量、水压不足、断电等情况下都有自动关机的安全保护措施。运行的自动化程度高,能自动控制进料、投加计算,药液用完自动停泵报警。发生器应具有手动/自动控制投加浓度,浓度的上下限可人为设定。

项目	内 容
标准与做法	(3)二氧化氯投加量:预氧化消毒时,投加量 0.5～1.5 mg/L;地下水消毒时,投加量 0.1～0.5 mg/L;地表水消毒:投加量 0.2～1.0 mg/L
维护及检查	(1)应严格按工艺要求操作,不能片面加快进料、盲目提高温度。 (2)应避免有高温、明火在库房内产生。 (3)经常检测药剂溶液的浓度,要有现场测试设备。 (4)定期检查设备及管路是否密闭,是否有泄漏。 (5)亚氯酸钠搬运时,要防止剧烈震动和摩擦

(3)紫外线消毒见表 2-53。

表 2-53 紫外线消毒

项目	内 容
技术特点	(1)杀菌效率高,需要的接触时间短。占地面积小,且不受 pH 值和温度的影响。 (2)不改变水的物理、化学性质,不会生成有机氯化物和氯酚。 (3)运行稳定,操作方便
技术的局限性	(1)没有持续的消毒作用。 (2)电耗较高,灯管寿命还有待提高。 (3)温度对紫外线消毒效果影响较大
标准与做法	(1)市场上已经有成套设备。 (2)紫外线消毒系统主要由 UVC 消毒模块,电子镇流器模块,自动控制系统,自动清洗系统等设备构成。 (3)紫外线消毒设备的选择包括消毒器的行式、紫外灯的类型、紫外灯的寿命、紫外灯的排布、模块数量、清洗方式等。 (4)紫外线消毒作为生活饮用水主要消毒手段时,紫外线消毒设备在峰值流量和紫外灯运行寿命终点时,考虑紫外灯套管结垢影响后所能达到的紫外线有效剂量不应低于 40 mJ/cm^2 (5)在紫外线消毒系统实际工程中,需要综合多方面的因素选择,且不同设备厂家提供的设备工作方式和设备性能是不一样的,因此,在建设紫外线消毒系统时,应由设计方提供基本的参数,由设备提供方共同参与完成
维护及检查	定期维护与检查设备,长期运行后,石英套管结垢严重,需要定期清洗,镇流器、灯管受频繁启动等影响容易损坏或光强度降低,需要及时更换

11. 水处理构筑物和设施的选择

采用何种净水构筑物,需在设计时,因地制宜,结合当地自然、经济条件和技术、施工、运行管理能力,经过技术经济比较后择优确定。

地表水常规净化工艺中的絮凝工序,与平流沉淀池配套组合时,多采用折板絮凝池,也可采用网格絮凝池;与斜管沉淀池配套组合时,多采用穿孔旋流絮凝池或网格絮凝池。

沉淀（澄清）工序，中、小型村镇供水工程，场地宽裕时，可选用平流沉淀池，反之可选用斜管沉淀池；连续运行的水厂，可选用加速澄清池或水力循环澄清池，在同一池内完成混合、絮凝、沉淀（澄清）的过程。

常规水处理中的过滤工序，中、小型村镇供水工程，多采用快滤池或重力式无阀滤池，大型工程多采用虹吸滤池或 V 形滤池。

南方场地宽裕的村镇，亦可针对不同的原水水质，采用粗滤池、慢滤池净化工艺或单一慢滤池工艺。慢滤净化工艺的优点是构造简单、水质好、不用投加混凝剂、运行成本低、正常操作管理方便，缺点是效率低、占地大、需定期人工刮砂或洗砂，劳动强度大。

第四节　分散式给水工程

一、手动泵给水系统

1. 技术特点与适用情况

（1）水源井较浅，取水量不大，易于开凿。手动泵结构简单，耐用，易于制造，施工方便，但应加强水源卫生防护，注意排水和环境卫生。

（2）给水系统简单，易于维修保养，便于管理，技术要求不高，使用可靠。

（3）不用电源，缺电或少电地区尤为适用，弱含水层分布区也可建造。它的适应性强，是一种较好的小型分散式给水系统。

（4）造价低廉，运行成本低。尤其是浅井手动泵系统，不用建造管井，构造简单，造价与成本更低。

因此，手动泵系统在边远、缺电、经济条件差的地区，受到广大群众的欢迎。

2. 标准与做法

（1）手动泵供水是目前农村常见的一种分散式供水方式，该供水系统主要是由水源井、井台和手动泵组成。水源井是地下水垂直取水构筑物，主要有大口井、管井。手动泵是提水工具，可分为泵体在地上、依靠水泵吸程提取浅层地下水的浅井手动泵和泵体浸入水中（在动水层以下）、依靠水泵扬程提取深层地下水的深井手动泵。手动泵给水系统的组成见表 2-54。

表 2-54　手动泵给水系统的组成

项目	内　　容
浅井手动泵给水系统的组成	浅井手动泵给水系统主要由插入地下带滤水孔的吸水管与固定在地面上的手动泵体组成。 浅井手动泵吸水管的管径为 40～50 mm，长度 8～12 m，最下一段为滤水部分，一般按当地地层结构的情况来开滤水孔。最下端为　尖形锥体，称"井尖"，利用打入法来建造管井时，可作为造井的工具。尖形锥体由优质钢制成，可穿过卵石或薄层硬物质而不损坏井尖。 常用的浅井手动泵主要包括浅井活塞泵和浅井隔膜泵两种
深井手动泵给水系统的组成	深井手动泵系统是以深层地下水为水源，用人工操作的手动泵提水的一种分散式给水系统，主要由水源井（管井）、井台、手动泵组成。

项目	内　　容
深井手动泵给水系统的组成	水源井(管井)是地下水取水构筑物,要求动水位(抽水水位)埋深小于 48 m,出水量不小于 0.84 m^3/h,以满足手动泵的抽水要求。 　　井台主要是作为手动泵的安装基础,同时还可防止地表水渗入井内污染水源。 　　常用的深井手动泵主要包括深井活塞泵和深井螺杆泵两种

　　(2)手动泵给水系统需整治的内容。

　　1)水源保护措施不完善,无排水设施水源井的出水量与手动泵的提升能力不匹配。

　　2)井台老化支架松动或修建不合理。

　　3)手动泵部件老化,活塞漏水,隔膜漏水提水效果不好。

　　4)手动泵给水工程的整治内容。主要包括对水源井、井台和手动泵的整治。

　　(3)水源井见表 2-55。

　　(4)手动泵井台既作为手动泵的基础,还可防止地表水渗入污染水源,同时还可收集取水时滴、洒的水,顺着排水沟排出。

表 2-55　水源井

项目	内　　容
手动泵给水系统对水源井的技术要求	(1)水源井井位的选定和打井应由具有一定资质和经验的专业单位完成。 　　(2)地下水水质良好,应符合《生活饮用水卫生标准》(GB 5749—2006)中规定的要求。 　　(3)水源井的出水量要与手动泵的提升能力相适应,保证手动泵正常工作。要求出水量稳定,年度变化小,出水量要大于 0.84 m^3/h,一般以 1.0~1.5 m^3/h 为宜。 　　(4)井内最枯地下水位(动水位)的埋深,不能大于手动泵的允许提水高度。浅井手动泵系统井内动水位要小于 7 m;深井手动泵系统井内动水位要小于 48 m。力争在最小降深的条件下,开采最大的出水量。 　　(5)深井手动泵系统的水源井,井管直径要比泵体最大部分外径大 50 mm;应严格按照饮用水水源井设计要求,认真做好非取水层与井口的封闭工作,以保证出水水质良好,防止污染。 　　(6)为防止和减轻手动泵活塞或螺杆的磨损,井水中的含砂量要求小于 20 mg/L。 　　(7)井的使用寿命至少要保证正常供水 15 年以上。 　　(8)在保证取水要求的前提下,尽可能降低工程造价。 　　(9)应按相关规定要求,提供水文地质资料与水质资料,并由当地主管部门确认和签署能否作为饮用水源的意见
井位的选定	井位的选定见表 2-56
水源井的卫生防护	(1)要设立卫生防护范围。在水源井的 30 m 范围内,不得设置渗水厕所、粪坑、垃圾堆、渗水畜禽圈等污染源,也不得用工业废水或生活污水灌溉防护范围内的农田,或使用持久性的农药和化肥。 　　(2)砌筑井台,防止地表水流入井内。 　　(3)水源井周边应保持环境卫生,并应有排水设施,做好排水,加强环境卫生

表 2-56 井位的选定

项目	内容
选定井位的原则	(1)手动泵给水系统供水分散,井深较浅,取水量小,一般井距已超过影响半径,相互之间没有干扰,可不考虑井的平面和垂直布局,仅按单井水文地质条件和使用、保护条件,选定井位,进行管井设计即可。 (2)井位宜选择在水量适宜、水质良好、环境卫生、运输方便、靠近用水中心、便于施工管理、易于排水、安全可靠的地点。 (3)松散孔隙水分布地区,宜选在含水层厚度大、颗粒粗、取水半径小、没有洪涝和滑坡的居住区上游地区;采取裂隙水、岩溶水地区,宜选在裂隙、岩溶发育的富水地带
井位的确定	(1)在松散孔隙分布地区,若含水层厚度大,埋藏分布稳定,可按居民的居住分布和供水范围大小来确定井位。一般井位宜选在居民居住点的地下水上游、居民取水半径最小的位置。若含水层厚度小,埋藏分布不稳定,宜在水文地质调查的基础上,根据地形地物及地球物理前提条件,利用物探方法(一般常规电法即可)选定井位。井位宜在含水层厚度大、颗粒粗、离供水居民最近、便于施工和管理、没有洪涝、崩滑泥石流等灾害威胁的地方。 (2)在基岩(碎屑岩、可溶岩、变质岩、岩浆岩)地区,地下水埋藏分布很不均匀,井位很难确定准确,一般宜在水文地质调查的基础上,选用一种或几种适宜的物探方法(如常规电法、声频大地电场法、激发极化法、静电 α 卡杯法等)确定井位。井位宜选在断层裂隙发育的富水地带、岩溶裂隙发育的富水地带、不同岩性含水层接触富水地带、地下水富集的排泄带等,而且要在这些富水带的最富水部位

井台应高出井口 10～20 cm,一般多建成直径 120～150 cm,壁高 10～15 cm 的混凝土圆形浅池,池底坡度 1:30,坡向排水沟。如排水没有出路,则应在排水沟末端建造渗水坑。渗水坑至水井的距离,一般不小于 30 m,以防污染水源。在井台周围应建围栏,加以保护。

手动泵必须安装在坚固的混凝土基础上,在泵体的周围修建井台,形成一坡度的水池,并建一排水槽,及时把洒到外面的水排出去。井台给泵的支架提供了一个坚固的基础,并在泵的周围形成一个卫生的密封体,防止地表水渗入井内而引起井水污染。因此,在修建井台时,必须保证井台没有任何裂纹,也要保证泵的支架牢固,其上平面必须水平。

洒在泵外多余的水,应通过排水沟进入渗水池或引入菜园和自然排水沟,以防止泵的周围积蓄污水,造成细菌繁殖。渗水池距井台的距离不能小于 30 m,如果建造一个牲畜饮水池或洗衣池,与泵的距离不得小于 10 m。

(5)手动泵。

1)手动泵类型及适用条件见表 2-57。

表 2-57 手动泵类型及适用条件

手动泵类型			适用条件
浅井手动泵	活塞泵	单缸	适用于浅层地下水、取水深度小于 7 m。每次抽水需向活塞上都注水,如使用已污染的水则易造成污染
		双缸	
	隔膜泵	单作用式	适用于浅层地下水、取水深度小于 7 m。在隔膜泵工作初期不必注水,通过自身工作就可排出管道
		双作用式	

手动泵类型		适用条件
深井手动泵	活塞泵	适用于深层地下水,取水深度小于 50 m
	螺杆泵	

2)手动泵的安装见表 2-58。

表 2-58 手动泵的安装

项目	内　容
浅井手动泵的安装	(1)安装前的检测。在泵缸内注满水,停留 10 min,底阀应不渗漏,若有渗漏,应进行检查,必要时需更换。 将泵头置于水池或水桶中,操作手柄,观察抽水是否正常。 (2)新泵安装后,应连续抽水 100 次以上,把井底的污浊水和含砂水抽尽,直至出水成为能饮用的清水为止(相当于洗井)。尤其是"插管井",更应认真处理。 (3)卸下活塞、底阀等进行彻底清洗,如发现密封环因抽汲污浊水和含砂水磨损严重时,应更换。 (4)每次使用前添加的引水,必须清洁卫生
深井手动泵的安装	(1)安装技术要求。 1)安装深井手动泵的水源井,其井壁管直径不得小于 100～160 mm。 2)手动泵支架必须固定在混凝土基础上。 3)手动泵周围应按要求建造井台。 4)手动泵的排水应有适宜出路,如排入渠道、水体,否则应在 30 m 以外建造渗水池。 5)泵缸顶部要求安装在动水位 1 m 以下。 6)寒冷地区可在输水管上部开防冻孔,防冻孔直径 1～1.5 mm,其位置在冰冻线以下。提升水完毕后,小孔可将上部水泄入井内,防止冻坏泵头和输水管。 (2)安装前的准备工作。 1)拆下泵缸内的活塞和底阀,检查清洗后重新装好。 2)在泵缸内(抽出活塞)注满水,平稳停放 10 min,底阀不应渗漏,否则应重新装配或更换密封件。 3)在水桶中做泵缸抽水试验。 4)检查输水管、管箍、拉杆的螺纹是否完整,并进行清洗和整修。 5)装泵前按卫生要求对井进行消毒。 (3)安装程序。 1)在井口周围挖一深坑,将泵支架安装在井壁管上后,浇筑深 40 cm、边长 60 cm 的方形混凝土基础(水泥∶砂∶碎石＝1∶2∶4),将支架固定牢固,并建造井台。 2)按产品说明书,安装泵缸、输水管和泵头。 3)安装后检查。要求手柄动作可达到上下终止点,拉杆在导向套内自由运动,并检查出水量,即以每分钟 40 次的频率操作手柄,操作一定时间,计量这段时间出水量,折算成每小时出水量,看是否达到说明书标定的出水量

3. 维护及检查

手动泵给水系统的维护与检查重点是手动泵的维护与保养见表 2-59。

表 2-59　手动泵给水系统的维护与检查

项 目	内　　容
浅井手动泵	(1)经常检查并拧紧所有的螺栓、螺母,必要时应进行更换。 (2)保持手动泵周围清洁卫生,井台若有损坏应及时补修。 (3)若发现出水量有明显减少,应卸下活塞,检查底阀是否泄漏;活塞环是否磨损,上阀门是否损坏等,必要时应进行更换。 (4)在寒冷地区冬季使用时,每次用完后必须抽出活塞,排尽缸筒和井管中的余水,以防冻坏手动泵
深井手动泵	经常性的维护保养由手动泵的看护人员进行,要求每周进行一次,主要内容为: (1)拧紧地面上机械部分的全部螺栓、螺母,必要时进行更换。 (2)打开泵头前盖,清理泵头内部的杂物。 (3)检查手柄有无横向窜动,必要时进行调整。 (4)使用钢丝刷和砂纸,清除所有泵头内外的铁锈并涂防锈脂。 (5)如果井台出现裂纹,用水泥及时填平,并检查泵的支座与基础的联接是否牢固,如有松动应通知乡镇级的维修人员,共同排除

二、引泉池给水系统

1. 适用情况

在有条件的地区,选用泉水作为中、小型供水系统的水源是比较经济合理的。泉水水质好,取集方便,大大节约了设施费用,也便于日常的运营管理。特别对于云南、福建、广东、广西等省的一些山区,泉水出露较多,不仅水质好,水量能保证,而且水源水位有一定的高度,可实现重力供水。

2. 标准与做法

引泉池给水系统的标准与做法见表 2-60。

表 2-60　引泉池给水系统的标准与做法

项 目	内　　容
引泉池给水系统的组成	引泉池给水系统通常由水源(泉水)、引泉池(亦称泉室)和输配水管线组成
引泉池构造	(1)集水井与引泉池分建,靠集水井集取泉水,引泉池仅起贮存泉水作用。 (2)不建集水井,靠引泉池一侧池壁集取泉水
引泉池技术要求	(1)保证水质的稳定。 (2)为保证水质卫生,引泉池必须设顶盖封闭,并设通风管。 (3)采用池壁集取泉水方式时,为保证集水的可靠性,在集取泉水的池壁一侧先放置颗粒较大的砾石,向外依次再放置粒径较小的砂石层,以避免砂石对池壁进水孔的堵塞。 (4)引泉池容积可按最高日用水量的 20%～50% 计算。 (5)引泉池池壁上部必须设置溢流管,管径不得小于出水管管径。引泉池出水管距池底 0.1～0.2 m。必要时在池底设置排空管,以便清理排污。

项目	内　　容
引泉池技术要求	（6）引泉池出水管埋设深度不应小于 0.8 m，北方地区出水管管顶必须埋在冰冻线以下 0.2 m
引泉池整治内容及方法	引泉池整治内容及方法见表 2-61

表 2-61　引泉池整治内容及方法

整治内容	整治方法
池底或池壁漏水	黏土封固，漏水严重的重新修建
池壁进水孔堵塞、集水不畅	疏通进水孔后，并设置砾石层
引泉池无顶盖	增设顶盖
有顶盖无通风管、溢流管、排空管等	增设通风管、溢流管、排空管

三、雨水收集给水系统

1. 技术特点与适用情况

（1）利用屋面、庭院、场地及其道路收集雨水，兴建水窖等蓄水设施，通过简单处理后，供人畜生活用水。

（2）规模小、造价低，适宜农村单户或几户供水。

2. 标准与做法

雨水收集给水系统的标准与做法，见表 2-62。

表 2-62　雨水收集给水系统的标准与做法

项目		内　　容
雨水收集给水系统的分类与组成		（1）雨水收集系统依据雨水收集场地的不同，可分为屋顶雨水收集系统与地面雨水收集系统。 （2）屋顶雨水收集系统由屋顶集流面、集水槽、水落管、输水管、简易净化装置（粗滤池）、蓄水池、取水设备组成。多为一家一户使用。 （3）地面雨水收集系统由地面集水面、汇水渠、简易净化装置（沉砂池、沉淀池、粗滤池等）、蓄水池、取水设备组成。一般可供几户、几十户，甚至整个小村镇使用
雨水集流面的设计		雨水集流面的设计见表 2-63
简易净化设施	屋顶雨水收集系统	（1）屋顶集水的水质比地面集水水质稍好，但多在房前屋后，受占地条件限制。这种系统的净化设施，多采用简易滤池。 （2）简易滤池一般为 0.6 m×0.4 m×0.8 m 的长方形池子，内填粗滤料，自上至下粒径是由小至大，依次为 2～4 mm、4～8 mm、8～24 mm 的粗砂、豆石和砾石，每层厚 150 mm。出水管管口处装有筛网。池子结构多由砖、石砌筑，内部以水泥砂浆抹面。简易滤池顶部应设木制或混凝土盖板。

项目		内　容
简易净化设施	屋顶雨水收集系统	(3)运行一段时间后,当发现出水变浑浊或出水管出水不畅,水自溢流管溢出时,应清洗滤料。清洗时尽可能分层将滤料挖出,分别清洗,清洗后再依粒径先大后小的顺序,放入池内,每层均匀铺平
	地面雨水收集系统	(1)地面雨水收集系统与屋顶集水雨式相比较,一般水量较大,水质稍差,但场地较为宽敞。为了保证水质,有条件的地方均应进行净化处理。 (2)经济条件差的农村,地面雨水收集系统可只修建沉砂池(集泥池)与自然沉淀池,进行简易净化处理。 (3)沉砂池(集泥池)连接汇水渠,当水流入池内后,由于过水断面扩大,流速降低,降雨初期集水中所含颗粒较大的泥砂可在池内沉降下来,以减少沉淀池的负荷。沉砂池容积较小,可用砖、石砌筑,对于防渗的要求不高。雨停后要及时掏挖,清除淤积的泥砂。 (4)沉砂过滤池作为一种综合的简易净化设施,用于雨水收集系统中水质的净化,也是行之有效的
蓄水池设计		蓄水池设计见表2-64
取水设备		取水设备见表2-65
雨水收集系统整治内容及方法		(1)集水能力应满足用水量需求,并应与蓄水池的容积相配套。 (2)集水面应采用集水性好的材料。 (3)集水面的坡度应大于0.2%,并设集水槽(管)或汇水渠(管)。 (4)集水面应避开畜禽圈、粪坑、垃圾堆、农药、肥料等污染源。 (5)蓄水池可参见集中式给水工程有关调蓄构筑物的整治要求

表 2-63　雨水集流面的设计

项目	内　容
雨水集流面的技术要求	(1)屋顶集流面是收集降落在屋顶的雨水,因此对屋顶的建筑材料有一定的要求,宜收集黏土瓦、石板、水泥瓦、镀锌钢板等材质屋顶的水,而不宜收集草质屋顶、石棉瓦屋顶、油漆涂料屋顶的水,因为草质屋顶中会积存微生物和有机物,石棉石板在水冲刷浸泡下会析出对人体有害的石棉纤维,油漆不仅会使水中有异味,还会产生有害物质。 集水槽宜用镀锌钢板制作。塑料管在日光照射下容易老化,不宜使用。 屋顶集流面的集水面积,应按集水部分屋顶的水平投影面积计算。 (2)地面集流面是按用水量的要求在地面上单独建造的雨水收集场。场地地面应作防渗处理,最简单的办法是用黏土夯实,也可用其他防水材料如塑料膜、膨润土、混凝土等,但应注意不能增加水的污染。为保证集水效果,场地宜建成有一定坡度的条形集水区,坡度不小于1∶200,在低处修建一条汇水渠,汇集来自各条形集水区的降水,并将水引至沉砂池。汇水渠坡度应不小于1∶400,并应有足够的断面,注意防渗
设计供水规模(年用水量)计算	设计供水规模即年用水量,应根据年生活用水量、年饲养畜禽用水量确定。 (1)年生活用水量,可根据用水人口数和表2-66中居民平均日生活用水定额计算确定。

项目	内 容
设计供水规模(年用水量)计算	(2)年饲养畜禽用水量,可根据饲养畜禽的种类、数量和表 2-67 中平均日饲养畜禽用水定额计算确定
集流面水平投影面积的计算	雨水集蓄供水工程中,所需集流面的面积大小与设计供水规模(年用水量)、年降水量、集流面材质有关,可按公式(2-1)计算: $$F=\frac{1\,000WK_1}{P\phi} \qquad (2\text{-}1)$$ 式中　F——集流面面积(以水平投影面积计)(m^2); 　　　W——设计供水规模(m^3/a); 　　　K_1——面积利用系数,人工集流面可为 $1.05\sim1.1$,自然坡面集流可为 $1.1\sim1.2$; 　　　P——保证率为 90% 时的年降雨量(mm); 　　　ϕ——年集雨效率,不同类型集流面在不同降雨地区的年集雨效率见表 2-68

表 2-64　蓄水池设计

项目	内 容
蓄水池(水窖)容积的计算	蓄水构筑物的有效容积,应根据设计供水规模和降雨量保证率为 90% 时的最大连续干旱天数、复蓄次数确定,可按公式(2-2)计算: $$V=K_2W/(1-\alpha) \qquad (2\text{-}2)$$ 式中　V——有效蓄水容积(m^3); 　　　K_2——容积系数,半干旱地区可取 $0.8\sim1.0$,湿润、半湿润地区可取 $0.25\sim0.4$; 　　　α——蒸发、渗漏损失系数,封闭式构筑物可取 0.05,开敞式构筑物可取 $0.1\sim0.2$
蓄水池结构形式	(1)井式水窖又称井窖,形似水井,口小肚大,是我国西北地区采用最多的一种地下式蓄水构筑物。一般规格为口径 $0.4\sim0.5$ m,底径 $1.0\sim2.0$ m,窖身直径 $2.0\sim4.0$ m,总深度 $6\sim9$ m,蓄水容积 $10\sim50$ m^3。井式水窖按其形状又可分为缸式水窖和瓶式水窖。 　缸式水窖与瓶式水窖的建造方法相同,要求土质粘结性好,质地坚硬,远离地层裂缝、沟边、沟头、陷穴。施工时,先在地面放窖口线,然后按构造尺寸,垂直下挖至设计深度。窖口中心与窖底口心偏差不得大于 10 cm。按设计尺寸挖成窖体后,需进行防渗处理,一般做法是先除去窖壁浮土,用木锤拍实,然后喷水湿润,抹 M2.5 白灰砂浆底层,厚 1 cm,最后再抹 M10 水泥砂浆三层,三次总厚 1.5 cm。为防止渗漏,必须在前次砂浆凝固后,再抹第二层,而且要求每层一次连续抹完。窖底浇筑 C10 混凝土,厚 $15\sim30$ cm。 　(2)窑式水窖又称长方形拱顶水窖,埋在地下,一般窖长 $8\sim10$ m,窖宽 2 m,窖高 $1.5\sim2.5$ m,窖底有 1:500 左右纵坡,坡向排污管,在我国西南地区较为常用。 　窑式水窖多用浆砌块石砌筑,以 M5.0 水泥砂浆抹面;窖壁与窖底用 M7.5 或 M10.0 水泥砂浆抹面,厚 3 cm;也可用砖砌筑。西北地区也有的挖筑土窑,要求土质好,土层深厚,形状和窑洞相似,防渗层做法同井式水窖

·村镇给水排水与采暖工程·

表 2-65　取水设备

设备	内　　容
专用水桶绳索取水	庭院内或住房附近的井窖,可将专用水桶系在绳索上,用手提取或用辘轳绞水
水龙头取水	地面式蓄水池或窖式水窖,可在出水管上安装水龙头,从水龙头放水,用桶接取
手动泵取水	地下式水窖可在窖口处安装手动泵,将水压入桶内取用。 半地下式水池或水窖,由于位置较高,也可在手动泵出口处接塑料管,将水直接压送至屋内水缸中。还可以用虹吸管从池内取水
微型泵取水	经济条件较好、供电有保证的农村,可安装微型水泵及管道,从窖内取水。若管道配套,接入室内,就成为独立的小型给水系统

表 2-66　居民平均日生活用水定额

分区	半干旱地区	半湿润、湿润地区
生活用水定额[L/(人·d)]	20~30	30~50

表 2-67　平均日饲养畜禽用水定额

畜禽种类	大牲畜	猪	羊	禽
饲养畜禽用水定额[L/(头·d)]	30~50	15~20	5~10	0.5~1.0

表 2-68　不同类型集流面在不同降雨地区的年集雨效率

集流面材料	年降雨量 250~500 mm 地区	年降雨量 500~1 000 mm 地区	年降雨量 1 000~1 800 mm 地区
水泥瓦屋顶	65%~80%	70%~85%	80%~90%
烧瓦屋顶	40%~55%	45%~60%	50%~65%
水泥土	40%~55%	45%~60%	50%~65%
混凝土	75%~85%	75%~90%	80%~90%
裸露塑料膜	85%~92%	85%~92%	85%~92%
自然坡面	8%~15%	15%~30%	30%~50%

3. 维修与检查

雨水收集给水系统的维护及检查主要是集流面的日常维护管理。

(1)应经常清扫树叶等杂物,保持集流面与集水槽(或汇水渠)的清洁卫生。

(2)定期对地面集流面进行场地防渗保养和维修工作。

(3)地面集流面应用栅栏或篱笆围起来,防止闲人或牲畜进入将其损坏。上游宜建截流沟,防止受污染的地表水流入。集流面周围种树绿化,可防止风沙。

(4)采用屋顶集流面时,为保证水质,应在每次降雨时排弃初期降水,再将水引入简易净化设施。

四、分散式给水消毒

为保证饮用水的水质卫生,分散式供水,也应因地制宜,加强水质消毒。饮用水必须经过消毒才可使用。目前农村常用的消毒剂为漂白粉或漂粉精,形态为固体粉末状或固体块状。有下列两种投加法。

1. 间歇法

间歇法是按照用水情况,每隔适当时间,将稀释后的漂白粉溶液直接投入水中,并将水搅动,30 min 后测定水中余氯,使水中余氯含量保持在 0.3~0.5 mg/L 即可。当水中余氯含量小于 0.05 mg/L 时,应重新投加漂白粉溶液。投加量与蓄水量和水质有关,一般每立方米水中投加漂白粉(以商品计)8~10 g 即可。

2. 持续法

(1)无动力消毒装置。无动力消毒装置可直接安装在给水管道上,定期向装置中投加药片。该方法简单方便,可保持较好的消毒效果。

(2)简易容器持续消毒法。将配制好的漂白粉消毒液装入开小孔的容器(如塑料瓶)内,容器漂浮在水面上,取水时水面上下波动,使消毒液从小孔流入水中进行消毒,这种方法简便易行。

第三章　村镇排水与污水处理工程

第一节　村镇排水类型与排水系统

一、村镇排水类型

1. 生活污水

农村生活污水是指农村居民在日常活动中排放的污水,包括厨房污水、洗浴污水和厕所污水等(表 3-1)。

表 3-1　农村生活污水的类型

类型	内　　容
厨房污水	厨房污水是指在洗菜、烧饭、刷锅和洗碗等过程中排放的污水。厨房污水中油和有机物含量较高
洗浴污水	洗浴污水是指在洗澡、洗衣和洗涤等过程中排放的污水。洗浴污水含有洗涤剂
厕所污水	厕所污水即冲厕污水,包括粪便和尿液,除含有高浓度的有机物、氮和磷等外,还可能含有致病微生物和残余药物,给人体健康带来一定的风险

由于农村人口密度低、居住分散、日常活动独立,因此生活污水具有水量小、分散、排放无规律、水质水量日变化系数大等特征。

生活污水按颜色可划分为灰水和黑水(表 3-2)。

表 3-2　生活污水按颜色分类

类型	内　　容
灰水	灰水中有机物浓度较低,且大部分易于生物降解,如洗浴污水等。 灰水的净化相对比较容易,处理后的出水可作多种用途回用,如冲厕、清洁、绿化和农田灌溉等
黑水	黑水中污染物浓度较高,如厕所污水等。 黑水中粪便有机物含量高,可将其转化为沼气;尿液含有大量的氮和磷等营养物,可用于生产肥料。处理黑水的过程中应加强对病原微生物的去除或灭活

2. 生产污水

农村生产污水是指农村居民在畜禽养殖、农产品种植与加工等生产过程中排放的污染物浓度相对较高的污水。

畜禽养殖饲料含有抗生素、生长激素和重金属离子等特殊成分,导致畜禽养殖污水与生活污水呈现不同的水质特征。畜禽养殖污水中除含有大量有机物和氮磷等营养物外,还含有某些持久性有机污染物、重金属离子、病原微生物等,在污水处理时应予以考虑。畜禽养殖污水中的有机物可转化为沼气;在重金属离子等有毒有害物质的含量符合农用标准时,污水中的氮磷等营养物亦可用于生产肥料。

3. 被污染的雨水

被污染的雨水主要是指初期雨水。在降雨初期,由于空气中污染物转移和地面的各种污染物冲刷,雨水被污染的程度很高。雨水中污染物的浓度随着降雨持续时间的延长而降低并趋于稳定。为减少成本和降低对污水处理设施的冲击负荷,同时处理尽可能多的污染物,通常只需对初期雨水进行收集和处理。

初期雨水水质较复杂,与村镇的环境状况有关,主要污染物包括有机物、氮和磷等,其浓度较高且主要以固体颗粒物的形式存在。因初期雨水瞬时流量大,其处理前宜加雨水调节池。初期雨水处理后出水可回用于家庭清洁、浇灌绿地和农田灌溉等。

二、村镇排水系统

1. 概述

(1)村镇排水现状与特点见表 3-3。

表 3-3　村镇排水现状与特点

项　目	内　　容
现状	村镇排水工程是村镇基础设施的重要组成部分,它包括农村污水、雨水排水系统、污水处理系统和污水循环再利用系统。 　村镇排水问题应首先解决卫生问题,其次是与城乡发展相关的环境问题,这两个问题需要协同来考虑。 　有关机构曾经对全国农村的污染负荷进行调查,结果显示,农村的污染负荷占全国的 20%～60% 之间,平均为 40% 左右。 　从关系农村卫生的生活污水这一单独环节来看,如果卫生系统采用旱厕,污染负荷不会超过 2%～3%。但从目前农村卫生厕所的普及率和发展速度看,改善卫生系统之后增加的污染也成为下一步的工作重点
特点	(1)村镇排水系统应按照当地的实际情况,因地制宜。 　(2)由于农村居住点分散,村镇企业的布置分散,所以村镇排水规模小且分散,排水系统要与处理方式(集中或分散)相适应。 　(3)在同一居住点上,大多数居民都从事同一生产活动,生活规律也较一致,所以排水时间相对集中,污水量变化较大

(2)村镇排水设施建设的指导原则。在距离城市很近的村镇,可以考虑城乡统筹,即由城市管网辐射向农村,将污水收集,并入城市管网。在城市供水水源保护区,污水的控制可以采用集中收集与处理的方式,实施严格的污水处理排放标准。对于分散的农村,排水系统的选择需要区分对待,根据不同的处理方式建设相应的排水设施。

农村污水处理采取以下原则:

1)尽可能地源头分离、循环利用、全过程控制。

2)集中与分散处理相结合,以分散处理为主,尽量采用可持续、生态型的处理系统。

3)综合考虑面源污染控制,并与农业生产紧密结合。

4)雨水采用分散源头削减和净化。

（3）村镇排水体制的确定。村镇排水体制可分为分流制和合流制两种（表3-4）。村镇排水体制原则上宜选分流制；经济发展一般地区和欠发达地区村镇近期或远期可采用不完全分流制，有条件时宜过渡到完全分流制；其中条件适宜或特殊地区农村宜采用截流式合流制，并应在污水排入系统前采用化粪池、生活污水净化沼气池等方法进行预处理。一般农村，宜采用分流制，用管道排除污水，用明渠排除雨水。这样可分别处理，分期建设，又比较经济适用。

表3-4 村镇排水体制

分类	内　容
分流制	用管道分别收集雨水和污水，各自单独成为一个系统。污水管道系统专门收集和输送生活污水和生产污水（畜禽污水），雨水管渠系统专门收集和输送不经处理的雨水
合流制	只埋设单一的管道系统来收集和输送生活污水、生产污水和雨水

2. 庭院防水排水设施

庭院污水排水系统分为污水排水系统和雨水排水系统两大类。

（1）生活污水排水设施。生活污水排放设施材料包括卫生器具、排水管道、清通和通气设备。

1）卫生器具的种类见表3-5。

表3-5 卫生器具的种类

种类	内　容
盥洗用卫生器具	(1)洗脸盆，一般用于洗脸、洗手和洗头，设置在卫生间、盥洗室、浴室等。 (2)盥洗池，作用同洗脸盆，可根据现场情况制作
沐浴用卫生器具	(1)浴盆，供人们清洗身体用的洗浴卫生器具，多为搪瓷制品，也有陶瓷、玻璃钢、人造大理石、有机玻璃、塑料等制品。 (2)淋浴器，由莲蓬头、出水管和控制阀等组成，喷洒水流供人们沐浴的卫生器具
洗涤用卫生器具	主要包括洗涤盆(池)。装设在厨房内，用来洗涤碗碟、蔬菜的洗涤用卫生器具。多为陶瓷、搪瓷、不锈钢和玻璃钢制品，有单格、双格和三格之分
便溺用卫生器具	(1)水冲厕所，如大便器，包括坐式和蹲式两种，是排除粪便的便溺用卫生器具。 (2)旱厕，可在上面加盖，人工接水冲洗，接化粪池或沼气池

2）排水管道包括器具排水管（含存水弯）、排水立管、排水横管、出户管及室外连接管。应采用建筑排水塑料管及管件或柔性接口机制排水铸铁管及相应管件。

①排水铸铁管，有刚性接口和柔性接口两种，建筑内部应采用柔性接口机制排水铸铁管。

②排水塑料管，目前建筑内广泛使用的是硬聚氯乙烯塑料管。

③排水管道的管道配件见表3-6。

表3-6 排水管道的管道配件

配件	内　容
存水弯	存水弯是在卫生器具排水管上或卫生器具内部设置的有一定高度的水柱，防止排水管道内的气体窜入室内的附件，有P形、S形、U形三种

配件	内　容
地漏	地漏是一种内有水封,用来排放地面水的特殊排水装置,设置在经常有水溅落的卫生器具附近地面、地面有水需要排除的场所或地面需要清洗的场所

④附属构筑物,如沼气池、化粪池等。

(2)生产污水排水设施,以一定的坡度坡向粪便收集槽的养殖圈、棚的地面,及以一定的坡度坡向粪便收集坑的粪便收集槽。

根据粪便数量和清除周期计算得到的具备相应体积的圈棚粪便收集坑。如果后接沼气池,需建可容纳畜禽粪便污水、冲洗便器、厨房洗涤的生活污水的沼气池。

(3)雨水排水设施。

1)屋面排水。屋面排水按照屋面的排水条件分类见表 3-7。

表 3-7　屋面排水按照屋面的排水条件分类

类型	内　容
无沟排水	降落到屋面的雨水沿屋面径流,在屋檐下地面设置汇集屋面雨水的沟渠,直接流入雨水管道进入雨水水窖(池)
檐沟排水	当屋面面积较小时,在屋檐下设置汇集屋面雨水的沟槽,雨水收集后经雨水立管落入地面雨水沟渠,流入雨水管道进入雨水水窖(池)。 排水设施有檐沟、雨水斗、承雨斗、立管等
天沟排水	在面积大或曲折的建筑物屋面设置汇集屋面雨水的沟槽,将雨水排至建筑物四周,排水设施由天沟、雨水斗、排水立管等组成。 天沟排水包括内排和外排两种形式,因村落民居屋面较小,这种形式用的较少

管材及附属构筑物:

①管材,外排水立管广泛使用的是硬聚氯乙烯塑料管(UPVC),埋地雨水管一般采用混凝土管、钢筋混凝土管或陶土管,最小管径 200 mm。

②附属构筑物用于埋地雨水管道的检修、清扫,主要有检查井等。

2)地面排水。在院落地势较低处设置雨水口,上置雨水篦子,收集地面雨水后经雨水管(渠)输送到村镇雨水收集管(渠)。

3. 村镇排水设施

(1)村镇排水形式。

1)村镇排水管渠布置。村镇排水管渠的布置,根据村镇的格局、地形情况等因素,可采用贯穿式、低边式或截留式。雨水应充分利用地面径流和沟渠排除,污水通过管道或暗渠排放;雨、污水均应尽量考虑自流排水。

①村镇排水管渠设计。

a. 有条件的村镇可采用管道收集、排放生活污水。

b. 排污管道管材可根据地方实际选择混凝土、陶土管、塑料管等多种材料。

c. 污水管道依据地形坡度铺设,坡度不应小于 0.3%,以满足污水重力自流的要求。污水管道应埋深在冻土层以下,并与建筑外墙、树木中心间隔 1.5 m 以上。

d. 污水管道铺设应尽量避免穿越场地,避免与沟渠铁路等障碍物交叉,并应设置检查井。

e. 污水量以村镇生活总用水量的 70% 计算,根据人口数和污水总量,估算所需管径,最小管径不小于 150 mm。

重力流污水管道应按非满流计算,其最大允许充满度应满足表 3-8 要求。

表 3-8 排水管渠最大允许设计充满度

管径或渠高(mm)	最大设计充满度	管径或渠高(mm)	最大设计充满度
200~300	0.55	500~900	0.70
350~450	0.65	≥1 000	0.75

注:在计算污水管道充满度时,不包括短时突然增加的污水量,但当管径小于或等于 300 mm 时,应按满流复核。

② 村镇排水管渠设计流速见表 3-9。

表 3-9 村镇排水管渠设计流速

项目	内 容
排水明渠的最大设计流速	(1)当水流深度为 0.4~1.0 m 时,宜按表 3-10 的规定取值。 (2)当水流深度在 0.4~1.0 m 范围以外时,应按表 3-10 中所列最大设计流速乘以下列系数(h 为水深): $h<0.4$ m　　　 0.85； $1.0<h<2.0$ m　 1.25； $h≥2.0$ m　　　 1.40
排水管渠的最小设计流速	(1)污水管道在设计充满度下为 0.6 m/s。 (2)雨水管道和合流管道在满流时为 0.75 m/s。 (3)明渠为 0.4 m/s
排水管道最大允许流速	当采用金属管道时,最大允许流速为 10 m/s;非金属管为 5 m/s

表 3-10 明渠最大允许流速

明渠类别	最大设计流速(m/s)	明渠类别	最大设计流速(m/s)
粗砂或低塑性粉质黏土	0.8	干砌块石	2.0
粉质黏土	1.0	浆砌块石或浆砌砖	3.0
黏土	1.2	石灰岩和中砂岩	4.0
草皮护面	1.6	混凝土	4.0

③ 排水管道的最小管径与相应最小设计坡度,应符合表 3-11 的规定。

表 3-11 排水管道的最小管径和最小设计坡度

管别	位置	最小管径(mm)	最小设计坡度
污水管	在街坊和厂区内	200	0.004
	在街道下	300	0.003

管别	位置	最小管径(mm)	最小设计坡度
雨水管和合流管	—	300	0.003
雨水口连接管	—	200	0.01

注:管道坡度不能满足上述要求时,可酌情减小,但应采取防淤、清淤措施。

村镇雨水排放可根据村镇的地形等实际情况采用明沟和暗渠方式。排水沟渠应充分结合地形以便雨水及时就近排入池塘、河流或湖泊等水体。

排水沟的纵坡应不小于0.3%,排水沟渠的宽度及深度应根据各地降雨量确定,宽度不宜小于1 500 mm,深度不小于120 mm。

排水沟渠砌筑可根据各地实际选用混凝土或砖石、鹅卵石、条石等地方材料。

应加强排水沟渠日常清理维护,防止生活垃圾、淤泥淤积堵塞,保证排水通畅,可结合排水沟渠砌筑形式进行沿沟绿化。

南方多雨地区房屋四周宜设排水沟渠;北方地区房屋外墙外地面应设置散水,宽度不宜小于0.5 m,外墙勒脚高度不低于0.45 m,一般采用石材、水泥等材料砌筑;新疆等特殊干旱地区房屋四周可用黏土夯实排水。

④村镇排水沟渠布置的原则。

a. 应布置在排水区域内,地势较低,便于雨水、污水汇集地带。

b. 宜沿规划道路敷设,并与道路中心线平行。

c. 穿越河流、铁路、高速公路、地下建(构)筑物或其他障碍物时,应选择经济合理路线。

d. 截流式合流制的截流干管宜沿受纳水体岸边布置。

e. 排水管渠的布置要顺直,水流不要绕弯。

f. 排水沟断面尺寸的确定主要是依据排水量的大小以及维修方便、堵塞物易清理的原则而定。通常情况下,户用排水明沟深宽20 cm×30 cm,暗沟为30 cm×30 cm;分支明沟深宽为40 cm×50 cm,暗沟为50 cm×50 cm;主沟、明沟和暗沟均需50 cm以上。为保证检查维修清理堵塞物,每隔30 m在主支汇合处设置一个口径大于50 cm×50 cm、深于沟底30 cm以上的沉淀井或检查井。

g. 排水沟坡度的确定以确保水能及时排尽为原则,平原地带排水沟坡度一般不小于1%。

h. 无条件的村镇要按规划挖出水沟;有条件的要逐步建设永久沟,材料可以用砖砌筑、水泥砂浆抹面,也可以用毛石砌筑、水泥砂浆抹面。沟底垫不少于5 cm厚的混凝土。条件优越的地方可用预制混凝土管或现浇混凝土。

⑤检查井。在排水管渠上必须设置检查井,检查井在直线管段上的最大间距应按表3-12确定。

表3-12　直线管段检查井最大间距

管径或暗渠净高 (mm)	检查井最大间距(m)	
	污水管道	雨水管道或合流管道
200~300	20	30
350~450	30	40

管径或暗渠净高 (mm)	检查井最大间距(m)	
	污水管道	雨水管道或合流管道
500～900	40	50

2)村镇排水受纳水体应包括江、河、湖、海和水库、运河等,还有荒废地、劣质地、山地以及受纳农业灌溉用水的农田等受纳土地。

污水受纳水体应满足其水域功能的环境保护要求,有足够的环境容量;雨水受纳水体应具有足够的排泄能力或容量;受纳土地应具有足够的环境容量,符合环境保护和农业生产的要求。

(2)村镇排水设施材料。

1)对排水管渠材料的要求。

①排水管渠必须具有足够的强度,以承受土壤压力及车辆行驶造成外部荷载和内部压力以及在运输和施工过程中不致损坏。

②排水管渠应有较好的抗渗性能。必须不透水,以防污水渗出和地下水渗入而破坏附近建筑物的基础,污染地下水及影响排水能力。

③排水管渠应具有较好的抗冲刷、抗磨损及抗腐蚀能力,以使管渠经久耐用。

④排水管渠应具有良好的水力条件,管内壁要光滑,以减少水流阻力,减少磨损,还应考虑就地取材,以降低施工费用等。

⑤管渠材料的选择,应根据污水的性质、管道承受的内外压力、埋设地点的土质条件等因素确定。

⑥常用排水管渠材料有混凝土、钢筋混凝土、石棉水泥、陶土、铸铁、塑料等。一般压力管道采用金属管或钢筋混凝土管;在施工条件较差或地震地区,重力流管道常采用陶土管、石棉水泥管、混凝土管及钢筋混凝土管、塑料管等。

2)常用排水管见表3-13。

表3-13 常用排水管

类型	内　　容
混凝土管及钢筋混凝土排水管	混凝土管及钢筋混凝土管制作方便,造价较低,耗费钢材少,所以在室外排水中应用广泛。其主要缺点是易被含酸、碱废水侵蚀;重量较大,因而搬运不便;管节长度短,接口较多等。 　　混凝土管和钢筋混凝土管的接头形式有承插口管、钢承口管、企口管、双插口管和钢承插口管。混凝土管的直径一般不超过 600 mm,当直径较大时,为了增加管子强度,加钢筋制成钢筋混凝土管。 　　混凝土排水管规格见表 3-14,钢筋混凝土排水管规格见表 3-15
塑料排水管	管材有硬聚氯乙烯(PVC-U)、聚乙烯(PE)、聚丙烯(PP)和玻璃纤维增强塑料夹砂管(RPM)等。根据管壁结构形式有平壁管、加筋管、双壁波纹管、缠绕结构壁管及钢塑复合缠绕管等,塑料排水管材分类见表 3-16

表 3-14　混凝土管规格

公称内径 D_0 (mm)	有效长度 L (mm) ≥	Ⅰ级管			Ⅱ级管		
		壁厚 t (mm) ≥	破坏荷载 (kN/m)	内水压力 (MPa)	壁厚 t (mm)	破坏荷载 (kN/m)	内水压力 (MPa)
100		19	12		25	19	
150		19	8		25	14	
200		22	8		27	12	
250		25	9		33	15	
300	1 000	30	10	0.02	40	18	0.04
350		35	12		45	19	
400		40	14		47	19	
450		45	16		50	19	
500		50	17		55	21	
600		60	21		65	24	

表 3-15　钢筋混凝土管规格

公称内径 D_0 (mm)	有效长度 L (mm) ≥	Ⅰ级管				Ⅱ级管				Ⅲ级管			
		壁厚 t (mm) ≥	裂缝荷载 (kN/m)	破坏荷载 (kN/m)	内水压力 (MPa)	壁厚 t (mm) ≥	裂缝荷载 (kN/m)	破坏荷载 (kN/m)	内水压力 (MPa)	壁厚 t (mm) ≥	裂缝荷载 (kN/m)	破坏荷载 (kN/m)	内水压力 (MPa)
200		30	12	18		30	15	23		30	19	29	
300		30	15	23		30	19	29		30	27	41	
400		40	17	26		40	27	41		40	35	53	
500		50	21	32		50	32	48		50	44	68	
600		55	25	38		60	40	60		60	53	80	
700		60	28	42		70	47	71		70	62	93	
800		70	33	50		80	54	81		80	71	107	
900		75	37	56		90	61	92		90	80	120	
1 000		85	40	60		100	69	100		100	89	134	
1 100		95	44	66		110	74	110		110	98	147	
1 200		100	48	72		120	81	120		120	107	161	
1 350		115	55	83		135	90	135		135	122	183	
1 400	2 000	117	57	86	0.06	140	93	140	0.10	140	126	189	0.10
1 500		125	60	90		150	99	150		150	135	203	
1 600		135	64	96		160	106	159		160	144	216	
1 650		140	66	99		165	110	170		165	148	222	
1 800		150	72	110		180	120	180		180	162	243	
2 000		170	80	120		200	134	200		200	181	272	
2 200		185	84	130		220	145	220		220	199	299	
2 400		200	90	140		230	152	230		230	217	326	
2 600		220	104	156		235	172	260		235	235	353	
2 800		235	112	168		255	185	280		255	254	381	
3 000		250	120	180		275	198	300		275	273	410	
3 200		265	128	192		290	211	317		290	292	438	
3 500		290	140	210		320	231	347		320	321	482	

表 3-16　塑料排水管材分类

管材类型	管壁结构	生产工艺	接口形式
硬聚氯乙烯（PVC-U）管材	双壁波纹管	挤出	承插式连接、橡胶圈密封
	加筋管	挤出	承插式连接、橡胶圈密封
	平壁管	挤出	承插式连接、橡胶圈密封、粘结
	钢塑复合缠绕管	缠绕	内套管粘结
聚乙烯（PE）管材	双壁波纹管	挤出	承插式连接、橡胶圈密封 双承口连接、橡胶圈密封
	缠绕结构壁管	缠绕	承插式连接、橡胶圈密封 双承口连接、橡胶圈密封 熔接（电熔、热熔、电焊） 卡箍、哈夫、法兰连接等
	钢塑复合缠绕管	缠绕	焊接、内套焊接、热熔等
	钢带增强螺旋波纹管	缠绕	焊接、内套焊接、热熔等

硬聚氯乙烯（PVC-U）管材。硬聚氯乙烯管材弯曲强度高、弯曲模量大，具有较高的抵抗外部荷载的能力。硬聚氯乙烯管材采用挤出工艺成型时，由于受原材料加工性能的限制，其管径一般都在 600 mm 范围内；采用螺旋缠绕工艺生产的钢塑复合缠绕管最大管径可达1 200 mm。

硬聚氯乙烯平壁管具有较高的抗内压能力，由于管壁为实壁结构，同样等级的环刚度，其材料用量最高，常用于 DN≤200 mm 排水工程。

硬聚氯乙烯加筋管是管外壁经环形肋加强的异型结构壁管材，管材具有较好的抗冲击性能和抵抗外部荷载的能力，同样等级的环刚度，材料用量比平壁管要省。

3）排水渠。当排水管道需要较大口径时，可建造排水渠道。一般多采用矩形、梯形、拱形、马蹄形等断面。砌筑排水渠道的材料有砖、石、混凝土块或现浇钢筋混凝土等，可根据当地材料供应情况，按就地取材的原则选择。

材料的选择直接影响工程造价和使用年限，选择时应就地取材，并结合水质、地质、管道承受内外压力以及施工方法等方面因素来确定。

（3）污水排放设施施工方法。

1）一般规定。

①管道工程的施工测量、降水、开槽、沟槽支撑和管道交叉处理、管道合槽施工等施工技术要求，应按现行国家标准《给水排水管道工程施工及验收规范》（GB 50268—2008）和有关规定执行。

②管道应敷设在原状土地基或经开槽后处理回填密实的地基上。管道穿越铁路、高速公路路堤时应设置钢筋混凝土、钢、铸铁等材料制作的保护套管。套管内径应大于排水管道外径300 mm。套管设计应按铁路、高速公路的有关规定执行。

③管道应直线敷设。当遇到特殊情况需利用柔性接口转角进行折线敷设时，其允许偏转角度应由管材制造厂提供。

2）沟槽施工。沟槽槽底净宽度可按管径大小、土质条件、埋设深度、施工工艺等确定。

①开挖沟槽时,应严格控制基底高程,不得扰动基面。

②开挖中,应保留基地设计标高以上0.2~0.3 m的原状土,待铺管前用人工开挖至设计标高。如果局部超挖或发生扰动,应换填10~15 mm天然级配砂或5~40 mm的碎石,整平夯实。

③沟槽开挖时应做好降水措施,防止槽底受水浸泡。

3)管道基础施工。

①管道应采用土弧基础。

②在管道设计土弧基础范围内的腋角部位,必须采用中粗砂回填密实。

③管道基础中在承插式接口、机械连接等部位的凹槽,宜在铺设管道时随铺随挖。凹槽的长度、宽度和深度可按接口尺寸确定。接口完成后,应立即用中粗砂回填密实。

4)管道连接及安装。

①下管前,必须按管材、管件产品标准逐节进行外观检查,不合格者严禁下管敷设。

②下管方式应根据管径大小、沟槽形式和施工机具装备情况,确定用人工或机械将管材放入沟槽。下管时必须采用可靠的吊具,平稳下沟,不得与沟壁、槽底激烈碰撞,吊装时应有两个吊点,严禁穿心吊装。

③承插式连接的承口应逆水流方向,插口应顺水流方向敷设。

④接口的胶粘剂必须采用符合材质要求的溶剂型胶粘剂,该胶粘剂应由管材生产厂配套供应。

⑤承插式密封圈连接、套筒连接、法兰连接等采用的密封件、套筒件、法兰、紧固件等配套件,必须有管材生产厂配套供应。

⑥机械连接用的钢制套筒、法兰、螺栓等金属管件制品,应根据现场土质并参照相应的标准采取防腐措施。

⑦雨期施工应采取防止管材上浮的措施。若管道安装完毕后发生管材上浮时,应进行管内底高程的复测和外观检查,如发生位移、漂浮、拔口等现象,应及时返工处理。

⑧管道安装结束后,为防止管道因施工期间的温度变形使检查井连接部位出现裂缝渗水现象,需进行温度变形复核,并采取措施。

5)管道与检查井的连接方式见表3-17。

表3-17　管道与检查井的连接方式

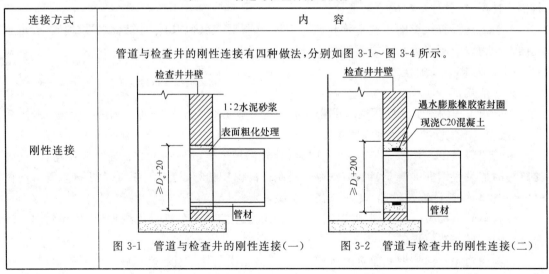

连接方式	内　　容
刚性连接	管道与检查井的刚性连接有四种做法,分别如图3-1~图3-4所示。 图3-1 管道与检查井的刚性连接(一)　图3-2 管道与检查井的刚性连接(二)

连接方式	内　　容
刚性连接	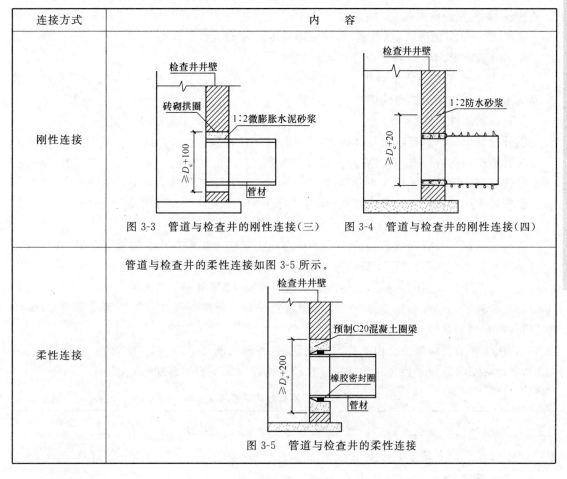
柔性连接	管道与检查井的柔性连接如图 3-5 所示。

6)管沟回填。

①一般规定。

a. 管道敷设后应立即进行沟槽回填。在密闭性检验前,除接头外露外,管道两侧和管顶以上的回填高度不宜小于 0.5 m。

b. 从管底基础至管顶 0.5 m 范围内,沿管道、检查井两侧必须采用人工对称、分层回填压实,严禁用机械推土回填。管两侧分层压实时,宜采取临时限位措施,防止管道上浮。

c. 管顶 0.5 m 以上沟槽采用机械回填时,应从管轴线两侧同时均匀进行,做到分层回填、夯实、碾压。

d. 回填时沟槽内应无积水,不得回填淤泥、有机物和冻土,回填土中不得含有石块、砖及其他带有棱角的杂硬物体。

e. 当沟槽采用钢板桩支护时,在回填达到规定高度后,方可拔桩。拔桩应间隔进行,随拔随灌砂,必要时也可采用边拔桩边注浆的措施。

②回填材料。从管底基础面至管顶以上 0.5 m 范围内的沟槽回填材料可用碎石屑、粒径小于 40 mm 的砂砾、高(中)钙粉煤灰(游离 CaO 含量在 12% 以上)、中粗砂或沟槽开挖出的良质土。

③回填要求。

a. 管基支撑角 $2\alpha+30°(180°)$ 范围内的管底腋角部位必须用中砂或粗砂填充密实,与管壁紧密接触,不得用土或其他材料填充。

b. 沟槽应分层对称回填、夯实,每层回填高度不宜大于 0.2 m。

c. 回填土的密实度应符合设计要求。

d. 在地下水位高的软土地基上,在地基不均匀的管段上,在高地下水位的管段和地下水流动区内应采用铺设土工布的措施。

7)管段密闭性检验。

①管段敷设完毕并且经检验合格后,应进行密闭性检验。

②管道密闭性检验时,管接头部位应外露观察。

③管段密闭性检验应按井距分隔,长度不宜大于 1 km,带井试验。

④管段密闭性检验可采用闭水试验法。检验时,经外观检查,不得有漏水现象。

8)管道变形检验。

①沟槽回填至设计高程后,在 12~24 h 内应测量管道竖向直径的初始变形量,并计算管道竖向直径初始变形率,其值不得超过管道直径允许变形率的 2/3。

②管道的变形量可采用圆形心轴等方法进行检验,测量偏差不得大于 1 mm。

③当管道竖向直径初始变形率大于管道直径允许变形率的 2/3 且管道本身尚未损坏时,可进行纠正,直到符合要求为止。

(4)污水排放设施造价。由于我国幅员辽阔,各地气候环境、施工方法及施工材料都不尽相同,因此无法将造价进行统一的确定。村镇排水管线成本的估算方法见表 3-18。

表 3-18　村镇排水管线成本的估算方法

项目	数量	单位成本	总成本
输水管材			
1. 洁具			
1.1　便器			
1.2　洗手盆			
1.3　洗涤盆			
1.4　淋浴器			
1.5　其他			
2. 排水管道			
2.1　DE20PVC 管			
2.2　DE25PVC 管			
……			
3. 检查井及附属构筑物			
3.1　检查井			
3.2　附属构筑物			
		排水材料	
4. 人力			

项目	数量	单位成本	总成本
4.1 安装洁具			
4.2 铺设管线			
4.3 建检查井			
4.4 其他			
		人力总用工	
5. 设备			
5.1 挖沟设备			
5.2 装货设备			
5.3 拖拉机			
5.4 其他			
		设备	
成本一览			
材料费用			
人力费用			
设备费用			
加上工程成本 20％的预算额外开支			
工程总成本			

根据当地的材料、人工、机械费用价格和工程量填入表 3-18 中,即可计算出工程总成本。

(5)运行维护管理。

1)排水管渠系统的养护与管理工作的主要任务有以下几个方面。

①验收排水管渠。

②定期进行管渠系统的技术检查。

③经常检查、冲洗或清通排水沟渠,以维持其通水能力。

④维护管渠及其构筑物,并处理意外事故等。

⑤排水管渠内常见的故障有污物淤塞管道,过重的外荷载,地基不均匀沉陷或污水的侵蚀作用使管渠损坏、裂缝或腐蚀等。

2)排水管渠的清通方法。在排水管渠中,往往由于水量不足,坡度较小,污水中固体杂质较多或施工质量不良等原因而发生沉淀、淤积,淤积过多将影响管渠的通水能力,甚至使管渠堵塞。因此,必须定期清通排水管渠。排水管渠的清通方法见表 3-19。

表 3-19 排水管渠的清通方法

清通方法	内　　容
水力清通	水力清通方法是用水对管道进行冲洗。可以利用管道内污水自冲,也可利用自来水或河水。用管道内污水自冲时,管道本身必须具有一定的流量,同时管内淤泥不宜过多(20％左右)。用自来水冲洗时,通常从消防龙头或街道集中给水栓取水,或用水车

清通方法	内　　　容
水力清通	将水送到冲洗现场,一般在居住区内的污水支管,每冲洗一次需水约 2 000~3 000 kg。 　水力清通方法操作简便,工效较高,工作人员操作条件较好。根据我国一些地方的经验,水力清通不仅能清除下游管道 250 m 以内的淤泥,而且在 150 m 左右上游管道中的淤泥也能得到相当程度的刷清
机械清通	当管渠淤塞严重,淤泥已粘结密实,水力清通的效果不好时,需要采用机械清通方法。机械清通的动力可以是手动、也可以是机动。人工清污方法不仅劳动强度大,工作进度慢,而且工作环境差,也不卫生。管道清污车、管道清通机器人是先进的清理机械,清理效果好,符合工作要求

3)排水管渠的养护安全事项。

①管渠中的污水通常能析出硫化氢、甲烷、二氧化碳等气体,某些生产污水能析出石油、汽油或苯等气体,这些气体与空气中的氮混合能形成爆炸性气体。煤气管道失修、渗漏也能导致煤气溢入管渠中造成危险。

②排水管渠的养护工作必须注意安全。如果养护人员要下井,除应有必要的劳保用具外,下进前必须先将安全灯放入井内;如有有害气体,由于缺氧,灯将熄灭;如有爆炸性气体,灯在熄灭前会发出闪光。在发现管渠中存在有害气体时,必须采取有效措施排除,即使确认有害气体已被排除,养护人员下井时仍应有适当的预防措施。例如在井内不得携带有明火的灯,不得点火或抽烟,必要时可戴附有气袋的防毒面具,穿上系有绳子的防护腰带,井上留人,以备随时给予井下人员以必要的援助。

第二节　排水管道安装

一、铸铁排水管道的安装

1. 排水横干管安装

(1)建筑物底层的排水横干管直接铺设在底层的地下。直接铺设在地下的排水管道,在挖好的管沟或房心土回填到管底标高处时进行,将预制好的管段按照承口朝向水流的方向铺设,由出水口处向室内顺序排列,挖好打灰口用的工作坑,将预制好的管段慢慢地放入管沟内,封闭堵严总出水口,做好临时支承,按施工图纸的位置、标高找好位置和坡度,以及各预留管口的方向和中心线,将管段承插口相连。在管沟内打灰口前,先将管道调直、找正,用麻钎或捻凿将承口缝隙找均匀。将拌好的填料(水灰比为 1∶9)由下而上,填满后用手锤打实,直到将灰口打满打平为止。再将首层立管及卫生器具的排水预留管口,按室内地坪线及轴线找好位置、尺寸,并接至规定高度,将预留的管口临时封堵。打好的灰口,用草绳缠好或回填湿润细土掩盖养护。各接口养护好后,就可按照施工图纸对铺好的管道位置、标高及预留分支管口进行检查,确认准确无误后即可进行灌水试验。

(2)各楼层中的排水横干管,可敷设在支吊架上。敷设在支吊架上的管道安装,要先安装支吊架,将支架按设计坡度固定好或做好吊具、量好吊杆尺寸。将预制好的管道固定牢靠,并将立管预留管口及各层卫生器具的排水预留管口找好位置,接至规定高度,并将预留管口临时封堵。

2. 排水立管安装

排水立管应设在排水量最大、污水最脏、杂质最多的排水点处。排水立管一般在墙角明设,当建筑物有特殊要求时,可暗敷在管槽、管井内,考虑到检修、维护的需要,应在检查口处设检修门。

排水管道穿墙、穿楼板时配合土建预留孔洞的洞口尺寸,见表 3-20,连接卫生器具的排水支管的离墙距离及留洞尺寸应根据卫生器具的型号、规格确定,常用卫生器具排水支管预留孔洞的位置与尺寸见表 3-21。

安装立管应由两人上下配合,一人在上一层的楼板上,由管洞投下一个绳头,下面的施工员将预制好的立管上部拴牢可上拉下托,将管道插口插入其下的管道承口内。在下层操作的人可把预留分支管口及立管检查口方向找正,上层的施工人员用木楔将管道在楼板洞处临时卡牢,并复核立管的垂直度,确认无误后,再在承口内充塞填料,并填灰打实。管口打实后,将立管固定。

表 3-20 排水管道穿墙、穿楼板时配合土建预留孔洞的洞口尺寸 （单位:mm）

管道名称	管径	孔洞尺寸	管道名称	管径	孔洞尺寸
排水立管	50	150×150	排水横支管	≤80	250×200
	70~100	200×200		100	300×250

表 3-21 常用卫生器具排水支管预留孔洞的位置与尺寸 （单位:mm）

卫生器具名称	平面位置	图 示
蹲式大便器	排水立管洞 200×200;310;150;150;清扫口洞 200×200;900 600 450×200;300	DN100
坐式大便器	排水立管洞 200×200;310 380 380;150;150;350	DN100
	排水立管洞 200×200;240;150;150;550	DN100
小便槽	≥650 排水立管洞 200×200;150;1 000;排水管洞 200×200;地漏洞 300×300;650	
	≥450 排水立管洞 200×200;1 000;排水管洞 150×150;地漏洞 300×300	

卫生器具名称	平面位置	图　示
立式小便器	700　400 排水立管洞 150 1000 排水管洞 150×150 地漏洞 200×200 (甲)650 (乙)150	甲　乙
挂式小便器	排水立管洞 150 1000 排水管洞 150×150 地漏洞 200×200	
洗脸盆	150 排水管洞 150×150　150　洗脸盆中心线	—
污水盆	150 排水管洞 150×150　污水盆中心线	—
地漏	150 排水立管洞 150 150 地漏洞 ≥150×150	
净身盆	150 排水立管洞 ≥380 排水管洞 150×150　150	

立管安装完毕后,应配合土建在立管穿越楼层处支模,并采用 C20 细石混凝土分两次浇捣密实。浇筑结束后,结合地坪层或面层施工,并在管道周围筑成厚度不小于 20 mm、宽度不小于 30 mm 的阻水圈。

3. 排出管安装

排出管是指室内排水立管或横管与室外检查井之间的连接管道。排出管一般铺设在地下或敷设在地下室内。排出管穿过承重墙或地下构筑物的墙壁时,应加设防水套管。施工时,应配合土建预留孔洞,洞口尺寸,当 DN≤80 mm 时,洞口尺寸为 300 mm×300 mm;当 DN≥100 mm 时,洞口尺寸为(300 mm+DN)×(300 mm+DN)。敷设时,管顶上部净空不得小于建筑物的沉降量,且不宜小于 0.15 m。

与室外排水管道连接时,排出管管顶标高不得低于室外排水管的管顶标高。其连接处的

水流转角不得大于 $90°$，当跌落差大于 0.3 m 时，可不受角度的限制。与排水立管连接时，为防止堵塞应采用两个 $45°$ 弯头连接，也可采用弯曲半径大于 4 倍管外径的 $90°$ 弯头。

排出管是整个排水系统安装工程的起点，安装中必须严格保证质量、打好基础。安装时要确保管道的坡向和坡度。为检修方便，排水管的长度不宜太长，一般情况下，检查口中心至外墙的距离不小于 3 m，不大于 10 m。

4. 无承口排水铸铁管安装要点

无承口排水铸铁管采用卡箍连接，安装要求如下：

(1)直线管段的每个卡箍处均应设置支吊架，支吊架距卡箍的距离应不大于 0.45 m，且支吊架间距不得超过 3 m。

(2)当横管较长且由多个管配件组对时，在每一个的配件处应设置支吊架。

(3)悬吊在楼板下的横管与楼板的距离大于 0.45 m 时，应在梁或楼板下设置刚性吊架，不能设置刚性支吊架时，应设置防晃支架。

(4)无承口排水铸铁管，在横管转弯处应设置拉杆装置，在立管转弯处应设置固定装置，固定装置可做成固定支墩，也可用型钢支承，立管固定装置。

(5)无承口排水铸铁管施工临时中断时，应用麻袋、棉布等柔性物对管口予以封堵。

(6)无承口排水铸铁管施工完毕，应进行通球试验，通球试验的球径不得小于排水管径的 2/3，通球率必须达到 100%。

5. 灌水试验、通水试验和通球试验

(1)灌水试验。隐蔽或埋地的排水管道在隐蔽前必须做灌水试验见表 3-22。

表 3-22　灌水试验

项 目	内 容
封闭排出管口	(1)标高低于各层地面的所有排水管管口，用短管暂时接至地面标高以上。对于横管上和地下甩出(或楼板下甩出)的管道清扫口须加垫、加盖，按工艺要求正式封闭好。 (2)通向室外的排出管管口，用不小于管径的橡胶胆堵，放进管口充气堵严。底层立管和地下管道灌水时，用胆堵从底层立管检查口放入，上部管道堵严。向上逐层灌水依次类推。 (3)高层建筑需分区、分段、再分层试验。 1)打开检查口，用卷尺在管外测量由检查口至被检查水平管的距离加斜三通以下 500 mm 左右，记上该总长，测量出胶囊到胶管的相应长度，并在胶管上做好标记，以便控制胶囊进入管内的位置。 2)将胶囊由检查口慢慢送入，一直放至测出的总长位。 3)向胶囊充气并观察压力表示值上升到 0.07 MPa 为止，最高不超过 0.12 MPa
管道内灌水	(1)用胶管从便于检查的管口向管道内灌水，一般选择出户排水管离地面近的管口灌水。 (2)灌水高度及水面位置控制。其灌水高度应不低于底层卫生器具的上边缘或底层地面的高度。大小便冲洗槽、水泥拖布池、水泥盥洗池灌水量不少于槽(池)深的 1/2；水泥洗涤池不少于池深的 2/3；坐式大便器的水箱，大便槽冲洗水箱水量应至控制水位；盥洗面盆、洗涤盆、浴盆灌水量应至溢水处；蹲式大便器灌水量至水面低于大便器边沿 5 mm 处；地漏灌水时水面高于地表面 5 mm 以上，便于观察地面水排除状况，地漏边缘不得渗水。

项　目	内　　容
管道内灌水	（3）从灌水开始，应设专人检查监视出户排水管口、地下扫除口等易跑水部位，发现堵盖不严或高层建筑灌水中胶囊封堵不严，以至发现管道漏水应立即停止向管内灌水，进行整修。待管口堵塞、胶囊封闭严密和管道修复、接口达到强度后，再重新进行灌水试验。 （4）停止灌水后，详细记录水面位置和停灌时间
检查，做灌水试验记录	（1）停止灌水 15 min 后在未发现管道及接口渗漏的情况下再次向管道灌水，使管内水面恢复到停止灌水时的水面位置，第二次记录好时间。 （2）施工人员、施工技术质量管理人员、业主、监理等相关人员在第二次灌满水 5 min 后，对管内水面进行共同检查，水面没有下降、管道及接口无渗漏为合格，立即填写排水管道灌水试验记录。 （3）检查中若发现水面下降则为灌水试验不合格，应对管道及各接口、堵口全面细致地进行检查、修复，排除渗漏因素后重新按上述方法进行灌水试验，直至合格。 （4）高层建筑的排水管灌水试验须分区、分段、分层进行，试验过程中依次做好各个部分的灌水记录，不可混淆，也不可替代。 （5）灌水试验合格后，从室外排水口放净管内存水。把灌水试验临时接出的短管全部拆除，各管口恢复原标高，拆管时严防污物落入管内

（2）通水试验。

1）室内排水管道安装完毕，灌水试验合格后交付使用前，应从管道甩口或卫生器具排水口放水或给水系统给水进行通水试验。水流通畅，各接口无渗漏为合格。

2）雨水管道安装完毕，灌水试验合格后交付使用前，应从雨水斗处放水或利用天然雨水进行通水试验。水流畅通，各接口无渗漏为合格。

（3）通球试验。

1）为防止水泥、砂浆、钢丝、钢筋等物卡在管道内，排水主立管及水平干管管道均应做通球试验。通球球径不小于排水管道管径的 2/3，通球率必须达到 100%。胶球直径的选择见表3-23。

表 3-23　胶球直径的选择　　　　　　　　（单位：mm）

管径	75	100	150
胶球直径	50	75	100

2）试验顺序从上而下进行，以不堵为合格。

3）胶球从排水立管顶端投入，并在管内注入一定水量，使球能顺利流出为宜。通球过程如遇堵塞，应查明位置进行疏通，直到通球无阻为止。

4）通球完毕，须分区、分段进行记录，填写通球试验记录。

二、PVC-U 塑料排水管道的安装

1. 沟槽与基础的施工要求

沟槽与基础的施工要求见表 3-24。

表 3-24　沟槽与基础的施工要求

项目	内　容
沟槽	(1)沟槽槽底净宽度,可按各地区的具体情况确定,宜按管外径加 0.6 m 采用。 (2)开挖沟槽,应严格控制基底高程,不得扰动基底原状土层。基底设计标高以上 0.2~0.3 m 的原状土,应在铺管前人工清理至设计标高。如遇局部超挖或发生扰动,不得回填土,可换填最大粒径 10~15 mm 的天然级配砂石料或最大粒径小于 40 mm 的碎石,并整平夯实。槽底如有坚硬物体必须清除,用砂石回填处理。 (3)雨期施工时,应尽可能缩短开槽长度,且应成槽快、回填快,并采取防泡槽措施。一旦发生泡槽,应将受泡的软化土层清除,换填砂石料或中粗砂。 (4)人工开槽时,宜将槽上部的混杂土与槽下部可用于沟槽回填的良质土分开堆放,且堆土不得影响沟槽的稳定性
基础	(1)管道基础必须采用砂砾垫层基础。对一般的土质地段,基底可铺一层厚度 H_0 为 100 mm 的粗砂基础;对软土地基,且槽底处在地下水位以下时,宜铺垫厚度不小于 200 mm 的砂砾基础,亦可分两层铺设,下层用粒径为 5~40 mm 的碎石,上层铺粗砂,厚度不得小于 50 mm。 (2)管道基础支承角 2α 应依基础地质条件、地下水位、管径及埋深等条件由设计计算确定,可按表 3-25 采用。 (3)管道基础应按设计要求铺设,厚度不得小于设计规定。 (4)管道基础在接口部位的凹槽,宜在铺设管道时随铺随挖,如图 3-6 所示。凹槽长度 L 按管径大小采用,宜为 0.4~0.6 m,凹槽深度 h 宜为 0.05~0.1 m,凹槽宽度 B 宜为管外径的 1.1 倍。在接口完成后,凹槽随即用砂石回填密实

表 3-25　砂石基础的设计支承角 2α

基础型式	设计支承角 2α	基础设置要求
A	90°	
B	120°	

基础型式	设计支承角 2α	基础设置要求
C	180°	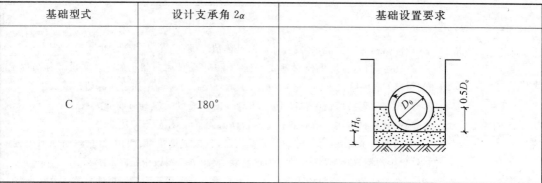

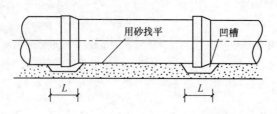

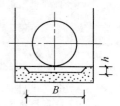

图 3-6　管道接口处的凹槽

2. 管道安装及连接

(1)管道安装可采用人工安装。槽深不大时可由人工抬管入槽,槽深大于 3 m 或管径大于公称直径 DN400 时,可用非金属绳索溜管入槽,依次平稳地放在砂砾基础管位上。严禁用金属绳索勾住两端管口或将管材自槽边翻滚抛入槽中。混合槽或支撑槽,可采用从槽的一端集中下管,在槽底将管材运送到位。

(2)承插口管安装,在一般情况下插口插入方面应与水流方向一致,由低点向高点依次安装。

(3)调整管材长短时可用手锯切割,断面应垂直平整,不应有损坏。

(4)管道接头,除另有规定者外,应采用弹性密封圈柔性接头。公称直径小于 DN200 的平壁管亦可采用插入式粘结接口。

(5)橡胶圈接口应遵守下列规定。

1)连接前,应先检查胶圈是否配套完好,确认胶圈安放位置及插口应插入承口的深度。橡胶圈接口作业项目的施工工具见表 3-26。

表 3-26　橡胶圈接口作业项目的施工工具

作业项目	施工工具
断管	手锯、万能笔、量尺
清理工作面	棉纱
涂润滑剂	毛帽、撬棍、缆绳
接口	挡板、撬棍、缆绳
安装检查	塞尺

2）接口作业时，应先将承口（或插口）的内（或外）工作面用棉纱清理干净，不得有泥土等杂物，并在承口内工作面涂上润滑剂，然后立即将插口端的中心对准承口的中心轴线就位。

3）插口插入承口时，小口径管可用人力，可在管端部设置木挡板，用撬棍将被安装的管材沿着对准的轴线徐徐插入承口内，逐节依次安装。公称直径大于 DN400 的管道，可用缆绳系住管材用手搬葫芦等提力工具安装。严禁采用施工机械强行推顶管子插入承口。

（6）螺旋肋管的安装，应采用由管材生产厂提供的特制管接头，用粘结接口连接。

（7）粘结接口应遵守下列规定。

1）检查管材、管件质量。必须将插口外侧和承口内侧表面擦拭干净，被粘结面应保持清洁，不得有尘土水迹。表面沾有油污时，必须用棉纱蘸丙酮等清洁剂擦净。

2）对承口与插口粘结的紧密程度应进行验证。粘结前必须将两管试插一次，插入深度及松紧度配合应符合要求，在插口端表面宜划出插入承口深度的标线。

3）在承插接头表面用毛刷涂上专用的胶粘剂，先涂承口内面，后涂插口外面，顺轴向由里向外涂抹均匀，不得漏涂或涂抹过量。

4）涂抹胶粘剂后，应立即找正对准轴线。将插口插入承口，用力推挤至所划标线。插入后将管旋转 1/4 圈，在 60 s 时间内保持施加外力不变，并保持接口在正确位置。

5）插接完毕应及时将挤出接口的胶粘剂擦拭干净。

3. 管道修补

（1）管道敷设后，因意外因素造成管壁出现局部损坏，当损坏部位的面积或裂缝长度和宽度不超过规定时，可采取粘贴修补措施。

（2）管壁局部损坏的孔洞直径或边长不大于 20 mm 时，可用聚氯乙烯塑料粘接溶剂在其外部粘贴直径不小于 100 mm 与管材同样材质的圆形板。

（3）管壁局部损坏孔洞为 20～100 mm 时，可用聚氯乙烯塑料粘接溶剂在其外部粘贴不小于孔洞最大尺寸加 100 mm 与管材同样材质的圆形板。

（4）管壁局部出现裂缝，当裂缝长度不大于管周长的 1/12 时，可在其裂缝处粘贴长度大于裂缝长度加 100 mm、宽度不小于 600 mm 与管材同样材质的板，板两端宜切割成圆弧形。

（5）修补前应先将管道内水排除，用刮刀将管壁面破损部分剥平修整，并用水清洗干净。对异形壁管，必须将贴补范围内的肋剥除，再用砂纸或锉刀磨平。

（6）粘接前应先用环己酮刷粘接部位基面，待干后尽快涂刷粘接溶剂进行粘贴。外贴用的板材宜采用从相同管径管材的相应部位切割的弧形板。外贴板材的内侧同样必须先清洗干净，采用环己酮涂刷基面后再涂刷粘结溶剂。

（7）对不大于 20 mm 的孔洞，在粘贴完成后，可用土工布包缠固定，固化 24 h 后即可；对大于 20 mm 的孔洞和裂缝，在粘贴完成后，可用铅丝包扎固定。

（8）在管道修补完成后，必须对管底的挖空部位按支承角 2α 的要求用粗砂回填密实。

（9）对损坏管道采取修补措施，施工单位应事前取得管理单位和现场监理人员的同意；对出现在管底部的损坏，还应取得设计单位的同意后方可实施。

（10）如采用焊条焊补或化学止水剂等堵漏修补措施，必须取得管理单位同意后方可实施。

（11）当管道损坏部位的大小超过上述的规定时，应将损坏的管段更换。当更换的管材与已铺管道之间无专用连接管件时，可砌筑检查井或连接井连接。

4. 沟槽回填

沟槽回填见表 3-27。

表 3-27　沟槽回填

项目	内容
一般规定	(1)管道安装验收合格后应立即回填,应先回填到管顶以上 1 倍管径高度。 (2)沟槽回填从管底基础部位开始到管顶以上 0.7 m 范围内,必须采用人工回填,严禁用机械推土回填。 (3)管顶 0.7 m 以上部位的回填,可采用机械从管道轴线两侧同时回填、夯实,也可采用机械碾压。 (4)回填时沟槽内应无积水,不得带水回填,不得回填淤泥、有机物及冻土。回填土中不得含有石块、砖及其他杂硬物体。 (5)沟槽回填应从管道、检查井等构筑物两侧同时对称回填,确保管道及构筑物不产生位移,必要时可采取限位措施
回填材料及回填要求	(1)从管底到管顶以上 0.4 m 范围内的沟槽回填材料,可采用碎石屑、粒径小于 40 mm 的砂砾、中砂、粗砂或开挖出的良质土。 (2)槽底在管基支承角 2α 范围内必须用中砂或粗砂填充密实,与管壁紧密接触,不得用土或其他材料填充。 (3)管道位于车行道下时,当铺设后立即修筑路面或管道位于软土地层以及低洼、沼泽、地下水位高的地段时,沟槽回填应先用中、粗砂将管底腋角部位填充密实,然后用中、粗砂或石屑分层回填到管顶以上 0.4 m,再往上可回填良质土。 (4)沟槽应分层对称回填、夯实,每层回填高度应不大于 0.2 m。在管顶以上 0.4 m 范围内不得用夯实机具夯实。 (5)回填土的压实度:管底到管顶范围内应不小于 95%,管顶以上 0.4 m 范围内应不小于 80%,其他部位应不小于 90%。管顶 0.4 m 以上若修建道路,则应符合表 3-28 及图 3-7 的要求

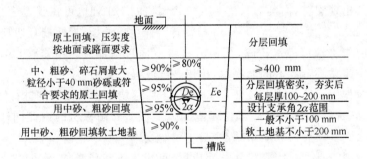

图 3-7　沟槽回填土要求

表 3-28　沟槽回填土压实度要求

槽内部位		最佳压实度(%)	回填土质
超挖部分		≥95	石砂料或最大粒径小于 40 mm 碎石
管道基础	管底以下	≥90	中砂、粗砂、软土地基应符合规范规定
	管底支承角 2α 范围	≥95	中砂、粗砂

槽内部位		最佳压实度(%)	回填土质
管两侧		≥95	中砂、粗砂、碎石屑,最大粒径小于 40 mm 的砂砾或符合要求的原状土
管顶以上 0.4 m	管两侧	≥95	
	管上部	≥80	
管顶 0.4 m 以上		按地面或道路要求,但不得小于 80	原土回填

5. 密闭性试验

(1)管道安装完毕且经检验合格后,应进行管道的密闭性检验。宜采用闭水检验方法。

(2)管道密闭性检验应在管底与基础腋角部位用砂回填密实后进行。必要时,可在被检验管段回填到管顶以上一倍管径高度(管道接口处外露)的条件下进行。

(3)闭水检验时,应向管道内充水并保持上游管顶以上 2 m 水头的压力。外观检查,不得有漏水现象。管道 24 h 的渗水量应不大于按式(3-1)计算的允许渗水量:

$$Q = 0.004\ 6D_1 \tag{3-1}$$

式中 Q——每 1 km 管道长度 24 h 的允许渗水量(m^3);

D_1——管道内径(mm)。

6. 竣工验收

(1)管道工程竣工后必须经过竣工验收,合格后方可交付使用。

(2)管道工程的竣工验收必须在各工序、部位和单位工程验收合格的基础上进行。施工中工序和部位的验收,视具体情况由质量监理、施工和其他有关单位共同验收,并填写验收记录。

(3)管道工程质量的检验评定方法和等级标准,应按现行行业标准的规定执行,并应符合本地区现行有关标准的规定。

(4)竣工验收应提供下列资料。

1)竣工图和设计变更文件。

2)管材制品和材料的出厂合格证明和试验检验记录。

3)工程施工记录、隐蔽工程验收记录和有关资料。

4)管道的闭水检验记录。

5)工序、部位(分部)、单位工程质量验收记录。

6)工程质量事故处理记录。

(5)验收隐蔽工程时应具备下列中间验收记录和施工记录资料。

1)管道及其附属构筑物的地基和基础验收记录。

2)管道穿越铁路、公路、河流等障碍物的工程情况。

3)管道回填土压实度的验收记录。

(6)竣工验收时,应核实竣工验收资料,进行必要的复验和外观检查。对管道的位置、高程、管材规格和整体外观等,应填写竣工验收记录。

(7)管道工程的验收应由建设主管单位组织施工、设计、监理和其他有关单位共同进行。验收合格后,建设单位应将有关设计、施工及验收的文件立卷归档。

第三节　村镇污水特征与排放标准

一、村镇污水处理模式

我国地域发展不平衡,村镇差别较大,农村地区长期以来形成的居住方式、生活习惯等差异,应根据农村具体现状、特点、风俗习惯以及自然、经济与社会条件,因地制宜地采用多元化的污水处理模式。

1. 庭院式处理模式

庭院式处理模式,主要是针对单独的住户,建设三格化粪池厕所。三格化粪池厕所是将粪便的收集、无害化处理在同一流程中进行,由便池蹲位、连通管和分成三个相互连通格室的密封粪池组成。其中第一池主要起截留粪渣、发酵和沉淀虫卵作用,第二池起继续发酵作用,第三池起发酵后粪液的贮存作用。在第一池和第三池上方分别设有清渣口和出粪口。粪便经三格化粪池储存、沉淀发酵,起到较好地杀灭虫卵及细菌的作用。第三池粪液可供农田直接使用,实现粪污资源化。三格化粪池厕所具有结构简单易施工、流程合理、价格适宜、卫生效果好等特点。该模式适用于居住分散的农村地区粪污物的无害化处理。

2. 分散处理模式

分散处理模式,即将农户污水按照分区进行收集,以稍大的村庄或邻近村庄的联合为宜,每个区域污水单独处理。污水分片收集后,采用中小型污水处理设备或自然处理等形式处理村庄污水,例如人工湿地污水反应器、膜生物反应器(MBR)、净化槽等。该处理模式具有布局灵活、施工简单、管理方便、出水水质有保障等特点。适用于村庄布局分散、规模较小、地形条件复杂、污水不易集中收集的村庄污水处理。

3. 集中处理模式

集中处理模式,即对所有农户产生的污水进行集中收集,统一建设一处处理设施如小型污水处理设备或小型污水处理厂,处理村庄全部污水。污水处理采用自然处理、常规生物处理等工艺形式,例如稳定塘、人工湿地、一体化氧化沟、生态滤池、地表漫流、土地渗滤等。

集中处理模式具有占地面积小、抗冲击能力强、运行安全可靠、出水水质好等特点。适用于村庄布局相对密集、规模较大、经济条件好、村镇企业或旅游业发达、处于水源保护区内的单村或联村污水处理。

4. 粪污资源化模式

粪污资源化模式,主要针对于畜类规模化养殖场,因为养殖规模和排污量较大,污染负荷高,可以采用沼气工程治理的方法,实现粪污资源化。采用沼气工程处理养殖废水,并将村内居民生活污水接入处理系统。在养殖场设置排水管道,将各养殖场排水收集。粪污水通过过滤机实现固液分离,过滤后粪水进入调节池,在提升泵作用下进入厌氧反应罐,出水通过好氧池和沉淀池达到排放标准,可以作为农田灌溉用水。厌氧池产生沼气,沼气经过脱硫脱水后送至用户使用。粪渣和污泥经过堆肥后可以作为有机肥,用于蔬菜、花卉和农田。

5. 就近接入市政管网模式

村庄污水接入市政管网统一处理模式,即村庄内所有农户污水经污水管道集中收集后,统一接入邻近市政污水管网,利用城镇污水处理厂统一处理村庄污水。该处理模式具有投资省、施工周期短、见效快、统一管理方便等特点。适用于郊区居民集中的城镇化地区或者靠近输送总管的地区。

二、村镇污水特征

(1)水量小。村镇工业化发展水平较低,大多数村镇排放污水主要是居民、商业、餐饮业的生活污水及小型工业企业的生产废水,总水量小,污水水质以生活污水为主,易生化处理。用水量标准较低,污水处理规模小。

(2)水量水质变化大。由于产业结构区域特定差异,受雨季影响及用水量时变化系数较人,因此污水水量、水质变化大。

(3)经济发展水平较低,经济承受能力弱,可供选择的适用技术少。

(4)由于处理规模小,造成村镇污水处理工程建设费用及运行费用过高,继而导致维护管理技术人员及运行管理经验的严重缺乏等。

三、村镇污水排放标准

2008 年 3 月 31 日发布,并于 2008 年 8 月 1 日开始实施的中华人民共和国国家标准《村庄整治技术规范》(GB 50445—2008),对村镇的排水设施、粪便处理、垃圾收集与处理、坑塘河道和公共环境等做了具体的规定。但目前还没有直接针对村镇污水的排放标准。村镇污水排放可参照的相关标准主要有:

《城镇污水处理厂污染物排放标准》(GB 18918—2002);

《畜禽养殖业污染物排放标准》(GB 18596—2001);

《畜禽养殖业污染防治技术规范》(HJ/T 81—2001);

《农田灌溉水质标准》(GB 5084—2005);

《渔业水质标准》(GB 11607—1989);

《城市污水再生利用 景观环境用水水质》(GB/T 18921—2002);

《地表水环境质量标准》(GB 3838—2002);

《地下水质量标准》(GB/T 14848—1993)。

农村污水处理站出水可参考现行国家标准《城镇污水处理厂污染物排放标准》(GB 18918—2002)中的相关规定;污水处理站出水用于农田灌溉或渔业的,应符合现行国家标准《农田灌溉水质标准》(GB 5084—2005)和《渔业水质标准》(GB 11607—1989)中的相关规定;污水处理站出水回用为观赏性景观环境用水(河道类)的,应符合现行国家标准《城市污水再生利用 景观环境用水水质》(GB/T 18921—2002)中的相关规定。

以上规范和标准对村镇污水处理的适用技术提出了相关要求或参考标准,其污染物排放指标的具体要求见表 3-29~表 3-33。

表 3-29　城镇污水处理厂污染物基本控制项目最高允许排放浓度

基本控制项目	一级标准		二级标准	三级标准
	A 标准	B 标准		
化学需氧量(COD)(mg/L)	50	60	100	120[①]
生化需氧量(BOD₅)(mg/L)	10	20	30	60[①]

基本控制项目		一级标准		二级标准	三级标准
		A 标准	B 标准		
悬浮物(SS)(mg/L)		10	20	30	50
动植物油(mg/L)		1	3	5	20
石油类(mg/L)		1	3	5	15
阴离子表面活性剂(mg/L)		0.5	1	2	5
总氮(以 N 计)(mg/L)		15	20	—	—
氨氮(以 N 计)[2](mg/L)		5(8)	8(15)	25(30)	—
总磷(以 P 计)(mg/L)	2005 年 12 月 31 日前建设的	1	1.5	3	5
	2006 年 1 月 1 日起建设的	0.5	1	3	5
色度(稀释倍数)		30	30	40	50
pH 值		6～9			
粪大肠菌群数(个/L)		10^3	10^4	10^4	—

①下列情况下按去除率指标执行:当进水 COD 大于 350 mg/L 时,去除率应大于 60%;BOD 大于 160 mg/L 时,去除率应大于 50%。

②括号外数值为水温＞12℃时的控制指标,括号内数值为水温≤12℃时的控制指标。

表 3-30　畜禽养殖业水污染物最高允许日均排放浓度

控制项目	五日生化需氧量 (mg/L)	化学需氧量 (mg/L)	悬浮物 (mg/L)	氨氮 (mg/L)	总磷(以 P 计) (mg/L)	粪大肠菌群数 (个/100 mL)	蛔虫卵 (个/L)
标准值	150	400	200	80	8.0	1 000	2.0

表 3-31　农田灌溉用水水质基本控制项目标准值

项目类别	作物种类		
	水作	旱作	蔬菜
五日生化需氧量(mg/L),≤	60	100	40①,15②
化学需氧量(mg/L),≤	150	200	100①,60②
悬浮物(mg/L),≤	80	100	60①,15②
阴离子表面活性剂(mg/L)	5	8	5
水温(℃),≤	35		
pH 值	5.5～8.5		
全盐量(mg/L),≤	1 000③(非盐碱土地区),2 000③(盐碱土地区)		
氯化物(mg/L),≤	350		
硫化物(mg/L),≤	1		

项目类别	作物种类		
	水作	旱作	蔬菜
总汞(mg/L),≤	0.001		
镉(mg/L),≤	0.01		
总砷(mg/L),≤	0.05	0.1	0.05
铬(六价)(mg/L),≤	0.1		
铅(mg/L),≤	0.2		
粪大肠菌群数(个/100 mL),≤	4 000	4 000	2 000[1],1 000[2]
蛔虫卵数(个/L),≤	2		2[1]、1[2]

①为加工、烹调及去皮蔬菜。

②为生食类蔬菜、瓜类和草本水果。

③为具有一定的水利灌排设施,能保证一定的排水和地下水径流条件的地区,或有一定淡水资源能满足冲洗土体中盐分的地区,农田灌溉水质全盐量指标可以适当放宽。

表 3-32　景观环境用水的再生水水质指标　　　　　(单位:mg/L)

项目	观赏性景观环境用水			娱乐性景观环境用水		
	河道类	湖泊类	水景类	河道类	湖泊类	水景类
基本要求	无飘浮物,无令人不愉快的嗅和味					
pH 值(无量纲)	6~9					
五日生所需氧量(BOD₅),≤	10	6		6		
悬浮物(SS),≤	20	10		—		
浊度(NTU),≤	—			5.0		
溶解氧,≥	1.5			2.0		
总磷(以 P 计),≤	1.0	0.5		1.0	0.5	
总氮,≤	15					
氨氮(以 N 计),≤	5					
粪大肠菌群(个/L),≤	10 000	2 000		500		不得检出
余氯,≥	0.05					
色度(度),≤	30					
石油类,≤	1.0					
阴离子表面活性剂	0.5					

注:1."—"表示对此项无要求。

　　2.氯接触时间不应低于 30 min 的余氯。对于非加氯消毒方式无此项要求。

表 3-33　渔业水质标准　　　　　　　　　　　　（单位：mg/L）

项目	标准值
色、臭、味	不得使鱼、虾、贝、藻类带有异色、异臭、异味
氟化物（以 F⁻ 计）	≤1
漂浮物质	水面不得出现明显油膜或浮沫
非离子氨	≤0.02
悬浮物质	人为增加的量不得超过 10,而且悬浮物质沉积于底部后,不得对鱼、虾、贝类产生有害的影响
凯氏氮	≤0.05
pH 值	淡水 6.5~8.5,海水 7.0~8.5
挥发性酚	≤0.005
溶解氧	连续 24 h 中,16 h 以上必须大于 5,其余任何时候不得低于 3,对于鲑科鱼类栖息水域冰封期其余任何时候不得低于 4
黄磷	≤0.001
生化需氧量（五天,20℃）	不超过 5,冰封期不超过 3
石油类	≤0.05
总大肠菌群	不超过 5 000 个/L(贝类养殖水质不超过 500 个/L)
丙烯腈	≤0.5
汞	≤0.000 5
丙烯醛	≤0.02
镉	≤0.005
六六六（丙体）	≤0.002
铅	≤0.05
滴滴涕	≤0.001
铬	≤0.1
马拉硫磷	≤0.005
铜	≤0.01
五氯酚钠	≤0.01
锌	≤0.1
乐果	≤0.1
镍	≤0.05
甲胺磷	≤1
砷	≤0.05
甲基对硫磷	≤0.000 5

项目	标准值
氰化物	≤0.005
呋喃丹	≤0.01
硫化物	≤0.2

四、村镇污水水质检测

1. 水样的采集与保存

采样时,当水深大于 1 m,应在表层下 1/4 深度处采样;水深小于或等于 1 m,在水深 1/2 处采样。采样注意事项有:

(1)用样品容器直接采样时,必须用水样冲洗容器三次后再采样,但当水面有浮油时,采油的容器不能冲洗。

(2)采样时应去除水面漂浮的杂物和垃圾等物体。

(3)采样水量要充满整个采样容器。

(4)采样容器上要贴上采样标签,注明样品编号、采样地点、采样日期和时间、采样人姓名等。如有必要,还需认真填写"污水采样记录表",表中应有以下内容:污染源名称、监测目的、监测项目、采样点位、采样日期和时间、样品编号、污水性质、污水流量、采样人姓名及其他有关事项等。具体格式可根据相关环境监测站的要求制定。

水样采集后,应尽快送往环境监测站分析,因样品放置久了,会受物理、化学和生物等因素的影响,某些组分的浓度可能会发生变化。

水样的保存可采取冷藏或冷冻,即将样品在 4℃冷藏或将水样迅速冷冻,贮存于暗处。水样的保存还可以根据具体测定项目的要求采取加入化学保存剂的方法。

2. 现场简易检测指标与方法

(1)水温。将水温计插入一定深度的水中,放置 5 min 后,迅速提出水面并读数。当气温与水温相差较大时,尤其要注意立即读数,避免受气温的影响。

(2)臭。量取 100 mL 水样置于 250 mL 锥形瓶内,用温水或冷水在瓶外调节水温至 20℃左右,振荡瓶内水样,从瓶口闻其气味,用以下 6 个等级臭强度进行描述(表 3-34)。

表 3-34　臭强度等级

等级	强度	说　明
0	无	无任何臭和味
1	微弱	一般饮用者甚难察觉,但嗅、味敏感者可以发觉
2	弱	一般饮用者刚能察觉
3	明显	已能明显察觉
4	强	已有很显著的臭和味
5	很强	有强烈的恶臭或异味

注:有时可用活性炭处理过的纯水作为无臭对照水。

(3)透明度。将振荡均匀的水样立即倒入透明度计筒内至 30 cm 处,从筒口垂直向下观察,如不能清楚地看见印刷符号,缓慢地放出水样,直到刚好能辨认出符号为止,记录此时水柱高度。

(4)浊度、电导率、pH 值、ORP、DO 的测定可采用相应的便携式仪器现场测定,具体测定步骤可见仪器说明书,pH 值的粗略测定还可以用 pH 值试纸。

第四节 村镇污水处理技术

一、村镇污水物化处理技术

1. 滤池与过滤器

(1)适用范围广,可在全国各农村地区推广使用。

(2)滤池和过滤器均是利用过滤材料截留污水中的悬浮杂质,使水变清的污水处理技术,主要目的是去除污水中的固体悬浮物质。

(3)滤池和过滤器所需设备构造简单、成本低廉、运行费用省、维护操作简便。主要用于处理悬浮物浓度较低的污水,通常置于生物处理单元或混凝单元之后。

(4)对进水中悬浮物和污染物浓度有一定的要求。如果进水中悬浮物浓度过高,会导致滤速迅速降低、滤料很快堵塞、反冲洗的频率和强度增大、运行能耗和维护工作量增加;除此之外,进水悬浮物浓度过高还会造成滤料上形成生物膜、堵塞滤料,影响正常运行。

(5)滤池与过滤器的标准与做法见表 3-35。

表 3-35 滤池与过滤器的标准与做法

项目	内容
设备	滤池有多种分类方法。按滤速分为慢滤池、快滤池和高速滤池,按水流方向分为下向流、上向流和双向流等,按滤料分普通砂滤池(快滤池)、煤—砂双层滤池、煤—砂—磁铁矿(或石榴石)三层滤池和陶粒滤池等。 过滤器是成品化的一体式过滤设备,其中砂滤器应用最广泛,环保公司有售,以过滤罐形式为主,底面通常为圆形。包括纤维过滤器、双滤料高效过滤器、无阀过滤器等
滤池和过滤器	滤池由池体、滤料以及承托架、布水和集水系统等附属器材组成见表 3-36。 根据农村地区经济承载力和污水水质、水量特点,推荐采用普通滤池(快滤池)或双层滤料滤池
设计和运行参数	为了便于反冲洗,每组滤池面积不宜超过 15 m²。 (1)单层滤料。 1)有效粒径:石英砂为 1.2~2 mm。 2)过滤速度:6~10 m/h。 3)滤层高度:700~1 000 mm。 4)过滤水头:各部分高度总和。 (2)双层滤料。 1)有效粒径:无烟煤为 1.5~3 mm,石英砂为 1.0~1.5 mm。 2)过滤速度:6~10 m/h。

项 目	内 容
设计和运行参数	3)滤层高度:无烟煤 300～500 mm;石英砂 150～400 mm。 4)过滤水头:各部分高度总和。 (3)反冲洗。 1)气水同时冲洗:气 13～17 L/(m² · s),水 6～8 L/(m² · s),历时 4～8 min。 2)单独水冲洗:水 6～8 L/(m² · s),历时 3～5 min。 3)工作周期:不超过 12 h

表 3-36　滤池的组成

项 目	内 容
池体	多采用钢筋混凝土现场建造,而成形产品则多为钢结构或工程塑料材料制成。其平面多为正方形或矩形,长宽比根据构筑物总体布置和造价比来确定。保护高:0.25～0.3 m;滤层表面以上水深:1.5～2.0 m
滤料	目前,污水处理中,一般采用颗粒状滤料。污水的水质组成复杂,悬浮物的浓度往往较高,粘度也大,容易造成滤料的堵塞,因此,在滤料的选择中应注意以下几个问题: 　(1)滤料粒径宜大一些,可在 1.0～5 mm 之间选取;相应的冲洗强度也应适当增大,建议为 15～20 L/(m² · s)。 　(2)滤料的耐腐蚀性要强。滤料耐腐蚀的衡量标准,可用浓度为 1‰ 的 Na_2SO_4 溶液浸泡已称过重量的滤料 28 d,重量减少值以不大于 1‰ 为好(可以委托当地环保监测部门代为鉴定)。 　(3)滤料应具有足够的化学稳定性。滤料应不与水发生化学反应,特别是不能含有对人体健康和生产有害的物质。 　(4)滤料应具有良好的机械强度,便于就地取材,货源充足,价格低廉。常见滤料有石英砂、陶粒、无烟煤、磁铁矿、金刚砂等,其中石英砂使用最广泛
其他配件	(1)配水系统,均匀收集滤后水和均匀分配反冲洗水。多采用配水廊道。 　(2)集水系统,收集反冲洗水。 　(3)承托层,主要作用是承托滤料和配水。要求机械强度高、孔隙均匀、不被反冲洗水冲动。通常采用天然卵石或碎石,粒径在 30～40 mm 之间,厚度为 100 mm
过滤器	根据处理规模和进水水质,可购买合适型号的过滤器。过滤器也可自制,主要组件为罐体、滤料、进水管、反冲洗管、出水管和承托架。罐体一般采用钢质材料或工程塑料,与滤池相比,过滤器平面形状通常为圆形或正方形,而竖向外形通常是竖条状非偏平式;常用的滤料有石英砂和陶粒;承托架可做成穿孔板的形式,保证穿孔孔径小于滤料粒径,防止滤料随水流流失。 　过滤器一般适用于处理规模较小的分散型污水

　(6)操作人员应根据维护的要求进行定期维护和检修,包括滤池的反冲洗和其他设备的运行维护。

　(7)采用不同材质建造池体造价不同,常用滤料的基本信息见表 3-37。

表 3-37　常见滤料的基本信息

滤料	特点及适用范围	来源及成本	获取方式	备注
石英砂	密度大,机械强度高,化学性质稳定;适用于各种规模过滤池	石英矿石经破碎、水洗、酸洗、烘干和二次筛选制成;一般不超过 400 元/t	购买获得,若当地产石英砂,也可自制	可向当地环保部门咨询供货厂家和自制方法
陶粒	密度小,耐冲击,耐磨损,比表面积大,截污能力强;适用于各种规格过滤池	加工时选用的各种原材料和比例不同,加工方法也存在差异;参考价格 1 000~1 800 元/t	一般通过购买获得	可向当地环保部门咨询供货厂家
无烟煤	颗粒均匀,抗压耐磨,使用周期长;适用于双层或三层滤池	原料为煤碳,经过精选、破碎筛分等工艺加工而成;参考价格 600~800 元/t	一般通过购买获得	可向当地环保部门咨询供货厂家
磁铁矿	密度大,磨损率小;通常与无烟煤、石英砂等滤料配合使用	精选磁铁矿石加工而成;参考价格 700~900 元/t	一般通过购买获得;若当地产磁铁矿也可自制	可向当地环保部门咨询供货厂家和自制方法
金刚砂	密度大,耐酸耐磨,截污能力强;适用于双层、三层滤池	矾土、无烟煤、铁屑烧结而成;参考价格 700~900 元/t	一般通过购买获得	可向当地环保部门咨询供货厂家

2. 沉淀池

(1)适用于全国各农村地区的污水处理。

(2)沉淀池是利用重力作用将悬浮物质或活性污泥絮体从污水中分离,从而使污水得到净化的一种污水处理设施。主要目的是去除较大颗粒的无机悬浮物质和悬浮性有机污染物。

(3)沉淀技术所需构筑物结构简单,是污水处理的重要技术之一。置于污水生物处理单元之前的沉淀池称为初沉池,设置在生物处理单元之后的沉淀池称为二沉池。沉淀池可以作为污水初级处理单元,也可用于处理初期雨水。

沉淀池处理对象主要是悬浮物质(去除率在 40% 以上),同时可去除部分 BOD_5(主要是悬浮性 BOD_5)。

沉淀池作用主要是沉淀去除污水中的悬浮物,初沉池还具有调节进水水质水量的功能。

(4)沉淀池的处理效果有限,出水不能达标,一般作为预处理工艺或二沉池与其他处理技术组合使用。

(5)标准与做法。

1)沉淀设施。

沉淀技术的主要设施为沉淀池,一般分为平流式、竖流式和辐流式,此外,还有斜板和斜管沉淀池。

平流式沉淀池和竖流式沉淀池在农村小型污水处理厂较为适用。本书将重点介绍这两种类型的沉淀池。平流式沉淀池、竖流式沉淀池的优缺点和适用条件见表3-38。对于分散的农户污水处理,可采用沉淀槽。

表3-38 平流式沉淀池、竖流式沉淀池的优缺点和适用条件

沉淀设施	优点	缺点	适用条件
平流式沉淀池	(1)沉淀效果好。 (2)对冲击负荷和温度变化适应能力强。 (3)施工简易。 (4)平面布置紧凑	(1)进、出水配水不易均匀。 (2)手动排泥工作繁杂。 (3)机械刮泥易生锈腐蚀	适用于大、中、小型污水处理厂
竖流式沉淀池	(1)占地面积小。 (2)排泥方便,管理简单。 (3)适用于絮凝胶体沉淀	(1)池体深度大,施工困难。 (2)对冲击负荷和温度变化适应能力不强	适用于小型污水处理厂

2)平流式沉淀池的设计依据。

①池体的长宽比以4~5为宜,长宽比过小,池内水流均匀性差,容积效率低,影响沉淀效果,大型沉淀池可以设置导流墙。

②如果采用机械排泥,池体宽度应根据排泥设备而定。

③池体的长深比不小于8,以8~12为宜。

④池底纵坡:采用机械刮泥时不小于0.005,一般采用0.01~0.02。

⑤沉淀时间:初沉淀池一般为1.0~2.5 h,表面负荷(日平均流量)1.2~2.0 $m^3/(m^2 \cdot h)$;二次沉淀池一般为2.0~4.5 h,表面负荷0.6~1.0 $m^3/(m^2 \cdot h)$(活性污泥法后),1.0~1.5 $m^3/(m^2 \cdot h)$(生物膜法后)。

⑥有效水深多采用2.0~4.0 m。

⑦入口的整流措施可采用溢流式入流、底孔式入流、淹没孔与挡流板的组合等。

⑧集水槽中锯齿形三角堰应用最普遍,水面宜位于齿高的1/2处,堰口应设置堰板可上下移动的调整装置。

⑨进出水口处应设置挡板,高出池内水面0.1~0.15 m。进出水口处挡板淹没深度视沉淀池深度而定,进水口处一般不应少于0.25 m;出水口处一般为0.3~0.4 m。挡板位置:距进水口0.5~1.0 m,距出水口0.25~0.5 m。

3)竖流式沉淀池的设计依据。

①为了使水流在沉淀池内分布均匀,池子直径与有效水深之比(喇叭口至水面)不大于3。池子直径不宜大于8 m,一般采用4~7 m。

②中心管内水流速度不大于30 mm/s。

③中心管下口应设置喇叭口和反射板:反射板底距泥面至少0.3 m;喇叭口的直径及高度为中心管直径的1.35倍;反射板的直径为喇叭口直径的1.3倍,反射板表面与水平面的倾角为17°。

④中心管下端至反射板表面之间的缝隙高在0.25~0.5 m范围时,缝隙中污水流速,初沉池不大于20 mm/s,二次沉淀池不大于15 mm/s。

⑤当池子直径小于7 m时,澄清污水沿周边流出;直径大于或等于7 m时,需增设辐射式集水支渠。

⑥排泥管下端距池底不大于 0.2 m,管上端超出水面不小于 0.4 m。

(6)沉淀池区域应设置标示,井盖处应特别注明标记,并保证关闭状态,防止坠井事件发生。平时保证排泥管阀门处于关闭状态,定期对池底污泥进行清理。

(7)沉淀池结构较为简单,主要施工材料为钢筋混凝土,池体造价可按 500～1 000 元/m³ 进行粗略估算。

3. 混凝澄清池

(1)混凝澄清池适宜在全国农村范围内推广使用。在北方寒冷地区使用时,最好建在室内,并加以保温设施。

(2)混凝的实质是将作用机理相适应的一定数量的混凝剂投加到污水中,经过充分混合反应,使污水中微小悬浮颗粒和胶体颗粒互相产生凝聚,成为颗粒较大且易于沉淀的絮凝体,最终通过重力沉淀而去除。因此,又称为混凝沉淀。其主要目的是去除胶体悬浮物。混凝可以置于生化处理单元之后,作为去除污染物特别是除磷的强化处理单元,适用于对排水水质要求较高的地区。

(3)混凝是水处理的一个重要方法,常用来去除污水中呈胶体状和微小悬浮状态的有机和无机污染物,还可以有效去除氮、磷等易造成水体富营养化的污染物。也可以去除污水中的一些溶解性物质。

混凝沉淀技术应用广泛,在预处理、中间处理和深度处理中均有使用。其出水效果好,运行稳定,一般与沉淀或过滤联用。

(4)进水 pH 值应在所选用混凝剂的适当范围,水温不能过低。混凝剂最佳投加量会随进水水质、水量的变化而改变,需要经常调节,对运行人员要求较高。混凝生成的沉淀物需要进一步处理和处置。

(5)混凝澄清池的标准与做法见表 3-39。

表 3-39　混凝澄清池的标准与做法

项目	内　容
混凝设备	混凝沉淀设备种类较多,污水处理中可选用的设备主要有两种类型: (1)多个构筑物联用型,包括快速搅拌池、慢速搅拌絮凝池以及沉淀池。 (2)单一构筑物的一体化结构的澄清池,即搅拌、絮凝和沉淀在一个池子中进行。 后者在结构上还具有可将生成的絮体进行回流,减少混凝剂投加量和节省絮凝体形成时间的特点,因此,比较适宜在农村地区使用。 针对较大村落规模的一体式混凝设备,反应时间一般为 15～20 min,单体构筑物处理量为200～300 m³/h,直径在 9.8～12.4 m,池深 5.3～5.5 m,总容积 315～504 m³。为保证污泥滑入泥斗,底面应有一定的坡度;倒锥形污泥斗与水平面的倾斜角为 50°～60°,快、慢搅拌桨分别由电机控制,保持一定的转速;进水首先进入快速搅拌池,与混凝剂充分混合,再经过慢速搅拌形成絮凝体,最后经过沉淀去除,澄清液通过穿孔管进入出水口,最终排出混凝设备;定期进行排泥操作。池体可采用钢筋混凝土结构;搅拌桨及搅拌叶片可采用钢质材料并做防腐处理;PPR 管打孔制成穿孔管
混凝剂	混凝沉淀工艺中,所投加的混凝剂应符合混凝效果好,对人体健康无害,使用方便,货源充足和价格低廉等特点。混凝剂的种类不少于 200 种,目前主要采用的是铁盐和铝盐及其聚合物。 常用混凝剂基本信息见表 3-40

表 3-40　常用混凝剂基本信息

名称	化学式	特点	参考价格(元/t)	备注
硫酸铝	$Al_2(SO_4)_3 \cdot 18H_2O$	运输、使用方便	500~1 000	水温较低时,不易采用
聚合氯化铝 (PAC)	$[Al_2(OH)_nCl_{6-n}]_m$	混凝效率高,对 pH 值适应范围宽,低温效果好	1 200~2 000	应用最为广泛,货源较多,供选择的产品较多
三氯化铁	$FeCl_3 \cdot 6H_2O$	pH 值适应范围广,絮凝体密实,低温效果好	3 000~4 000	强腐蚀性,固体产品易潮解,注意适当保存
聚合硫酸铁 (PFS)	$[Fe_2(OH)_n(SO_4)_{3-n/2}]_m$	混凝效果好,腐蚀性远小于三氯化铁	1 500~2 000	产品需经检验无毒后才可使用

(6)混凝澄清池的维护及检查见表 3-41。

表 3-41　混凝澄清池的维护及检查

检查项目	内　　容
水温	水温对混凝效果影响明显,我国北方地区冬季天气寒冷,水温较低,造成絮凝体形成缓慢、絮凝颗粒细小且松散。在这种情况下,通常的做法是增加混凝剂的投加量和投加助凝剂,如活化硅酸,它与硫酸铝或三氯化铁配合使用可提高絮凝效果,节省混凝剂的用量
水中悬浮物浓度	当污水中悬浮物浓度很低时,颗粒碰撞速率减少,混凝效果差。当遇到这种情况时,应采取以下措施: 　(1)投加铝盐或铁盐的同时,投加如活化硅酸等高分子助凝剂; 　(2)适当投加矿物颗粒(黏土),提高颗粒碰撞速率同时增加絮凝体密度。例如无烟煤粉末,利用其较大的比表面积在澄清池内吸附去除一些杂质
pH 值	pH 值,通俗的说就是水的酸碱度,也是影响混凝效果的重要因素。采用某种混凝剂对污水进行混凝处理时,都有一个相对最佳的 pH 值,在此条件下混凝反应最快速,絮体最不易溶解,混凝效果最好。当选定某种混凝剂时,可委托附近污水厂或环保监测部门代为测定该混凝剂的最佳 pH 值,在实际操作中通过酸或碱的投加逼近此值,以保证较好的混凝效果

　(7)混凝工艺的工程造价主要是混凝反应器的建造,可选择钢筋混凝土结构,每立方米土建费用在 400~1 000 元之间。日常运行费用包括混凝药剂费用、搅拌机的电耗费用。

　4. 活性炭吸附设备

　(1)适宜在经济较发达的农村地区推广使用。

　(2)在污水处理中,把利用固体物质表面对液体中物质的吸附作用去除污水中污染物的方法称为吸附法。其目的就是利用多孔固体物质,使污水中的一种或多种物质吸附到固体物质表面而与水分离开来,从而使污水得到净化的方法。

(3)经过二级生物处理的生活污水中还残留有一些难降解的溶解性有机物,这些物质用生物处理技术难以去除。而活性炭吸附法通常置于二级生物处理单元后,作为污水深度处理工艺,主要去除溶解性有机物、表面活性剂、色度和重金属等。活性炭吸附法操作维护简单,不受地理位置和气候条件影响。

(4)对进水水质有较高要求,工程造价较高。

(5)活性炭吸附设备的标准与做法见表 3-42。

表 3-42 活性炭吸附设备的标准与做法

项目	内 容
活性炭吸附操作与设备	(1)静态活性炭吸附,即污水在不流动的条件下,进行的活性炭吸附操作。具体操作过程是把一定数量的活性炭吸附剂投放至待处理的污水中,然后不断的搅拌,待一定时间后,停止搅拌,再用沉淀或过滤的方法将污水和活性炭吸附剂分离。一次活性炭吸附后,出水水质若达不到要求,应重复上述操作。 常用的设备为水池和桶。 这种方法操作麻烦,在污水处理中已较少采用。 (2)动态活性炭吸附,即污水在流动的过程中被吸附净化。主要设备有固定床、移动床和流化床等。其中固定床是目前应用最为广泛的动态活性炭吸附方式
活性炭吸附剂	在活性炭吸附法中,用来吸附污水中污染物的固体物质叫做吸附剂,广义来说,一切固体表面都有吸附作用,但实际上,只有多孔物质或磨的很细的物质,因为具有很大的比表面积,所以才有明显的吸附能力。活性碳被认为是吸附能力强的吸附剂,也是污水处理中应用最多的吸附剂。活性碳是用含碳为主的物质,如木材、煤等作原料,经过高温炭化和活化而成的疏水性吸附剂,表观呈黑色。 活性碳的表面布满大小不同的小孔,这些细微的小孔有效半径一般在 1～10 000 nm 之间,分为小孔(半径在 2 nm 以下);过渡孔(半径在 2～100 nm);大孔(半径在 100～10 000 nm)。小孔的表面积占比表面积的 95% 以上,因此活性碳的吸附量主要靠小孔来支配,大孔的作用是将污水导入,使其进入小孔的功能区。活性碳按大小不同分为粒状和粉状两种,粒状的颗粒直径介于0.15～4mm之间,污水处理中多使用粒状活性炭,粒径为 0.5～2 mm;粉状的粒径为 0.074 mm

(6)经过一段时间的使用后,活性炭逐渐达到饱和吸附状态,进水由于得不到有效的吸附净化,导致出水的水质越来越差。这时,应将达到饱和吸附状态的活性碳排出吸附设备,装填新的活性碳吸附剂。有条件的农村地区,可将部分购买的活性碳吸附剂送至相关环保监测部门,进行吸附剂的穿透实验,以便较为准确地估计吸附剂的用量,并根据所处理污水的水质、水量估算吸附剂的寿命。

(7)活性碳吸附工艺设备简单,操作方便;活性炭的种类较多,各类产品的价格差异较大,较便宜的粉末活性炭大约为 3 000 元/t,颗粒活性炭的价格可达到 6 000 元/t,各农村应根据自身的实际情况选择适宜的活性碳。

5. 氯消毒、臭氧消毒、紫外线消毒设备、含氯消毒药片

(1)适宜在全国农村地区推广使用。

(2)消毒是指消除水中可能对人体健康造成危害的致病微生物,包括病菌、病毒及原生动

物胞囊等。目的是净化水环境卫生,防止疾病的暴发。

(3)污水经过二级处理后,水质已得到明显改善,不仅悬浮物、有机物、氨氮等污染物浓度大大降低,而且细菌等病原微生物也得到了一定程度的去除。但是细菌总数仍然较大,存在病原菌的可能性很大。因此在对细菌总数有严格要求的地区,需要增加消毒单元。特别是位于水源地保护区及其周边的村镇,风景旅游区村镇,夏季或流行病的高发季节更应严格进行消毒操作,减少疾病发生概率。

(4)对进水水质有严格限制,需要配备专门的操作人员,而且会增加相关运行和管理费用。

(5)污水消毒主要是向污水中投加消毒剂。目前应用较多的消毒剂有氯(包括液氯、次氯酸钠、二氧化氯)、臭氧和紫外线等,常用消毒剂的标准与做法见表 3-43。

项目	内　容
液氯、次氯酸钠、二氧化氯、含氯消毒药片	液氯消毒是水处理中最常见的消毒方法,具有效果可靠,价格便宜等优点。然而,近年来的研究表明,氯化形成的某些消毒副产物对水生物有毒害作用,甚至形成致癌物。氯消毒工艺涉及构筑物较多,对药物投加量有严格的控制,出水中必须保证一定的余氯含量,维护操作复杂,需专门配备人员监测余氯含量、调整运行参数或配置自动投加与检测设备,适合经济发达、基础设施完善、劳动力素质较高的农村地区选用。 次氯酸钠、二氧化氯与液氯的消毒机理基本相同。次氯酸钠消毒是用海水或浓盐水作原料制备次氯酸钠;二氧化氯消毒是用盐酸为原料制备二氧化氯。这两种方式都是现场制备消毒剂,使用较为方便,投加量容易控制。但需要发生器与投配设备,配置过程复杂、操作步骤繁多、运行成本高,需要专门操作人员。含氯消毒药片投加后缓慢,溶解消毒,较适合农村管理水平
臭氧	臭氧由 3 个氧原子组成,具有极强的氧化能力,也是除氟之外最活泼的氧化剂,可以杀灭抵抗力很强的微生物如病毒、芽孢等;而且具有很强的渗透性,可渗入细胞壁,通过破坏细菌有机体链状结构导致细菌的死亡。 臭氧消毒效率高,接触时间少(15 min),并可以有效地降解污水中残留的有机物、色、味等,且不产生难处理或生物累积性残余物。一般适用于对出水水质要求高,受纳水体对卫生指标有严格要求的小型污水处理厂。 臭氧消毒的主要设备是臭氧发生器。目前,市场上臭氧发生器型号、规格较多,国产与进口均有,进口臭氧发生器质量好,臭氧产生率高,但价格比国产同类产品贵很多。在设备选型中可根据实际处理水量、水质和出水水质的要求选择合适的产品。接触反应池应保证一定的深度,并严格密封。由于臭氧具有强腐蚀性,因此需对剩余臭氧进行吸收;此外臭氧不能贮存,需现用现制
紫外线消毒	水银灯发出的紫外光,可以穿透细胞壁并与细胞质反应而达到消毒的目的。紫外线消毒速度快、效率高,实验表明,在紫外线照射下,1 min 内就可杀菌;对大肠杆菌和细菌总数的杀灭率分别可达到 98% 和 96%;对液氯法难以杀死的芽孢与病毒紫外线均可以去除。经过紫外消毒的水,在物理性质和化学组成上不会发生改变,也不会增加任何气味。另外,紫外线消毒工艺所需要的设备简单、单元构筑物少、操作管理方便,而且主要针对处理规模较小的污水处理厂,因此非常适合在农村地区使用。 常见消毒方法优缺点及其他信息见表 3-44

· 第三章 村镇排水与污水处理工程 ·

表 3-44　常见消毒方法优缺点及其他信息

	优点	缺点	适用范围	投资及运行成本
液氯	效果可靠,价格便宜	余氯对生物有毒害,易产生致癌物	中等以上规模污水处理厂	低
臭氧	消毒效率高,并可有效去除残留有机物、色、味等,不产生难处理残余物	投资大,成本高	对出水卫生指标要求较高的小型处理厂	高
紫外线	消毒效率非常高,可杀死芽孢、病毒等,不改变水体化学组成,操作简单	货源不足,电耗较大	小型规模处理系统	较高
次氯酸钠二氧化氯	使用方便,投加量容易控制	需要配置发生器与投配设备,操作复杂,成本较高	中、小型污水处理厂	较低
含氯消毒药片	—	目前厂家不多	分散污水处理设施	较低

臭氧消毒和紫外线消毒较适合农村地区使用。其维护操作方便,只需检查消毒设备工作是否正常运行即可,但是费用较高。含氯药片适合在农村使用。

(6)一般来说,同样处理村落规模的生活污水,如 200 m³/d,若采用臭氧消毒法,购买进口臭氧发生器要 50 万元左右,国产的价格在 10 万元以内;紫外线消毒设备的参考价格在 1 万～10 万元;次氯酸钠配置设备和运行费用较为便宜,设备(投药泵和混合罐)一般在 5 000 元以下,运行费用 0.10 元/m³ 以下,但药剂的有效期为 30 天,需要定期购买和配置药剂,管理较为麻烦。

二、村镇污水生物处理技术

1. 化粪池

(1)化粪池的应用不受气温、气候和地形的限制(因建在地下,便于恒温或采取保温措施),可广泛应用于我国各地农村污水的初级处理,特别适用于生态卫生厕所的粪便与尿液的预处理。

(2)化粪池是一种利用沉淀和厌氧微生物发酵的原理,以去除粪便污水或其他生活污水中悬浮物、有机物和病原微生物为主要目的的污水初级处理小型构筑物。污水通过化粪池的沉淀作用可去除大部分悬浮物,通过微生物的厌氧发酵作用可降解部分有机物,池底沉积的污泥可用作有机肥。通过化粪池的预处理可有效防止管道堵塞,亦可有效降低后续处理单元的有机污染负荷。

化粪池根据建筑材料和结构的不同主要可分为砖砌化粪池、现浇钢筋混凝土化粪池、预制钢筋混凝土化粪池、玻璃钢化粪池等。根据池子形状可以分为矩形化粪池和圆形化粪池。根据池子格数可以分为单格化粪池、两格化粪池、三格化粪池和四格化粪池等。

(3)化粪池具有流程合理、结构简单、易施工、造价低、无能耗、运行费用省、卫生效果好、维护管理简便等优点,地埋式化粪池其上面种植花草可美化环境,不占地表面积。

化粪池适用性强,可广泛应用于办公楼、民用住宅、旅馆、学校、疗养院等生活污水的初级预处理,也可应用于公园景观园区粪尿污水的预处理,还适用于农村农户畜禽养殖污水的处理。农村旱厕改水冲厕所后,宜接化粪池。

(4)沉积污泥多,需定期进行清理;沼气回收率低,综合效益不高;产生臭气,需采取密封措施;污水易泄漏污染地下水,必须加防渗措施。化粪池不宜处理悬浮物和污染物浓度过低的污水,如单纯的洗浴污水等,也不宜处理瞬时流量过大的污水如初期雨水等。化粪池处理效果有限,出水水质差,一般不能直接排放水体,需经后续好氧生物处理单元或生态技术单元进一步处理。

(5)化粪池的标准与做法见表3-45。

表3-45　化粪池的标准与做法

项目	内　　容
化粪池的设计	当化粪池污水量小于或等于 10 m³/d,首选两格化粪池,第一格容积占总容积 65%~80%,第二格容积占 20%~35%;若化粪池污水量大于 10 m³/d,一般设计为三格化粪池,第一格容积占总容积的 50%~60%,第二格容积占 20%~30%,第三格容积占20%~30%;若化粪池污水量超过50 m³,宜设两个并联的化粪池。化粪池容积最小不宜小于 2.0 m³,且此时最好设计为圆形化粪池(又称化粪井),采取大小相同的双格连通方式,每格有效直径应大于或等于1.0 m。 另外,化粪池水面到池底深度不应小于 1.3 m,池长不应小于 1 m,宽度不应小于 0.75 m
化粪池的结构与原理	化粪池中应用较广泛的为三格化粪池,其典型结构如图3-8所示。 污水通过化粪池入口进入化粪池,污水中较大的悬浮颗粒(包括粪便)和寄生虫卵首先沉降,较小的悬浮物逐渐厌氧发酵分解,使有机物转化为稳定腐熟污泥可作为肥料,从而起到简易净水的作用。其中第一格的主要作用是粪渣截留、有机物发酵和寄生虫卵沉降;第二格的主要作用是有机物的继续发酵分解和病原微生物的厌氧灭活;第三格主要起储肥和环保的作用
化粪池材料	传统砖砌化粪池内外墙可采用 1:3 水泥砂浆打底,1:2 水泥砂浆粉面,厚度 20 mm。 钢筋混凝土化粪池主要材料为钢筋和混凝土,还有配套的 PVC 或混凝土管道。 玻璃钢化粪池是一种新型化粪池,其池身采用有机树脂等高分子复合材料与高强度玻璃钢纤维材料复合制成
化粪池设备选型	化粪池有效容积从 2 m³ 至 100 m³ 不等,应根据当地地下水位和化粪池是否设在交通道路以下来采用相应的化粪池型号;根据当地地质条件、周围环境要求(如是否容许渗漏)和当地原材料供应等情况,确定采用砖砌或钢筋混凝土化粪池;根据当地气候和工期要求,确定采用现浇钢筋混凝土化粪池或预制成品化粪池。 根据《给水排水标准图集》(S5),化粪池型号由 5 个标注代号组成,即×—××××。第 1 个代号表示池型编号,第 2 个表示有效容积,第 3 个表示隔墙过水孔高度,第 4 个表示地下水情况,第 5 个表示地面活荷载情况

项 目		内　　容
化粪池的施工方法		化粪池的施工方法见表 3-46
其他注意事项	化粪池的设计与施工	因化粪池工程量小,其设计、施工与验收长期没有给予足够的重视,存在一系列安全隐患,值得注意的事项主要有以下几点: 　　(1)化粪池的设计应由给排水、土建工程和结构工程等专业设计人员共同完成。 　　(2)化粪池的设计应与村镇排污和污水处理系统统一考虑设计,使之与排污或污水处理系统形成一个有机整体,以便充分发挥化粪池的功能。 　　(3)化粪池的平面布置选位应充分考虑当地地质、水文情况和基底处理方法,以免施工过程中出现基坑护坡塌方、地下水过多而无法清底等问题。 　　(4)化粪池距地下给水排水构筑物距离应不小于 30 m,距其他建筑物距离应不小于 5 m,化粪池的位置应便于清掏池底污泥。 　　(5)建立健全化粪池运行和检修等资料档案的管理制度,以备查阅和及时发现问题
	成品化粪池的安装与施工	对于成品化粪池的安装与施工需注意的事项包括: (1)安装前应对设备的型号和完整性以及进出水管管径等进行检查验收。 (2)安装前检查开挖的坑槽深度是否符合工程标高设计要求。 (3)设备吊装就位时检查进出口方向是否正确。 (4)设备安装就位后灌水达 1/2 后再进行回填土,目的是在回填时使设备内外受压平衡。 (5)回填土应达到一定的密实程度,这直接影响设备的使用以及下道工序的做法。 (6)回填土达到标准后设备内的水应距顶部 30~40 cm

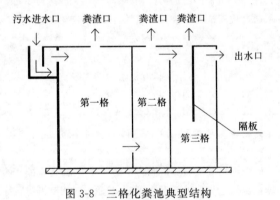

图 3-8　三格化粪池典型结构

表 3-46　化粪池的施工方法

项 目	内　　容
开挖坑槽	根据设备的型号大小,在适当的场地测量放线,进行放坡后机械或人工开挖。放坡大小根据当地土质情况和设备顶部需覆土的厚度而定;基槽深度由设备型号、尺寸与污水连接管管口标高决定;所挖出的土必须距槽四周 5 m 以外,防止土的侧压造成塌方事故;遇到地下水时应对地下水进行排除,排干地下水后对基槽底进行夯实、铺砂、防渗等基底处理

项目	内 容
安装化粪池	首先测量管底标高,根据设备型号的直径计算挖槽深度及与污水管道相连接的进出水口标高,在计算标高时,要预留槽底 200 mm 铺砂尺寸;然后对基槽底进行探钎,根据设备型号的长度最低不应少于 3 个点,深度 600～800 mm;之后进行基层夯实,铺砂 200 mm 厚并平整,砂内不允许有尖角、石块等杂物;最后吊装就位,并测定设备水平度,如不平应进行调整,使之水平
分层回填土	回填土之前必须将池内灌水 1/2,回填土要达到规范要求的密实度;回填土时,设备底部两侧必须用人工塞实,随填随塞(夯)实,填到 30～50 cm 以上时,每 30 cm 必须夯实一次;回填到设备 1/2 后,往设备内继续灌水,距设备顶部 40～50 cm 后再进行回填土,每 30 cm 进行一次夯实,直至与设备顶部相平;设备回填后的地面未处理前,绝不允许车辆通过;回填土的质量必须符合回填土验收规范,绝不允许用建筑垃圾作为回填土使用;土中的尖角、石块和硬杂物等必须剔出,回填用力应均匀,切忌局部猛力冲击
砌清掏孔	砌清掏孔在回填土之前或之后进行均可,进出水口位置由施工单位现场开口并连接
砌连接井	在距池体 1 m 左右的位置砌筑设备进出口连接井,井底垫层夯实后浇筑混凝土底板,井中作流槽,并严格执行工程设计标高;化粪池管可采用 PVC 或波纹管直接砌入井壁内,管外壁与设备连接处必须打毛后用树脂胶加玻纤布封闭连接

(6)化粪池的日常维护检查见表 3-47。

表 3-47 化粪池的日常维护检查

项目	内 容
水量控制	化粪池水量不宜过大,过大的水量会稀释池内粪便等固体有机物,缩短了固体有机物的厌氧消化时间,会降低化粪池的处理效果;且大水量易带走悬浮固体,易造成管道的堵塞
防漏检查	应定期检查化粪池的防渗设施,以免粪液渗漏污染地下水和周边环境
防臭检查	化粪池的密封性也应进行定期检查,要注意化粪池的池盖是否盖好,避免池内恶臭气体溢出污染周边空气
清理格栅杂物	若化粪池第一格安置有格栅时,应注意检查格栅,发现有大量杂物时应及时的清理,防止格栅堵塞
清理池渣	化粪池建成投入使用初期,可不进行污泥和池渣的清理,运行 1～3 年后,可采用专用的槽罐车,对化粪池池渣每年清抽一次
其他注意事项	在清渣或取粪水时,不得在池边点灯、吸烟,以防粪便发酵产生的沼气遇火爆炸;检查或清理池渣后,井盖要盖好,以免对人畜造成危害

(7)化粪池类型和材质不同,其造价亦不同。国标砖砌化粪池与预制钢筋混凝土组合式化粪池的单池价格预算见表 3-48。

表 3-48　国标砖砌化粪池与预制钢筋混凝土组合式化粪池的单池价格预算

容积(m³)	15	20	30	40	50	100
国标化粪池(万元)	1.4	1.4	2.0	2.5	3.1	6.3
预制化粪池(万元)	0.8	1.2	1.6	2.1	2.5	4.9

2. 氧化沟

(1)氧化沟适合村落和集镇的污水处理。寒冷地区需要增设保暖措施。

(2)氧化沟的技术局限性。

1)适合村镇污水处理的氧化沟技术出水水质一般为《城镇污水处理厂污染物排放标准》(GB 18918—2002)中的二级标准,如果受纳水体有更严格的要求,则需要进一步处理。

2)对于冬季温度在零度以下的寒冷地区,需要地埋保暖措施或建于室内。

3)氧化沟工艺的设计和建设需要相关专业人员协助。

(3)氧化沟因其构筑物呈封闭的环形沟渠而得名。它是活性污泥法的一种变型。因为污水和活性污泥在沟中不断循环流动,因此也称其为"循环曝气池"和"无终端曝气池"。氧化沟通常按延时曝气条件运行,以延长水和生物固体的停留时间和降低有机污染负荷。氧化沟通常使用卧式或立式的曝气和推动装置,向反应池内的物质传递水平速度和溶解氧。

由于氧化沟具有结构简单、运行管理简便和费用低等优点,氧化沟技术广泛应用于世界各地、不同类型的污水处理。新型氧化沟也不断出现,如:卡罗塞尔氧化沟、奥贝尔氧化沟、射流曝气氧化沟、障碍式氧化沟、T形(又称三沟式)、D形(又称双沟式)、DE形氧化沟、一体化氧化沟以及将曝气与推动循环流动功能相分离的氧化沟工艺。

在上述种类繁多的氧化沟工艺中,氧化沟和一体式合建氧化沟更适合农村经济状况和技术水平。污水经过该氧化沟工艺的处理,出水通常能达到或优于《城镇污水处理厂污染物排放标准》(GB 18918—2002)中的二级标准。

(4)氧化沟的技术特点与适用情况见表 3-49。

表 3-49　氧化沟的技术特点与适用情况

项目	内　　容
构造特征	(1)氧化沟一般呈环形沟渠状,平面形状多为椭圆或圆形,沟渠断面可为梯形或矩形;池体狭长,根据处理规模不同,总长可为几米到数百米以上。 (2)氧化沟材料多采用钢筋混凝土;为了节省投资,也可以采用砖砌或挖沟后做防渗处理。 (3)氧化沟的曝气和推流装置一般采用表面曝气器,包括转刷、转碟和表面曝气机。目前也有采用水下推流和微孔曝气的氧化沟
工艺特征	(1)在流态上,氧化沟介于完全混合式与推流式之间,从水流动来看是推流式,由于流速快,可达 0.25～0.35 m/s,进水与沟内混合液快速混合,因此氧化沟的流态又是完全混合式。 (2)水力停留时间长,有机负荷低,运行稳定,处理水质良好。 (3)采用延时曝气法运行,污泥产率低,剩余污泥量少。

项 目	内 容
工艺特征	(4)污泥龄长,达 15～30 d,为传统活性污泥系统的 3～6 倍。因此在反应器内能够存活增殖世代时间长的细菌如硝化菌和反硝化菌等,在沟内可发生硝化反应和反硝化反应,使氧化沟具有较强的脱氮能力。同时,氧化沟这种封闭循环式的结构能够交替产生好氧/缺氧区域,因而特别能满足污水的脱氮要求。 (5)对水温、水质和水量的变化有较强的适应性。 (6)工艺操作管理方便。可不设置初沉池,污水只经过格栅和沉砂池即可进入氧化沟。主要设备是氧化沟沟体和二沉池,设施少,工艺流程简单,操作和维护管理比较容易。在各种活性污泥处理系统中,氧化沟的维护管理最为简单,产生机械故障的可能性也相对较小。 (7)氧化沟可建在寒冷的地方,当冬季气温为−20℃时仍可使用,只要将电机和曝气器适当加以屏护,沟内水即不会结冻。但对于农村小规模氧化沟,其抵抗寒冷的能力下降,需要地埋保暖或放置在室内
适用情况	氧化沟技术不受地形、水文和气候的影响,可广泛应用于我国各地的农村污水处理。氧化沟技术适宜于村落和集镇污水的集中处理,但规模过小将导致单位污水处理费用增加

(5)氧化沟的标准与做法。针对农村现有的经济状况和技术水平,重点介绍氧化沟和一体式合建氧化沟。

1)工艺构型见表 3-50。

表 3-50　工艺构型

项 目	内 容
氧化沟	氧化沟的形状为环形沟渠,沟上安装一个或数个转刷,通过转刷推动混合液在沟内循环流动,并充氧。 为保证活性污泥呈悬浮状态,沟内平均流速应在 0.3 m/s 以上。混合液在沉淀池进行泥水分离,污泥回流到氧化沟中,因农村管理水平有限,剩余污泥宜定期排放并做适当处理。 沉淀池可以采用常用的竖流沉淀池或平流沉淀池
一体化氧化沟	与传统氧化沟相比,一体化氧化沟具有以下特点: (1)二沉池与氧化沟合建,且同液分离效率比一般二沉池高,可减少 20%～30%的占地面积。 (2)省去污泥回流泵房及相关辅助设施和管道系统,可节约基建投资。 (3)设施简化、无污泥回流泵,节省能耗,运行维护费用和管理难度降低,尤其适合农村村落小水量污水的分散处理。 一体化氧化沟需要专门的固液分离装置,按同液分离装置的位置分为沟内分离器型和沟外分离器型。沟内分离器型比较典型的是 BMTS 和 BOAT

2)设计参数。

氧化沟所需的池体大小和运行条件可由以下参数粗略计算:

污水停留时间:8~24 h;

污泥停留时间:15~30 d;

氧化沟内溶解氧:2.0~4.0 mg/L;

沟内流速:0.25~0.35 m/s;

沟内污泥浓度:2 000~6 000 mg/L。

3)施工材料及方法。

①氧化沟。氧化沟沟渠的平面形状可以采用圆形沟渠、椭圆形沟渠、直沟渠或其组合。

②氧化沟的主要设备。对于推荐的适合农村的氧化沟沟型,主要设备是曝气设备和一体化氧化沟的固液分离器见表3-51。

表3-51　氧化沟的主要设备

设备	内　　容
曝气设备	氧化沟机械曝气设备除具有良好的充氧性能外,还具有混合和推流作用,因此,设备选型时要注意充氧和混合推流之间的协调。其中,适合农村的曝气设备推荐采用转刷曝气机和转盘曝气机。 (1)转刷曝气机,包括转刷以及电动机和减速传动装置。转刷通常用于水深较浅的氧化沟,有效水深在2.0~3.5 m。近几年开发的水下推进器配合转刷,能增加氧化沟的水深,达4.5 m左右。 (2)转盘曝气机,包括转盘以及电动机和减速传动装置。一般以热轧无缝钢管或不锈钢管为转轴,转盘一般由玻璃钢和高强度工程塑料压铸成型。通常转盘曝气机的充氧能力和动力效率大于转刷曝气机,氧化沟的水深可以大于4.0 m
固液分离器	固液分离器是一体化氧化沟的专有设备,其表面负荷一般大于二沉池,为30~50 m³/(m²·d)

(6)氧化沟的建设成本主要包括池体建设和购置设备。一般钢筋混凝土池体的建设费用为600~1 000 元/m³,不同地区或池体埋地与否会有差别,采用钢板或玻璃钢池体的造价约为850 元/m³。

转刷的费用为15 000~30 000 元/m,如果自行加工,会大幅度节省费用。转盘的费用相对贵一些。

3. 生物接触氧化池

(1)生活接触氧化池适合在全国大部分农村地区推广使用。装置最好建在室内或地下,并采取一定的保温措施。生物接触氧化池工艺的设计和建设需要相关专业人员实施。

(2)生物接触氧化池是从生物膜法派生出来的一种污水生物处理方法。主要是去除污水中的悬浮物、有机物、氨氮等污染物,常作为污水二级生物处理单元或二级生物出水的深度处理单元。

生物接触氧化技术有两个关键点:

1)在生物接触氧化池内装填一定数量的填料,污水淹没全部填料,并以一定的速度流经填料。在填料上形成含有微生物群落的生物膜,污水与生物膜充分接触,生物膜上的微生物利用氧气,在自身新陈代谢的同时,将污水中的污染物去除,使水质得到净化。

2)采用曝气的方法,即通过空压机或其他鼓风曝气设备向污水通入空气;一方面给微生物的生长提供足量的氧气,另一方面起到搅拌和混合的作用。

(3)生物接触氧化池的工艺特征与运行特征见表 3-52。

表 3-52　生物接触氧化池的工艺特征与运行特征

项目	内　容
工艺特征	生物接触氧化池工艺使用多种形式的填料作为载体,在曝气的作用下,反应池内形成液、固、气三相共存体系,有利于氧的转移,溶解氧充沛,与活性污泥法相比,生物接触氧化池填料上附着的生物膜具有易于微生物生长栖息、繁衍的安静稳定环境,无需承受强烈的搅拌冲击,适于活性微生物的增殖。 　　生物膜固着在填料上,其生物固体平均停留时间(污泥龄)较长,因此在生物膜上能够生长世代时间较长、比增殖速度很小的微生物,例如硝化菌等,有利于氨氮等污染物的去除。 　　生物膜上的微生物种类丰富,除了细菌和多种属的原生生物和后生生物外,还可以生长氧化能力较强的球衣菌属的丝状菌,形成密集的生物网,对污水起到类似"过滤"的作用,提高了净化效果。 　　在曝气作用下,生物膜表面不断的被气流吹脱,有利于保持生物膜的活性,抑制厌氧膜的增殖,也宜于提高氧的利用率,保持较高浓度的活性生物量
运行特征	(1)生物接触氧化池工艺对水质、水量波动有较强的适应性,这已经在很多工程实际运行中得到证实。即使在运行中,有一段时间中断进水,对生物膜的净化功能也不会造成致命的影响,在重新进水后可以较快地得到恢复。 　　(2)与活性污泥法相比,生物接触氧化池能够处理低浓度废水,例如当原污水中的 BOD_5 值长期低于 60 mg/L 时将影响活性污泥絮凝体的形成和增长,降低净化功能,出水水质差。但生物接触氧化池对此低浓度污水有较好的处理效果,正常运行时能将进水 BOD_5 为 20～30 mg/L 的污水降至 5～10 mg/L。 　　(3)剩余污泥量低,污泥颗粒大、易于沉淀,无污泥膨胀之忧,操作简单、运行方便、易于日常运行与维护

(4)生物接触氧化池的技术局限性。

1)生物接触氧化池对磷的处理效果较差,出水总磷不能达标,对总磷指标要求较高的农村地区应配套建设出水的深度除磷系统。

2)设计和运行时,需要合理布置曝气系统,实现均匀曝气。

3)填料装填要合理,防止堵塞。

(5)生物接触氧化池的标准与做法见表 3-53。

表 3-53　生物接触氧化池的标准与做法

项目	内　容
工艺流程确定	生物接触氧化池处理技术的工艺流程,一般分为:一段处理流程、二段处理流程和多段处理流程。 　　(1)一段处理流程(处理单户或几户),原污水经过初次沉淀池处理后进入生物接触氧化池,经生物接触氧化池处理后进入二次沉淀池,在二次沉淀池进行泥水分离,分离出的澄清水则作为处理水排放。生物接触氧化池的流态为完全混合型,微生物处于对数增殖期和减衰增殖期的前段,生物膜增长较快,有机物降解速率也较高。一段处理流程的生物接触氧化池处理技术流程简单,易于维护运行,投资较低,适合单户或几户规模的污水处理。

项目	内 容
工艺流程确定	(2)二段处理流程的每座生物接触氧化池的流态都属于完全混合型,而结合在一起考虑又属于推流式。在一段接触氧化池的 F/M 值应高于 2.1,微生物增殖不受污水中营养物质的含量所制约,处于对数增殖期,BOD_5 负荷率亦高,生物膜增长较快。在二段生物接触氧化池内 F/M 值一般为 0.5 左右,微生物增殖处于减衰增殖期或内源呼吸期。BOD_5 负荷率降低,出水水质得到提高。二段池适合村落规模的小型污水处理厂采用。 (3)多段生物接触氧化池处理是由连续串联 3 座或 3 座以上的生物接触氧化池组成的系统,适合少数人口规模较大的行政村采用。从总体来看,其流态应按推流考虑,但每一座生物接触氧化池的流态又属于完全混合。由于设置了多段生物接触氧化池,在各池间明显地形成有机污染物的浓度差,这样在每池内生长繁殖的微生物,在生理功能方面,适应于流至该池污水的水质条件;这样有利于提高处理效果,能够取得非常稳定的出水。经验表明,这种流程经过调整优化,除了有机物外,还有硝化和反硝化功能
工艺选型	目前,生物接触氧化池在形式上,按曝气装置的位置分为分流式与直流式;按水流循环方式,分为填料内循环与外循环式。 (1)分流式生物接触氧化池,其特点是污水在单独的隔间内进行充氧,在此进行激烈的曝气和氧的转移;充氧后,污水又缓缓流经填充有填料的另一隔间,与填料上的生物膜充分接触。这种外循环方式使污水多次反复地通过充氧与接触两个过程,溶解氧充足,营养条件好,加之安静的环境,有利于微生物的生长繁殖。但是这种构型,使得填料间水流速度缓慢,冲刷力小,生物膜更新缓慢,而且易于逐渐增厚形成厌氧层,产生堵塞现象,在高 BOD_5 负荷下不宜采用。 (2)直流式生物接触氧化池,其特点是直接在填料底部曝气,在填料上产生上向流,生物膜受到气流的冲击、搅动,加速脱落、更新,使生物膜经常保持较高的活性,而且能够避免堵塞现象的产生。此外,上升气流不断地与填料撞击,使气泡反复切割,大气泡变为多个小气泡,增加了气泡与污水的接触面积,提高了氧的转移率
设计要点	我国主要采用直流式生物接触氧化池,生物接触氧化池是由池体、填料、支架及曝气装置、进出水装置以及排泥管道等部件组成。 (1)池体及内部构筑体。 1)池体底面多采用矩形或方形,长与宽之比应该在(1∶2)~(1∶1)之间。 2)池子个数或分格数一般不少于 2 个,每格面积不宜大于 25 m^2。 3)污水在池内的有效接触时间一般为 1.5~3.0 h。 4)容积负荷一般采用 1 000~1 500 g BOD_5/(m^3·d)。 5)填料分层装填,一般不超过 3 m。 6)溶解氧一般维持在 2.5~3.5 mg/L 之间,气水比(15∶1)~(20∶1)。 7)单户或几户规模的池体可用 PVC 塑料材料,村落以上规模的生物接触氧化池应采用钢板焊接制成或用钢筋混凝土浇灌砌成。生物接触氧化池进水端应设置导流槽,导流槽与生物接触氧化池应采用导流板分隔,导流板下缘至填料底面的距离推荐为 0.15~0.4 m。出水一侧斜板与水平方向的夹角应在 50°~60°之间。

项目	内　　容
设计要点	8)生物接触氧化池应在填料下方均匀曝气,推荐采用穿孔管曝气,每根穿孔管的水平长度不宜大于 5 m,穿孔管材质可选择 PVC 塑料管或不锈钢管,用电钻打孔制成。为防止堵塞,曝气时应保证开孔朝下。最好配置调节气量的气体流量计和方便维修的设施。生物接触氧化池底部应设置放空阀。 9)若采用二段式时,污水在第一生物接触氧化池内的接触反应时间占总时间的 2/3 左右,第二段占 1/3。 (2)填料的合适与否是决定生物接触氧化池处理效果好坏的关键。选择填料时应注意以下几点: 1)在水力特性方面,比表面积大、孔隙率高、水流通畅、良好、阻力小、流速均一。 2)在生物膜附着性方面,应具备良好的挂膜效果,外观形状规则、表面粗糙程度较大等特点。 3)化学与生物稳定性强,经久耐用,不溶出有害物质,不产生二次污染。 4)货源稳定充足,价格低廉,便于运输与安装等。 填料的种类可按形状、性状及材质等方面进行区分。在形状方面,可分为蜂窝状、束状、筒状、列管状、波纹状、板状、网状、盾状、圆环辐射状以及不规则粒状和球状等。按性状分,有硬性、半软性、软性等。按材质分,则有塑料、玻璃和纤维等。 (3)设计尺寸推荐。表 3-54 中给出了不同处理规模的生物接触氧化池的设计参数,供参考。其中村落级别的生物接触氧化池也可设计成二段式

表 3-54　不同处理规模接触氧化池的设计参数

规模	池体尺寸	适宜填料	施工材料	备注
单户	底面积 0.3~0.5 m²,池高 1.0~1.5 m,填料层高度 0.6~1.0 m	软性 半软性	PVC 或钢板	均匀曝气
多户	底面积 2.0~4.0 m²,池高 1.2~1.8 m,填料层高度 0.8~1.3 m	半软性 软性	PVC 或钢板	均匀曝气
村落	底面积 10~15 m²,池高 2.5~3.0 m,填料层高度 1.8~2.2 m	球形 蜂窝	钢板或钢筋混凝土	二段式曝气

(6)经过格栅去除污水中表面漂浮物和大颗粒悬浮物,再经过初沉池调节进一步去除固体悬浮物后,泵入生物接触氧化池。

1)系统启动。系统启动时,投加附近污水处理厂的好氧区污泥,或加入粪水,闷曝 3~7 d 后开始少量进水,并观察检测出水水质,逐渐增大进水流量至设计值,同时调整曝气量,保持一定的气水比(15∶1)~(20∶1),如果有条件应检测反应池内溶解氧含量,使其在 2.0~3.5 mg/L 之间为宜。

2)日常维护。正常运行时,需观察填料载体上生物膜生长与脱落情况,并通过适当的气量调节防止生物膜的整体大规模脱落。确定有无曝气死角,调整曝气头位置,保证均匀曝气。定期察看有无填料结块堵塞现象发生并予以及时疏通。

定期对二沉池中污泥进行处理,可以由市政槽车抽吸外运处理,也可用做农田施肥。

(7)生物接触氧化池的一次性投资主要是池体的建造和填料的购买;而各种不同填料价格差异明显。在运行成本上,生物接触氧化池要低于传统活性污泥法和氧化沟工艺。在占地方面,生物接触氧化池也体现了占地面积小的优势。此外,有报道表明二段式生物接触氧化池在污泥稳定性、水力负荷以及设备来源上相比传统活性污泥法和氧化沟工艺均有一定的优势;其突出的优势是耗电量仅 $0.2\sim0.45(kW \cdot h)/m^3$,而且出水水质好。这些特点非常符合农村地区经济来源缺乏和操作维护人员有限的现状。

4. 生物滤池

(1)生物滤池的工艺特点与类别见表3-55。

表 3-55　生物滤池的工艺特点与类别

项目		内　　容
工艺特点		生物滤池设计上采用自然通(拔)风供氧,不需要机械通风设备,省了运行成本。生物滤池工艺是利用污水长时间喷洒在块状滤料层的表面,在污水流经的表面上会形成生物膜,等到生物膜成熟后,栖息在生物膜上的微生物开始摄取污水中的有机物作为营养,在自身繁殖的同时,污水得到净化
类别	普通生物滤池	早期出现的生物滤池,负荷较低,水量负荷只有 $1\sim4\ m^3/(m^2滤池 \cdot d)$,$BOD_5$负荷也只有 $0.1\sim0.4\ kg/(m^3滤料 \cdot d)$,这种滤池称为普通生物滤池。 优点是净化效果好,$BOD_5$去除率可达 $90\%\sim95\%$。 缺点是占地面积大、易堵塞,产生滤池蝇,恶化环境卫生,而且喷洒污水时散发臭味。 因此普通生物滤池在实际应用中使用很少,并有逐渐被淘汰之势
	高负荷生物滤池	在运行方面采取措施,提高水量和 BOD_5 负荷,采取处理水回流措施,降低进水浓度,保证进水的 BOD_5 在 200 mg/L 以下,保证滤料在不断被冲刷下,生物膜得以不断脱落更新,占地大、易堵塞的问题得到一定程度的缓解。这种提高负荷后的生物滤池被称为高负荷生物滤池。 主要的工艺特点是保证进水的 BOD_5 低于 200 mg/L,为此,常采用处理水回流加以稀释,这种方法可以使进水水质均匀和稳定化;加速生物膜的更新换代,防止厌氧层的生长,保持生物膜的活性。有效抑制滤池蝇的过度滋生,减少臭味

(2)污水进入生物滤池前,必须经过预处理降低悬浮物浓度,以免堵塞滤料。

滤料上的生物膜不断脱落更新,随处理水流出,所以生物滤池后应设置沉淀池(二次沉淀池)予以沉淀固体物质。

(3)生物滤池的标准与做法。

1)工艺流程确定。在实际应用中,应根据本地区农村污水特点和自然环境现状,选择适宜的工艺流程,加以灵活运用。

2)设计要点。高负荷生物滤池在构造上主要包括池体、滤料、布水装置和排水系统四部分。村落规模污水处理($100\sim200\ m^3/d$)的高负荷生物滤池的设计要点见表3-56。

表 3-56　村落规模污水处理(100~200 m³/d)的高负荷生物滤池的设计要点

项　目	内　　容
池体	(1)可采用多池联用。 (2)进水 BOD_5 浓度应小于 200 mg/L。当污水 BOD_5 浓度大于 200 mg/L 时,应采用处理水回流将进水 BOD_5 浓度稀释在 200 mg/L 以下。 (3)底面多为圆形。 (4)容积负荷一般不大于 1 200 g BOD_5/(m³·d)。 (5)面积负荷一般在 1 100~2 000 g BOD_5/(m²·d)。 (6)水力负荷一般为 10~30 m³/(m²·d)。 (7)过滤工作层高 1.5~1.7 m,滤料粒径 40~70 mm。 (8)承托层 0.1~0.2 m,滤料粒径 70~100 mm。 (9)过滤层底部设有支撑板,作用是支撑滤料、渗水和进入空气。因此要求支撑板必须有一定的孔隙率,推荐的空隙的总面积不得低于总表面积的 20%;为保证自然通风效果,支撑板与滤池底部应保持 0.3~0.4 m 的距离,而且周围需开有通风孔,其有效面积不小于滤池表面积的 5%~8%。为防止风力对滤池表面均匀布水的影响,池壁应高出滤料表面 0.5 m。根据处理规模不同,可修建多个池体。池身可选择砖砌或混凝土浇筑;也可以采用钢框架结构,四壁用担料板或金属板围嵌,这样做可以减轻池体重量
滤料	滤料是高负荷生物滤池的主体,对滤池的处理效果有直接影响,选择滤料时应遵循以下基本原则: (1)滤料必须坚固、机械强度高、耐腐蚀性强、抗冰冻。 (2)具有较高的比表面积(单位体积滤料的表面积),以提供更多的面积供生物膜附着,而生物膜是本工艺处理效果的最重要影响因素。 (3)滤料要有较大的孔隙率,以保证生物膜、污水和空气三相有足够的接触空间。 (4)便于就地取材、加工、运输。 　　目前,高负荷生物滤池适用的滤料是由聚氯乙烯、聚苯乙烯和聚酰胺等材料制成的形如波纹板状、列管状和蜂窝状的填料。这种滤料的优点是质轻、强度高、耐腐蚀,每立方米滤料质量大约为 45 kg,表面积可以达到 200 m²,孔隙率达到 95%。也可以采用颗粒状滤料,但应选择粒径较大(40~60 mm),并且承托层滤料的粒径应大于工作层
旋转布水器	高负荷生物滤池的布水必须均匀,一般采用旋转式布水装置,即旋转布水器。污水以一定的压力流入位于池体中央的固定竖管,再流入布水横管,横管可以设置 2 根或 4 根,横管距离滤池池面 0.2 m 左右,围绕竖管旋转。横管的同一侧开有一系列间距不等的小孔,中心较疏,周边较密。污水在一定的水压下从小孔喷出,产生的反作用力推动横管向与喷水相反的方向旋转。横管与固定竖管连结处是旋转布水器的关键部位,施工时应保证污水可以从竖管顺畅地流入横管,同时横管可以在水流的反作用力下,旋转自如。因此应进行严格封闭,污水不得外溢。这种旋转布水装置水头损失较小,一般不超过 0.9 m,有条件的地区还可以采用电力驱动旋转
排水系统	高负荷生物滤池的排水系统位于滤池底部,兼有排水和通风功能,因此池底应保证一定的高度(0.5 m 左右),施工时以 1%~2% 的坡度保证污水全部进入排水沟

(4)高负荷生物滤池构筑物简单,无需曝气供氧设备,污水在一定水压下均匀喷洒在滤料表面,全套系统的电耗设备只有水泵。日常运行时,应注意旋转布水器是否运转正常,布水是否均匀,以便及时检修和调整水压;注意滤料是否出现堵塞现象,通风效果是否良好;冬季水温较低时,应密切观察喷水口是否出现结冰,同时降低进水水量负荷,保证处理效果;当进水水质很差时,$BOD_5 > 200$ mg/L 时,开启回流泵,将处理水回流,稀释原水。

(5)高负荷生物滤池一次性投资费用主要有池体的建造、滤料的采购、旋转布水器的建设等。估算下来,村镇规模的处理系统建设费用一般不超过 20 万元。其日运行费用只有水泵的电耗和劳动力成本,相比其他好氧生物处理工艺,高负荷生物滤池的运行成本较低。

三、村镇污水生态处理技术

1. 生态滤池

(1)生态滤池适用于全国大部分的村镇,但在北方寒冷的冬季,应该注意防止生态滤池床体内部结冰,降低滤池的处理效率。

(2)生态滤池主要用于雨水处理,或与环境工程联合使用,对污水生物处理设施的出水进行深度处理。生态滤池入水需要先做预处理,以去除较大的颗粒物,避免填料层堵塞。预处理设施可采用沉淀池,在工程造价较低时,也可就地利用农村的塘或洼地进行径流预处理。

生态滤池种植的植物可选取当地品种,如芦苇、香蒲、菖蒲等。根据周围环境也可进行植物组合或种植具有观赏性的水生花卉,或对构筑物作适当调整和装饰美化,使生态滤池在处理污水的同时还具有观景功能。

生态滤池自适应性好,植物成长后可维持系统的自我运行,管理和维护的工作量很少,只需要保证稳定的入水就可以自动处理雨污水。主要缺点是入水中颗粒物含量不能过高,填料一旦堵塞一般只能进行更换重装。

(3)由于植物在填料上生长,生态滤池不能通过反冲洗对吸附在填料中的颗粒物进行去除,所以入水中的颗粒物不能过高,多用于充分沉降后的径流净化或污水深度处理,对于寒冷地区冬季的使用也受到一定的限制。

(4)生态滤池的标准与做法。

1)沉淀池设置在生态滤池的中间,由多个小室构成,各室的入水通过浮阀相通。各滤区的入水管有上、中、下三根管,每管可各设置一个阀门,根据运行需要开启,从而形成上流式、下流式和水平流交错的水流方向,提高处理效率。

2)生态滤池也可设计为长方形,长宽比通常为 2∶1。填料以砾石、粗砂和细砂为主,在表层可辅埋一层土壤供植物生长。如污水中污染物浓度较高,可提供足够的养料,也可不填充表层土壤。填料的顺序一般从下到上粒径逐渐减小,以维持水力通道畅通,底部砾石粒径以 2～5 mm 为宜。填料的高度一般以 50～80 cm 为宜,过浅植物根系会得不到充分生长。高于 1 m 的填料高度,仅仅增加了池的容积,目前还没有证据表明可以增加处理效果。

3)根据入水情况,生态滤池可修建为半地下或地上式,它的滤区高度相对较低,建筑要求较简单,一般可采用砖混结构。布水和集水系统都较简单,穿孔 PVC 管就可达到要求。布水区和集水区的填料一般宜采用粒径较大的砾石,以均匀分配水量,并防止滤区填料堵塞,常用砾石大小为 60～100 mm。为了提高磷的去除能力,可使用炉渣等作为填料吸附水中可溶性磷。防渗层可采用混凝土层,或铺垫高密度聚乙烯树脂和油毛毡。

(5)生态滤池是自维持的人工生态系统,本身的维护工作很少,仅需要进行每年一度的植物收割,以去除吸附在植物体中的营养物质。生态滤池对可溶性磷的去除主要是通过填料的吸附完成,而填料的吸附能力有一定的限度。所以为了恢复填料的吸磷功能,在达到饱和吸附后必须进行填料更换,不过这个更改期通常较长,维护良好的生态滤池更换期甚至可长达数年以上。

生态滤池选用的植物对去除率的高低有直接的影响。一般在植物生长旺盛期,对污染物的去除效果较好。而在冬季,植物枯萎,去除效果会有所下降。另外,生态滤池的表面在冬季时也要避免结冰,冰面使污水不能下渗,处理效率下降。

(6)生态滤池的池体、填料等原材料都可以就地取材,大大降低了建设成本,需要购买的仅是一些阀门和 PVC 管,但量比较少,滤池的建设和运行费用都非常低。整体上,生态滤池吨水处理成本约为污水处理厂的 10% 左右,但对土地需求约为污水处理厂的两倍,因此不宜建设在用地较为紧张的村镇地区。

2. 人工湿地

(1)由于人工湿地特色和优势鲜明,国内外人工湿地的应用范围越来越广泛,很快被世界各地所接受。尤其是对于资金短缺、土地面积相对丰富的农村地区,人工湿地具有更加广阔的应用前景,它不仅可以治理农村水污染、保护水环境,而且可以美化环境,节约水资源。

(2)人工湿地按其内部的水位状态可分为表流湿地和潜流湿地。而潜流湿地又可按水流方向分为水平潜流湿地和垂直潜流湿地。

人工湿地净化污水主要由土壤基质、水生植物和微生物三部分完成。已有应用经验表明,人工湿地对污水中的有机物和氮、磷都具有较好的去除效率。在处理生活污水等污染物浓度不高的情况下,人工湿地对 COD 的去除率达 80% 以上,对氮的去除率可达 60%,对磷的去除率可达 90% 以上,出水水质基本能够达到城市污水排放标准的一级标准。

目前,人工湿地主要应用于处理生活污水、工业废水、矿山及石油开采废水以及水体富营养化控制等方面,应该加强对管理水平不高、资金短缺、土地资源相对丰富的农村地区污水进行处理的人工湿地工程应用。

(3)表流型湿地处理系统的优点是投资及运行费用低,建造、运行和维护简单。缺点是在达到同等处理效果的条件下,其占地面积大于潜流型湿地,冬季表面易结冰,夏季易繁殖蚊虫,并有臭味。

潜流型湿地的优点在于其充分利用了湿地的空间,发挥了系统间的协同作用,且卫生条件好,但建设费用较高。

(4)在设计建设人工湿地系统时,首先确定污水的水量和水质,并根据当地的地质、地貌、气候等自然条件选择合适的人工湿地类型,然后根据相应的湿地类型进行设计。设计时需要考虑人工湿地系统内水力状况、植被搭配、湿地床结构、湿地面积、污染负荷、进水和排水周期等诸多因素(表 3-57)。

表 3-57　设计人工湿地时考虑的因素

因素	具体内容
水文因素	人工湿地在设计时必须重点考虑水的流速、湿地内最高水位和最低水位、水流的均匀分布等水文因素,同时也需注意季节和天气的影响、地面水的状况和土壤的透水性等对水文产生间接影响的因素。表流人工湿地水位一般为 20~80 cm,潜流人工湿地水位则一般保持在土表面下方 10~30 cm,并根据待处理的污水水量等情况进行调节。

因素	具体内容
水文因素	在进行人工湿地设计时,需重点考虑造成湿地堵塞的各种影响因素。湿地堵塞多发生在系统床体前端25％左右的部分,造成堵塞的物质大部分为无机物,这表明污水中的颗粒物在湿地床中的沉淀是造成湿地堵塞的主要原因。此外,植物根系及其附着物等也是湿地堵塞的一大诱因。在湿地的设计中,尽可能在湿地前段设计一个沉淀池或塘,减少湿地中颗粒物的输入。 　　此外,有应用研究表明,部分湿地堵塞在第一年的运行中很快形成,随后没有明显的扩散,悬浮物或植物碎屑的积累与堵塞或溢流的形成没有相关性。造成此类堵塞的原因是建设活动而不是持续的生化反应。在湿地建设过程中可能在运输过程中将许多无机物(土、岩石碎屑粉等)带入系统。因此,在人工湿地建设过程中应尽量避免建设对湿地系统的影响,并且在湿地入口处设置大颗粒的基质,以防止在湿地系统前段就发生堵塞
水力因素	人工湿地系统的水力因素主要包括水力负荷、水力梯度、水力停留时间、污染负荷、坡度等因素。在实际应用过程中,人工湿地一般与其他技术组合使用,以提高系统的稳定性。最常见的组合方式就是在污水进入人工湿地之前设置前处理系统以减轻污水对人工湿地系统水力负荷和污染负荷的影响。最常见的前处理系统一般为化粪池、沉淀池、沉砂池等,既可沉淀污水中的大部分 SS,防止人工湿地的堵塞;又可去除部分 COD 和 BOD_5,提高整个系统净化效果;还能初步混合不同污染程度的污水,缓冲水力负荷和污染负荷。 　　(1)水力停留时间。水力停留时间是指污水在人工湿地内的平均驻留时间。潜流人工湿地的水力停留时间可按式(3-2)计算: $$t = \frac{V \times \varepsilon}{Q} \tag{3-2}$$ 式中　t——水力停留时间(d); 　　　V——人工湿地基质在自然状态下的体积,包括基质实体及其开口、闭口空隙(m^3); 　　　ε——孔隙率(％); 　　　Q——人工湿地设计水量(m^3/d)。 　　(2)表面水力负荷。表面水力负荷是指每平方米人工湿地在单位时间所能接纳的污水量,可按式(3-3)计算: $$q_{hs} = \frac{Q}{A} \tag{3-3}$$ 式中　q_{hs}——表面水力负荷[$m^3/(m^2 \cdot d)$]; 　　　Q——人工湿地设计水量(m^3/d); 　　　A——人工湿地面积(m^2)。 　　(3)水力坡度。水力坡度是指人工湿地内沿水流方向单位渗流路程长度上的水位下降值,可按式(3-4)计算: $$i = \frac{\Delta H}{L} \times 100\% \tag{3-4}$$ 式中　i——水力坡度(％); 　　　ΔH——污水在人工湿地内渗流路程长度上的水位下降值(m); 　　　L——污水在人工湿地内渗流路程的水平距离(m)

因素	具体内容
水生植物选择	湿地水生植物主要包括挺水植物、沉水植物和浮水植物。不同的区域,不同的生长环境,适宜生长的湿地植物种类是不同的。人工湿地一般选取处理性能好、成活率高、抗污能力强且具有一定美学和经济价值的水生植物。这些水生植物通常应具有下列特性: (1)能忍受较大变化范围内的水位、含盐量、温度和 pH 值。 (2)在本地适应性好,最好是本土植物。植物种类一般 3~7 种,其中至少 3 种为优势物种。 (3)对污染物具有较好的去除效果。 (4)成活率高,种苗易得,繁殖能力强。 (5)有广泛用途或经济价值高。 人工湿地中使用最多的水生植物为香蒲、芦苇和灯芯草,这些植物都广泛存在并能忍受冰冻。不同种类的水生植物适宜生长的水深不同,香蒲在水深 0.15 m 的环境中生存占优势;灯芯草为 0.05~0.25 m;芦苇适宜生长在岸边和浅水区中,最深可生长于 1.5 m 的深水区域。香蒲和灯芯草的根系主要在 0.3 m 以内的区域,芦苇的根系达 0.6 m,宽叶香蒲则达到 0.8 m。 在潜流型湿地中,一般选用芦苇和香蒲,它们较深的根系可扩大污水的处理空间。而对于处理暴雨径流污染为主的人工湿地,要求湿地植物有很强的适应能力,既能抗干旱又能耐湿,而且还应具有抗病灾和昆虫的能力,一般选用芦苇和水蔗草
基质材料选择	人工湿地系统多采用碎石、砂子、矿渣等基质材料作为填料。对于缺乏养分供给的基质或者孔隙过大不利于植物固定生长的基质,需在基质上方覆盖 15~25 cm 厚的土,作为植物生长的基土。 不同类型的基质对湿地的影响不同。中性基质对生物处理影响不大,但矿渣等偏碱性的基质则在一定程度上会影响微生物和植物的生长活动,因此,应用时需采用一定的预处理,如充分浸泡等措施。 基质对废水中磷和重金属离子的净化影响最大,含钙、铁、铝等成分的填料有利于离子交换。钙、镁等成分和污水中的磷、重金属相互作用形成沉淀;铁、铝等离子通过离子交换等作用将磷、重金属吸附于基质上。但随着时间的推移,基质对磷和重金属的吸附会达到饱和,湿地除磷和重金属能力便有明显下降。 在确定选择的基质材料种类后,还应确定基质的大小,以调整湿地的水力传导率和孔隙率。一般来说,小粒径基质具有比表面积大、孔隙率小、植物根及根区的发展相协调、水流条件接近层流等优点。但目前人工湿地的基质一般倾向于选择较大粒径的介质,以便具有较大的空隙和好的水力传导,从而尽量克服湿地堵塞问题。 此外,基质的选择上还应考虑便于取材、经济适用等因素

(5)人工湿地的建筑材料与施工工法。

1)人工湿地在建设过程中涉及的建筑材料主要包括砖、水泥、砂子、碎石、土等。人工湿地的施工主要包括土方的挖掘、前处理系统的修建、土工防渗膜的铺装、布水管道的铺设、基质材料的填装、土的回填(厚度至少为 10 cm)和植物的种植。在施工过程中要合理安排施工顺序,严格按照湿地设计中配水区、处理区和出水集水区中各种基质材料的粒径大小,分层进行施工。

2)人工湿地的防渗层一般需要根据污水中污染物的种类和当地的地下水埋深来决定。当污水为工业废水或者污染物含量较高、重金属含量较高、地下水位较浅等情况时,水中污染物可能危害到地下水体,应严格要求修建防渗层。采用防渗效果较好的人工防渗膜或多层塑料布。而对于污水污染物种类简单、含量较少,且无有毒有害物,地下水位较深的情况,在修建防渗层时可以简化。人工湿地的防渗层一般采用当地的黏土,厚度至少为 $10\sim15$ cm,进行夯实处理后就能起到防渗的功能,且成本较低。

3)人工湿地生态技术往往与其他环境工程技术配合使用,其中最常见的前处理技术包括化粪池、沉淀池或塘、油水分离器等,主要用于暂时储存污水,为污染物的后续净化提供充分的沉淀和净化空间。

4)人工湿地在建设过程中涉及的设备主要包括土工布、布水管、潜水泵等。涉及的设备较少,机械设备简单,且易于运行维护与管理。

(6)人工湿地的维护包括水生植物的重新种植、杂草的去除和沉积物的挖掘。当水生植物不适应生活环境时,需调整植物的种类,并重新种植。植物种类的调整需要变换水位。如果水位低于理想高度,可调整出水装置;杂草的过度生长也给湿地植物的生长带来了许多问题。在春天,杂草比湿地植物生长的早,遮住了阳光,阻碍了水生植株幼苗的生长。因此杂草的去除将会增强湿地的净化功能和经济价值。实践证明,人工湿地的植被种植完成以后,就开始建立良好的植物覆盖,并进行杂草控制是最理想的管理方式。在春季或夏季,建立植物床的前三个月,用高于床表面5 cm的水深淹没可控制杂草的生长。当植物经过三个生长季节,就可以与杂草竞争;由于污水中含有大量的悬浮物,在湿地床的进水区易产生沉积物堆积。所以运行一段时间,需挖掘沉积物,以保持稳定的湿地水文水力及净化效果。

(7)造价指标。综合国内外的研究实践经验,人工湿地的投资和运行费一般仅为传统的二级污水厂的$1/10\sim1/2$,具有广泛应用推广价值,尤其适用于经济发展相对落后的市郊、中小城镇及广大的农村地区。具体的投资费用视地理位置、地质情况以及所采用的湿地基质而有差别,但大体上,表流人工湿地建设投资费用约150~200 元/m^2,潜流人工湿地建设投资费用约200~300 元/m^2。

3. 稳定塘

(1)稳定塘又名氧化塘或生物塘,它的适用范围广泛,可在我国大多农村地区进行使用。

(2)稳定塘有多种类型,按照塘的使用功能、塘内生物种类、供氧途径进行划分(表 3-58)。

表 3-58　稳定塘的类型

类型	内　　容
好氧塘	好氧塘的深度较浅,一般在 0.5 m 左右,阳光能直接照射到塘底。塘内有许多藻类生长,释放出大量氧气,再加上大气的自然充氧作用,好氧塘的全部塘水都含有溶解氧。因而塘内的好氧微生物活跃,对有机污染物的去除率较高
兼性塘	兼性塘同时具有好氧区、缺氧区和厌氧区。它的深度比好氧塘大,通常在 1.2～1.5 m 之间。由于深度较大,所以阳光只能透射到上层区域,藻类的光合作用和大气复氧作用使上层区域的水体有较高的溶解氧,形成好氧区。该区域水质净化主要由好氧微生物主导。兼性塘的中层区域处于缺氧状态,称为兼性区,由兼性微生物起净化作用。下层区域中水体溶解氧几乎为零,称厌氧区,主要是供沉降的污泥进行厌氧分解

类型	内　　容
厌氧塘	厌氧塘的深度相比于兼性塘更大,一般在 2.0 m 以上。塘内一般不种植植物,也不存在供氧的藻类,全部塘水都处于厌氧状态,主要由厌氧微生物起净化作用。厌氧塘通常只是作为预处理措施而使用的,多用于高浓度污水的厌氧分解
曝气塘	曝气塘的设计深度多在 2.0 m 以上,但与厌氧塘不同,曝气塘采用了机械装置曝气,使塘水有充足的氧气,主要由好氧微生物起净化作用。由于有高浓度的氧气,反应速率较快,污水所需要的停留时间较短。可用于净化较高污染物浓度的废水
生态塘	生态塘一般用于污水的深度处理,进水污染物浓度低,也被称为深度处理塘。塘中可种植芦苇、茭白等水生植物,以提高污水处理能力,并可收获一些经济作物,同时也可养殖鱼、虾,塘堤还可种植桑树,通过形成微型生态系统来净化水质和进行污染物综合利用

（3）稳定塘主要利用水体的自净能力,水力负荷较低,所占面积较大,在土地比较紧张或地形起伏较大的地区使用有一定的困难。稳定塘的处理效果主要受到塘内生物的影响,而生物又主要受季节变化的影响,所以稳定塘的处理效果常常有一定的波动。此外,塘中水体污染物浓度过高时会产生臭气和滋生蚊虫,影响周边居民的生活。

（4）稳定塘的标准与做法。

1）稳定塘是按有机污染物的负荷、塘深和停留时间等参数设计的。当入水的污染物较少时,一般设计为好氧塘或生态塘;当污水浓度较高时,可设计为厌氧塘或曝气塘;污水水质介于两者之间时,通常设计为兼性塘。

2）稳定塘应尽量远离居民点,而且应该位于居民点长年风向的下方,防止水体散发臭气和滋生蚊虫的侵扰。稳定塘应防止暴雨时期产生溢流,在稳定塘周围要修建导流明渠将降雨时的雨水引开。暴雨较多的地方,衬砌应做到塘的堤顶以防雨水反复冲刷。塘堤为减少费用可以修建为土堤。塘的底部和四周可作防渗处理,预防塘水下渗污染地下水。防渗处理有黏土夯实、土工膜、塑料薄膜衬面等。

（5）稳定塘的设计简单、施工简便,所需要的维护工作较少。日常维护中要注意保护塘内生物的生长,但也不能让水生生物过度生长,特别是藻类的快速繁殖会使出水水质下降。

塘是否出现渗漏是检查的重点,要注意对塘的出入水量进行定期测量,以查看有无渗漏。如果周边有地下井,也可抽取地下水进行检测,查看是否受到塘水的下渗污染。

（6）稳定塘修建的主要成本是塘体的挖掘和防渗处理。为了减少成本,可以在地势低洼的地方进行修建,也可对农村原有的蓄水塘进行改建而成,挖掘时也宜采用机械作业以减少成本。如果土的入渗率较低,也可以采用就地夯实的办法做防渗。稳定塘投资造价约 100～150 元/m²。

好氧塘和深度处理塘中种植的一些观赏性水生植物会增加一些费用,这些植物应多取用当地野生品种。这样不仅可以减少造价,同时当地物种也比较适应本地环境条件,能够快速成活。

4. 土地渗滤

（1）污水土地渗滤处理是在污水农田灌溉的基础上发展而成。随着污染加剧和水资源综合利用需求的提升,土地渗滤处理系统也得到了系统的发展。目前已广泛应用于污水的三级处理,甚至在二级处理中,也取得了明显的经济效益和环境效益。

(2)土地渗滤的技术特点与适用情况见表 3-59。

表 3-59　土地渗滤的技术特点与适用情况

技术特点	适用情况
慢速渗滤	慢速渗滤系统是将污水投配到种有作物的土表面,污水在流经地表土壤植物系统时得到净化的一种处理工艺。投放的污水量一般较少,通过蒸发、作物吸收、入渗过程后,流出慢速渗滤场的水量通常为零,即污水完全被系统所净化吸纳。 慢速渗滤系统可设计为处理型与利用型两类。如以污水处理为主要目的,就需投资省、维护便捷,此时可选择处理型慢速渗滤。设计时应尽可能少占地,选用的作物要有较高耐水性、对氮磷吸附降解能力强。在水资源短缺的地区,希望在尽可能大的土地面积上充分利用污水进行生产活动,以便获取更大的经济效益,此时可选择利用型慢速渗滤,它对作物就没有特别的要求。慢速渗滤系统的具体场地设计参数包括土壤渗透系数为 $0.036\sim0.36$ m/d,地面坡度小于 30%,土层深大于 0.6 m,地下水位大于 0.6 m
快速渗滤	在具有良好渗滤性能的土表面,如砂土、砾石性砂土等,可以采用快速渗滤系统。污水分布在土表面后,很快下渗到地下,并最终进入地下水层,所以它能处理较大水量的污水。快速渗滤可用于两类目的:地下水补给和污水再生利用,用于前者时不需要设计集水系统,而用于后者则需要设地下水集水措施以利用污水,在地下水敏感区域还必须设计防渗层,防止地下水受到污染。 地下暗管和竖井都是快速渗滤系统常用的出水方式,如果地形条件合适,让再生水从地下自流进入地表水体。最优设计参数 $0.45\sim0.6$ m/d,地面坡度小于 15% 以防止污水过快流失下渗不足,土层厚大于 1.5 m,地下水位大于 1.0 m
地下渗滤	地下渗滤系统将污水投配到距地表一定距离,有良好渗透性的土层中,利用土毛细管浸润和渗透作用,使污水向四周扩散中经过沉淀、过滤、吸附和生物降解达到处理要求。地下渗滤的处理水量较少,停留时间变长,水质净化效果比较好,且出水的水量和水质都比较稳定,适于污水的深度处理。 设计地下渗滤系统时,地下布水管最大埋深不能超过 1.5 m,投配的土壤介质要有良好的渗透性,通常需要对原土进行再改良提高渗透率至 $0.15\sim5.0$ cm/h。土层厚大于 0.6 m,地面坡度小于 15%,地下水埋深大于 1.0 m。地下渗滤的土壤表面可种植景观性的花草,适于村镇和乡村场院

(3)土地渗滤的优点及技术局限性。

1)慢速渗滤系统投配水量较少,处理时间长,净化效果比较明显;种植作物的收割可创造一定经济收益;受地表坡度的限制小。它的主要缺点在于处理效果易受作物生长限制,寒冷气候易结冰,季节变化对其影响较大;处理出水量较少,不利于回收利用;水力负荷低,需要的土地面积较大。

2)快速渗滤系统处理水量较大,需要的土地面积少;对颗粒物、有机物的去除效果好;出水可补给地下水或满足灌溉需要。其主要缺点是对土壤的渗透率要求较高,场地条件较严格;对氨氮的去除明显,但脱氮作用不强,出水中硝酸盐含量较高,可能引起地下水污染。

3)地下渗滤系统的优势和劣势都较明显,它的布水管网埋于地下,地面不安装喷淋设备或开挖沟渠,对地表景观影响小,同时还可以与绿化结合,在人口密集区域也可使用;污水经过了填料的强化过滤,对氮磷的去除率高,出水可进行再利用,经济效果较突出。但它也有明显缺点:受土壤条件的影响大,土壤质地不佳时要进行改良,增加了建造成本;水力负荷要求严格,土壤处于淹没状态时毛管作用将丧失;布水、集水及处理区都位于地下,工程量较大,成本较其他工艺高;对植物的要求高,有些农作物种植受到限制。

(4)土地渗滤的标准与做法。

1)慢速渗滤并不需要特殊的收集系统,施工较简便。但为了达到最佳处理效果,要求布水尽量均匀一致,可以采用面灌、畦灌、沟灌等方式,喷灌和滴灌的布水效果更好一些,但需要安装布水管网,成本略有上升。

2)快速渗滤的布水措施和慢速渗滤类似,如果出水不需要回用的话,也不需要铺设集水系统。但在水资源比较紧张的地区,尽量将出水收集回用。在地势落差较大的地方,上游的地下水可自流出地表时,可采用地下穿孔水管或碎石层集水。而在地势较平坦的地方,宜采用管井集水。

3)地下渗滤系统需要铺设地下布水管网,系统构筑相对较复杂。普通地下渗滤系统施工时先开挖明渠,渠底填入碎石或砂,碎石层以上布设穿孔管,再以砂砾将穿孔管淹埋,最后覆盖表土。穿孔管以埋于地表下 50 cm 为宜,也可采用地下渗滤沟进行布水。强化型地下渗滤系统在普通型的基础上利用无纺布增加了毛管垫层,它高出进水管向两侧铺展外垂,穿孔管下为不透水沟,污水在沟中的毛管浸润作用面积要明显高于普通型,布水也更均匀,因而净化效果更好。

(5)土地渗滤的维护及检查。

1)慢速渗滤和快速渗滤系统的主要维护工作是布水系统和作物管理,投配的水量要合适,不能出现持续淹没状态。快速渗滤系统通常采用淹水、干化间歇式运行,以便渗滤区处于干湿交替状态,好氧微生物和厌氧微生物各自有一段快速生长期,利于污染物迅速降解。反复充氧同时也有益于硝化和反硝化,加强脱氮功能。北方冬季时,地表结冰会引起这两个系统的效果下降,运行时要特别注意寒冷气候对系统的影响。

2)地下渗滤系统对入水的要求要比慢速渗滤系统和快速渗滤系统高一些。如果入水中颗粒物较多,则容易引起地下渗滤系统填料层堵塞,造成壅水,处理效率下降。地下渗滤系统表面可种植绿化草皮和植被,在居民点附近进行处理污水的时候,还应具有较好的观赏效果。但具有较长根系的植物不宜采用,因为长根系可能会引起土壤结构的破坏。

(6)土地渗滤的主要成本。

1)慢速渗滤和快速渗滤系统的主要成本是布水管网或渠道的修建费用。快速渗滤出水进行回用时,要安装地下排水管或管井,开挖土方量、人工费、材料费都会有所增加,但回收的水资源水质较好,可用于绿地浇灌或农业灌溉,形成经济效益,弥补了造价的上升。一般而言,土地渗滤系统造价在 $100 \sim 200$ 元$/m^2$。

2)地下渗滤系统采用地下布水,工程量相对较大。其主要成本是开挖土方、人工费、渗滤沟或穿孔管,以及集水管网的费用,在绿化要求较高时应种植观赏性强的植物,草皮和花卉此时也会占用一部分费用。但所有成本的总和依然还是远低于城市污水处理厂成本,维护的费用也较少,在农村地区运用优势更为明显。

5. 亚表层渗滤

(1)亚表层渗滤适用于土层较薄的地区。

(2)亚表层渗滤的技术特点与适用情况。

1)亚表层渗滤技术对浅表层的土壤作了开挖,根据污水水质和出水要求,填埋了各种基质。基质中埋设有穿孔布水管,基质上方回填土壤。回填土上可种植牧草,但不宜种植灌木和乔木,因为这些植物的根系有较强的穿透力,会破坏地表下的基质和布水管网。

2)亚表层渗滤技术只对表层土进行了更换或改进,适用于地质条件较差,不易作深层挖掘的地区。它的工程量相对地下渗滤技术少,费用也有所减轻,在工程投入较少的情况下,也能取得较理想的效果。

(3)同其他常见地下渗滤技术一样,亚表层渗滤的进水中颗粒物含量不能过高,否则容易引起布水区和基质的堵塞。另外,亚表层渗滤的布水系统和基质都埋于浅层地表,易于受到气候的直接影响。在寒冷天气时对亚表层的运行要谨慎一些,因为在反复冻融的条件下,容易引起基质破碎,并引起布水管网损坏。因而它对寒冷气候的适应性要比地下渗滤技术低一些。

亚表层渗滤种植的牧草要求比地下渗滤高一些,它不宜种植多年生的牧草。因为这样的牧草根系通常会逐年增大,容易引起亚表层填料的松动,影响污水的均匀分布。所以亚表层渗滤的土壤表层种植的多以一年生牧草为主。

(4)工程修建时对浅层土进行开挖,但应保留这部分土壤的表土层,以进行回填。因为回填的表土中含有大量当地草种,土质也比较肥沃,工程完毕后植物易于快速恢复。根据工程点的实际情况,开挖土层一般在 60 cm 以下,开挖后可重新铺设填料,填料多以有较强吸磷能力的材料为主。布水管宜敷设于土壤层下方,既有利于污水随植物水份的蒸发而向上迁移,也利于污水的自然下渗。

(5)污水中有机质含量较高时,亚表层中生物会快速生长,易引起布水系统和填料的堵塞。维护时如检查到土壤表层有浸泡的现象,说明有堵塞现象或水力负荷过大,此时应停止布水,作进一步的检查。收割牧草时应注意用轻型收割机或人工进行,防止重物压实填料层。

(6)亚表层渗滤和常见地下渗滤的成本构成类似,所用材料也接近。但亚表层渗滤只在表土进行工程改造,一定程度上节省了土方开挖和回填的费用。如果处理的水量较大,可以用渗渠代替穿孔管进行布水,此时布水系统的修建费用所占比例会相应增加一些。在饮用水源地或地下水敏感区域,应对底层做一些防渗处理,防渗所用的材料费和工程量都会有所增加。在满足防渗要求的情况,建议采用原土或取用临近土夯实的办法来降低造价。亚表层渗滤系统造价约为 200 元/m^2。

四、村镇污水综合处理技术

1. 村镇污水综合处理技术的选择原则

村镇污水综合处理技术的选择原则包括:

(1)村镇污水综合治理按规模可分为单户、多户和村镇污水治理,在进行技术选择时宜根据污水处理规模选择适宜的技术。

(2)农村污水治理技术组合需兼顾进水水质特点和出水水质要求,筛选适宜的技术进行优化组合。

(3)缺水地区的雨水和生活污水宜采取回收利用措施。

(4)针对农村的经济与管理水平,宜选用生物和生态组合技术。

（5）污水处理工程控制措施不仅要满足村民对水质改善的需求，而且还要注重景观美化。

（6）生活污水量可按生活用水量的 75%～90% 进行估算。

（7）雨水量与当地自然条件、气候特征有关，可参照临近城市的相应计算标准。其中初期雨水量通常取降雨的前 10～20 mm。

（8）工业废水和养殖业污水排入污水站前应满足相关的要求。

2. 单户污水处理组合技术

单户是指污水不便于统一收集处理的单一农户，宜采用分散处理技术，就地处理排放或回用。

（1）初级处理技术。

化粪池或沼气池处理技术，适用于经济条件较差的地区，以及排放水质要求较为宽松的地区。

本技术在我国农村厕所改造过程中使用较多，其技术比较适合我国目前农村的技术经济水平，经过化粪池或沼气池处理后的污水直接利用，由于化粪池或沼气池出水污染物浓度高，出水不宜直接排入村镇水系。

（2）化粪池或沼气池＋生态处理组合技术。本技术适合有土地资源可以利用的地区。其具体模式见表 3-60。

表 3-60　化粪池或沼气池＋生态处理组合技术的具体模式

模式	内容
化粪池或沼气池＋生态滤池	农户的污水经过管道排入化粪池或沼气池，经处理后排入到生态滤池。由于农户平时的污水产生量较少，经过本组合技术处理后，基本没有污水排放。如遇雨季的降雨径流，则只处理污染较重的初期降雨径流，后期降雨径流直接排放。另外，生态滤池上部还可以种植芦苇、香蒲等本土水生植物种类，不仅可以净化污水，还可以美化庭院，与庭院其他设施相协调
化粪池或沼气池＋人工湿地	农户污水经管道排入化粪池或沼气池，处理后排入到人工湿地进行处理。人工湿地通过土壤基质、植物和微生物对污水进行深度净化，处理效果好、运行费用低、经济高效。人工湿地应尽量利用自然重力布水，以减少维护费用、操作简便。另外，人工湿地植物种类的选择应以经济作物和景观植物为主，除种植芦苇、香蒲外，还可以种植美人蕉、花卉以及瓜果蔬菜等作物
化粪池或沼气池＋土地渗滤	经过化粪池或沼气池处理的污水，可以利用农户周边的菜园或透水性地表，直接将经过化粪池或沼气池处理的污水流入到土地地表，通过天然蒸发和土壤的自然渗透使污水得到净化。这种组合模式对于污水产生量小、地下水位低的农户非常适用，而且操作简单，净化效果明显。利用农户污水中的营养物质浇灌农户庭院的菜园，不仅可以提高资源的综合利用率，而且还可以净化污水，减少污染物的排放
化粪池或沼气池＋稳定塘	经过化粪池或沼气池处理的污水，可以利用农户周边水塘进行进一步的净化。这种组合模式适合有水塘的农村地区，但应注意水塘富营养化对环境的影响问题

（3）化粪池或沼气池＋生物处理组合技术。本技术适用于经济较发达地区以及对排放水水质要求严格的地区，通过化粪池或沼气池＋生物处理组合技术处理后的出水一般能达到《城

镇污水厂污染物排放标准》(GB 18918—2002)中的二级排放标准,处理后的污水可直接灌溉农田或排放。其具体模式见表 3-61。

表 3-61 化粪池或沼气池+生物处理组合技术的具体模式

模式	内　　　容
化粪池或沼气池+生物接触氧化池	农户的污水经过管道排入到化粪池或沼气池,经处理后排入到接触氧化池进行处理。为了节省能耗,接触氧化池宜利用地形通过跌水进行曝气充氧
化粪池或沼气池+生物滤池	农户的污水经过管道排入到化粪池或沼气池,然后排入到生物滤池进行处理。本技术运行能耗低,管理方便

(4)生物+生态深度处理组合技术。本技术适用于经济条件许可的地区、排放水质要求高的地区、处理水回用的地区。

(5)雨水利用技术。本技术适用于缺水地区或初期雨水污染严重的地区。

3. 多户污水处理组合技术

多户指远离村镇,几户或十几户聚集在一起,污水不便于村镇统一收集处理的农户。其与单户污水处理的主要区别是处理规模不同以及污水收集方式的区别。对于这种多户污水,宜采用分散处理技术,就地处理后排放或回用。

多户污水处理组合技术与单户污水处理组合技术相似,可以参考单户污水处理技术进行技术选择。

4. 村镇污水处理组合技术

村镇指聚集在一起生活的自然村和污水便于统一收集的行政村。村镇污水排放量大,污染集中,宜采取二级以上工艺处理后直接利用或排放。

村镇污水的收集方式参照多户污水的收集方式。农户可独立修建化粪池,也可村镇统一修建化粪池。

(1)物化处理技术。本技术主要针对有统一收集管网,但没有建成污水处理设施的村镇。宜在污水站建成前,进行初级处理后排放。

(2)生物处理技术。本技术适用于经济条件较差的地区以及排放水水质要求较为宽松的地区。其具体模式见表 3-62。

表 3-62 生物处理技术的具体模式

模式	内　　　容
化粪池或沼气池+氧化沟组合模式	村镇农户污水经过化粪池或沼气池的初级处理后,收集后经过氧化沟处理后排放或直接利用。氧化沟具有运行稳定、操作简单和处理效果好等优点,适合农村村落和集镇的污水处理,但需要定期维护和管理
化粪池或沼气池+生物接触氧化池组合模式	村镇农户污水经过化粪池或沼气池的初级处理后,收集后进入接触氧化池处理。目前,国内农村有很多无动力接触氧化工程应用。采用厌氧或缺氧能耗低,但处理效果较差;采用好氧接触氧化能提高处理效果,但会增加能耗。 本技术具有运行稳定,操作简单,管理简单等优点。接触氧化法对磷的处理效果较差,对总磷指标要求较高的农村地区应配套建设出水的深度除磷系统

模式	内　容
化粪池或沼气池＋生物滤池组合模式	村镇农户污水经过化粪池或沼气池的初级处理后,收集后进入生物滤池处理。本技术适宜全国大部分农村地区使用,特别是缺乏资金的农村地区,主要针对村落规模污水处理。由于工艺布水特点,对环境温度有较高要求,因此适宜在年平均气温较高的地区使用。而在北方冬季气温较低的农村地区使用时需建在室内,最好保证水温在10℃以上

(3)生态处理技术。本技术适合有土地资源可以利用的地区。

生态技术具有投资省和运行能耗低等优点,其缺点是需要大量土地资源以及污水处理效果受季节影响。

(4)生物＋生态深度处理技术。本技术适用于针对经济条件许可的地区以及排放水水质要求高的地区。

(5)雨水利用技术。本技术适用于缺水地区或初期雨水污染严重的地区。

第四章　村镇采暖工程

第一节　村镇采暖管道的安装

一、室外采暖管道的安装

1. 室外供热管道的敷设

(1)直埋敷设又称无地沟敷设,是工程中最常见的管道敷设方法之一,供热管道直埋敷设时,由于绝热结构与土壤直接接触,所以对绝热材料的要求较高;绝热材料应具有导热系数小、吸水率低、电阻率高的性能特点,有一定的机械强度。

1)测量放线。埋地管道施工时,首先要根据管道总平面图和纵(横)断面图,在现场进行管沟的测量放线工作。

2)沟槽开挖。沟槽的开挖断面应符合施工组织设计(方案)的要求。槽底原状地基土不得扰动,机械开挖时槽底预留200~300 mm土层由人工开挖至设计高程,整平;槽底不得受水浸泡或受冻,槽底局部扰动或受水浸泡时,宜采用天然级配砂砾石或石灰土回填;槽底扰动土层为湿陷性黄土时,应按设计要求进行地基处理;槽底土层为杂填土、腐蚀性土时,应全部挖除并按设计要求进行地基处理;槽壁平顺,边坡坡度符合施工方案的规定;在沟槽边坡稳固后设置供施工人员上下沟槽的安全梯。

沟槽挖深较大时,应确定分层开挖的深度:人工开挖沟槽的槽深超过3 m时应分层开挖,每层的深度不超过2 m;人工开挖多层沟槽的层间留台宽度,放坡开槽时不应小于0.8 m,直槽时不应小于0.5 m,安装井点设备时不应小于1.5 m;采用机械挖槽时,沟槽分层的深度按机械性能确定。

沟槽底部的开挖宽度,应符合设计要求;设计无要求时,可按下式计算确定:

$$B = D_0 + 2(b_1 + b_2 + b_3) \tag{4-1}$$

式中　B——管道沟槽底部的开挖宽度(mm);

D_0——管外径(mm);

b_1——管道一侧的工作面宽度(mm),可按表4-1选取;

b_2——有支撑要求时,管道一侧的支撑厚度,可取150~200 mm;

b_3——现场浇筑混凝土或钢筋混凝土管渠一侧模板的厚度(mm)。

表4-1　管道一侧的工作面宽度

管道的外径 D_0(mm)	管道一侧的工作面宽度 b_1(mm)		
	混凝土类管道		金属类管道、化学建材管道
$D_0 \leqslant 500$	刚性接口	400	300
	柔性接口	300	

管道的外径 D_0（mm）	管道一侧的工作面宽度 b_1（mm）		
	混凝土类管道		金属类管道、化学建材管道
$500<D_0\leqslant1\ 000$	刚性接口	500	400
	柔性接口	400	
$1\ 000<D_0\leqslant1\ 500$	刚性接口	600	500
	柔性接口	500	
$1\ 500<D_0\leqslant3\ 000$	刚性接口	800~1 000	700
	柔性接口	600	

注：1. 槽底需设排水沟时，b_1 应适当增加。

2. 管道有现场施工的外防水层时，b_1 宜取 800 mm。

3. 采用机械回填管道侧面时，b_1 需满足机械作业的宽度要求。

3）管基处理。在挖无地下水的管沟槽时，不得一次挖到底，应留有 100~300 mm 的土层，作为清理沟底和找坡的操作余量，沟底要求是自然土层，沟底如是松土或是砾石要进行处理，防止管子不均匀下沉，使管子受力不均匀，对于松土，要用夯夯实，对于砾石底则应挖出 200 mm 的砾石，用素土回填或黄砂铺平，再夯实，然后再铺设管道。如果是因为下雨或地下水位较高，使沟底的土层受到扰动和破坏时，这时应先行排水，再铺以 150~200 mm 的碎石（或卵石）后，再在垫层上铺 150~200 mm 厚的黄砂。

4）下管方法分机械下管和人工下管两种，主要是根据管材种类、单节管重量及长度、现场情况而定，机械下管采用汽车式起重机、履带式起重机、下管机等起重机械进行下管。下管时若采用起重机下管，起重机应沿沟槽方向行驶，起重机与沟边至少要有 1 m 的距离，以保证槽壁不坍塌。管子一般是单节下管。但为了减少沟内接口的工作量，在具有足够强度的管材和接口的条件，如埋地无缝钢管，也可采用在地面上预制接长后再下到沟里。

人工下管的方法很多，常用人工立桩压绳法下管。在距沟槽边 2.5~3 m 的地面上，打入两根深度不小于 0.8 m，直径为 50~80 mm 的钢管做地桩，在桩头各拴一根较长的麻绳（亦可为白棕绳）。绳子的另一端绕过管子由人拉着，待管子撬至沟边时应随时注意拉紧，当管子撬下沟缘后，再拉紧绳子使管子缓慢地落到沟底；也可利用装在塔架上的滑轮、捯链等设备下管。为确保施工安全，下管时沟内不得站人。

在沟槽内连接管子时必须找正，固定口的焊接处要挖出一个操作坑，其大小以满足焊接操作为宜。

5）沟槽回填土必须在管道试验合格后进行，回填土除设计允许管路自然沉降外，一般均应分层回填，分层夯实，其密度应达到设计要求。及早回填土可保护管道的正常位置，避免沟槽坍塌。回填土施工包括返土、推平、夯实、检查等几道工序，回填方法是先用砂子填至 100~150 mm 处，再用松软土回填，填至 0.5 m 处夯实，以后每层回填厚度不超过 300 mm，并层层夯实，直至地面，不得将砖、石块等填入沟内。

（2）地沟管道敷设是把管道敷设在由混凝土或砖（石）砌筑的地沟内的敷设方式。地沟按人在里面的通行情况分为通行地沟、半通行地沟和不通行地沟。地沟的沟底应有 0.003 的坡度，最低点应设积水坑，沟盖板应有 0.03~0.05 的坡度。盖板之间及盖板和沟壁之间应用水泥砂浆封缝防水,盖板上的覆土厚度不小于 0.3 m。地沟内敷设的管道绝热表面与沟顶净距为 200～300 mm,管道绝热表面与沟底净距不得小于 100 mm,多根管道平行敷设时,管道绝热表面间净距不得小于 150 mm,管道绝热表面与沟壁净距不得小于 100 mm。

1)通行地沟。当地沟内管道数目较多,管道在地沟内一侧的排列高度(绝热层计算在内)不小于 1.5 m 时,应设通行地沟,通行地沟内净高不应低于 1.80 m,净宽不小于 0.70 m,沟内应有良好的自然通风或设有机械通风设备。沟内空气温度按人工检修条件的要求不应超过 40℃,沟内管道应有良好的绝热措施。经常需检护维修的管道地沟内应有照明措施,照明电压不高于 36 V,通行地沟应设事故人孔,便于运行管理人员出入。设有蒸汽管道的通行地沟,事故人孔间距不应大于 100 m;设有热水管道的通行地沟,事故人孔间距不应大于 400 m。

2)半通行地沟。地沟净高为 1.20～1.60 m,净通行宽度为 0.6～0.8 m,以人能弯着腰走路并能进行一般的维修管理为宜。

3)不通行地沟。人不能在地沟里直立行走。一般用在管路较短,数量较少、管径较小、不需要经常检修维护的管路上,地沟断面尺寸无严格的规定,能满足安装即可。在不通行地沟内,管道只能布置单层。但沟的净高不得小于 0.45 m。

(3)架空敷设就是将供热管道敷设在地面上的独立支架或带纵梁的行架以及建筑物的墙壁上。架空敷设适用于地下水位较高,年降雨量较大,地质为湿陷性黄土或腐蚀性土,或为了减少地下敷所设必须进行大量土石方工程的地区。架空敷设不受地下水位的影响,运行时检查维修方便,缺点是占地面积大,管道热损失大、妨碍交通、影响市容。

架空敷设所用的支架按其制成的材料可分为砖砌、毛石砌、钢筋混凝土预制、现场浇筑、钢结构、木结构等类型。架空敷设所用的支架按其高度的不同分为低支架、中支架、高支架三种类型(表 4-2)。

表 4-2 架空敷设所用的支架按其高度分类

类型	内 容
低支架	低支架上敷设的管道距地面的高度一般为 0.5～1.0 m,这类支架便于安装、维护、检修,是一种经济的支架形式,低支架多采用砖混结构或钢筋混凝土结构
中支架	中支架是常用的一种架空敷设形式,支架距地面的高度为 2.5～4.0 m,可以便于行人来往和机动车辆通行。中支架采用钢筋混凝土或钢结构
高支架	支架距地面高度为 4.5～6.0 m,主要在管路跨越公路或铁路时采用,为维修方便,在阀门、流量孔板、补偿器处设置操作平台,高支架采用钢筋混凝土或钢结构

2. 室外供热管道的安装

供热管道输送的热媒具有温度高、压力大、流速快等特点,因而给管道带来了较大的膨胀力和冲击力,在管道安装中必须保证管道材质、管道连接、管道热补偿、管道支吊架、管道坡度、管道疏排水装置的安装质量。

(1)管材及连接。室外供热管道常用管材为无缝钢管、螺旋缝钢管和焊接钢管,其连接方式为焊接,与阀门或设备连接时,采用法兰连接,当公称直径 DN≤50 mm 时,可采用氧乙炔焊;当公称直径 DN＞50 mm 时,应采用电弧焊。

(2)管道坡度。供热管道水平敷设时,应满足其坡度的需求,蒸汽管道汽水同向流动时,坡度为 0.003,不得小于 0.002;汽水逆向流动时,不得小于 0.005;热水管道敷设的坡度一般为 0.003,不得小于 0.002,坡向应有利于空气排除。

(3)排水与放气。对于用汽品质较高的热用户,从干管上接出支、立管时,应从干管的上部或侧部接出,以免凝结水流入。蒸汽管道在运行时不断产生凝结水,它要通过永久性疏水装置将冷凝水排除,永久性疏水装置的关键部件是疏水器。

蒸汽管道刚开始运行时,由于管道温度较低,管道内很多蒸汽凝结为冷凝水,这些冷凝水靠永久性疏水装置排除比较困难,因此必须在管道上设置启动疏水装置,通过它排除系统的凝结水和污水,启动疏水装置由集水管和启动疏水管排水阀组成。蒸汽管网的低位点、垂直上升的管段前,应设启动疏水装置和永久性疏水装置。在同一坡向的直线管段,顺坡时每隔 400～500 m,逆坡时,每隔 200～300 m,设启动疏水装置,同时在管网的高位点设放气装置。

热力管道在最低点设排水阀,在最高点设放气阀,放水阀与放气阀一般采用 DN15～DN20 的截止阀。

方形补偿器垂直安装时,如管道输送的介质是热水,应在补偿器的最高点安装放气阀,在最低点安装放水阀;如果输送的介质是蒸汽,应在补偿器的最低点安装疏水器或放水阀。水平安装的方形补偿器水平臂应有坡度,伸缩臂水平安装即可,在水平管道上、阀门的前侧,流量孔板的前侧及其他易积水处,均需安装疏水器。

水平安装的管道变径时,应采用偏心异径管。当管道输送介质为蒸汽时,应采用底平偏心异径管,以利排除凝结水;当管道输送介质为热水时,应采用顶平偏心异径管,以利排除空气。

压力不同的疏水管不能接入同一管道内。热力管网的蒸汽压力比较高时,在使用时往往需要安装减压装置。组装时,减压阀阀体应垂直安装在水平管道上,进出口不得搞错,减压阀阀前应加设过滤器,减压阀前后应设截止阀。并应设置旁通管,减压前的高压管段和减压后的低压管段,均应安装压力表,减压后的低压管段上应安装安全阀,安全阀的排气管应接至室外。

3. 附件安装

(1)支托架的选择。选择何种类型的支架与管道的敷设方式、管道内输送介质的性质以及管道设计采取的补偿措施密切相关。

1)采用方形补偿器进行热补偿的热力管道支架加设,支架位置及间距应满足以下要求。

①方形补偿器两侧的第一个支架应为滑动支架,设置在距方形补偿器弯头弯曲起点 0.5～1.0 m 处,不得设置导向支架和固定支架,以使补偿器伸缩时管道有横向滑动的空间。

②方形补偿器两侧的第二个支架为导向支架,导向支架与方形补偿器弯头弯曲起点的距离为 40 DN(DN 为公称直径)。

③方形补偿器两侧导向支架以外的支架为滑动支架。

④两个补偿器之间必须加设固定支架。

2)采用波纹管补偿器补偿的热力管道支架的加设,两固定支架间的支架均为导向支架。

(2)阀门。

1)供热管道上的阀门应尽量布置在便于操作、维护和检修的地方,且要尽量安装在水平管线上,不宜安装在立管上。法兰、阀门应尽量布置在补偿弯矩较小处。

2)当阀门不能在地面操作时,应装设阀门传动装置或操作平台,传动装置的操作手轮座,应布置在不妨碍交通的地方,并且万向接头的偏转角不应超过 30°,连杆长度不应超过 4 m。

3)管路上的切断阀,在下列情况下,须装设旁通阀。

①当供热系统补水能力有限,需控制管道充水流量或蒸汽管道启动暖管需控制启动流量时,管道阀门应装设口径较小的旁通阀作为控制阀门,阀门规格宜为 DN20～DN32。

②对于截止阀,介质作用在截止阀阀瓣的力超过 49 kN 时,应安装旁通阀。

③工作压力 $P \geqslant 1.6$ MPa 且公称直径 DN$\geqslant$350 mm 管道上的闸阀应安装旁通阀,旁通阀规格为阀门公称直径的 1/10。

④公称直径 DN$\geqslant$500 mm 的阀门,宜采用电动驱动阀门,由监控系统远程操作、控制的阀门,其旁通阀亦应采用电驱动阀门。

⑤当动态水力分析需延长输送干线,分段阀门关闭以降低压力瞬变值时,宜采用主阀并联旁通阀的方法解决。旁通阀直径可取主阀直径的 1/4。主阀和旁通阀应连锁控制,旁通阀必须在开启状态主阀方可进行关闭操作,主阀关闭后旁通阀才可关闭。

(3)流量测量装置(测量孔板或喷嘴)前后应有一定长度的直管段,装置长度不应小于管子公称直径的 20 倍,装置后长度不应小于管子公称直径的 6 倍。

(4)除污装置的加设、安装。公称直径 DN$\geqslant$500 mm 的热水热力网干管在低点、垂直升高管段前、分段阀门前宜设阻力较小的永久性除污装置。

(5)检查室。地下敷设的管道安装套筒式补偿器、波纹管补偿器、阀门、放水和除污装置等设备附件时,应设检查室。检查室应符合下列规定。

1)净空高度不应小于 1.8 m。

2)人行通道宽度不应小于 0.6 m。

3)干管保温结构表面与检查室地面距离不应小于 0.6 m。

4)检查室的人孔直径不应小于 0.7 m,人孔数量不应少于 2 个,并应呈对角布置,人孔应避开检查室内的设备,当检查室净空面积小于 4 m 时,可只设一个人孔。

5)检查室内至少应设一个集水坑,并应置于人孔下方。

6)检查室地面应低于管沟内底不小于 0.3 m。

7)检查室内爬梯高度大于 4 m 时应设护栏或在爬梯中间设平台。

检查室内需更换的设备、附件不能从人孔进出时,应在检查室顶板上设安装孔。安装孔的尺寸和位置应保证需更换设备的出入和便于安装。

当检查室内装有电动阀门时,应采取措施,保证安装地点的空气温度、湿度能满足电气装置的技术要求。

二、室内采暖管道的安装

1. 总管安装

室内供暖管道以入口阀门为界。室内供暖总管由供水(汽)总管和回水(凝结水)总管组成,一般是并行穿越基础预留洞引入室内,按供水方向区分,右侧是供水总管,左侧是回水总管,两条总管上均应设置总控制阀或入口装置(如减压、调压、疏水、测温、测压等装置),以利启闭和调节。

(1)热水供暖入口总管在地沟内安装如图 4-1 所示。在总管入口处,供回水总管底部用三通接出室外,安装时可用比量法下料进行预测,连接整体。

(2)低温热水供暖入口安装如图 4-2 所示,入口设平衡阀的安装如图 4-3 所示,入口设调节阀的安装如图 4-4 所示。

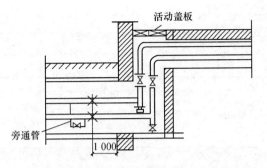

图 4-1　热水供暖入口总管安装(单位:mm)

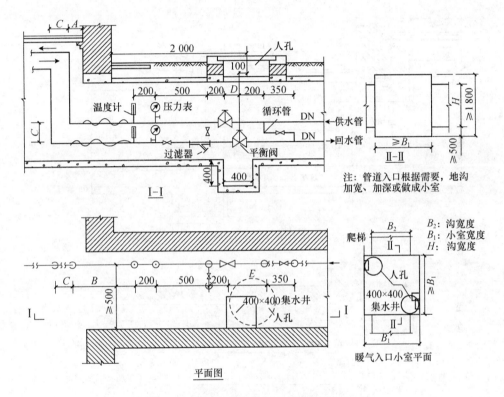

注: 管道入口根据需要,地沟加宽、加深或做成小室

B_2: 沟宽度
B_1: 小室宽度
H: 沟宽度

图 4-2　低温热水供暖入口安装(单位:mm)

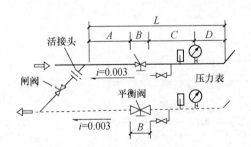

图 4-3　入口设平衡阀的安装

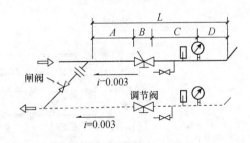

图 4-4　入口设调节阀的安装

(3)蒸汽入口安装。

1)低压蒸汽入口安装如图 4-5 所示。

2)高压蒸汽入口安装如图 4-6 所示。

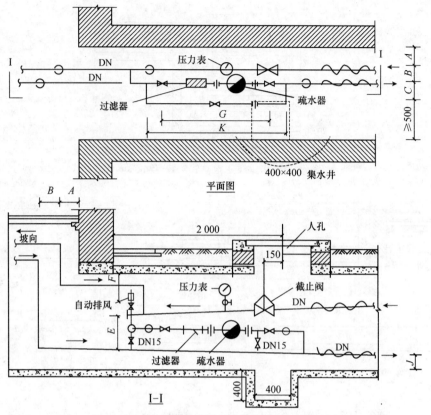

图 4-5　低压蒸汽入口安装(单位:mm)

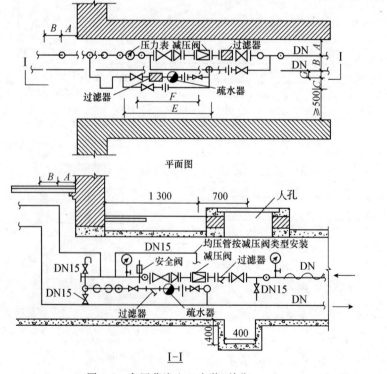

图 4-6　高压蒸汽入口安装(单位:mm)

2. 干管安装

室内供暖干管的安装程序是定位、画线、安装支架、管道就位、对口连接、找好坡度、固定管道。

(1)确定干管位置、画线、安装支架。根据施工图所要求的干管走向、位置、标高、坡度，检查预留孔洞，挂线弹出管子安装位置线，再根据施工现场的实际情况，确定出支架的类型和数量，即可安装支架。

(2)管道就位。管道就位前应进行检查，检查管子是否弯曲，表面是否有重皮、裂纹及严重的锈蚀等，对于有严重缺陷的管子不得使用，对于弯曲、挤扁的管子应进行调直、整圆、除锈，然后管道就位。

(3)对口连接。管道就位后，应进行对口连接，管口应对齐、找正，并留有对口间隙，先点焊，待校正坡度后再进行全部焊接，最后固定管道。

(4)干管安装的其他技术要求。

1)干管变径，如图4-7所示。蒸汽干管变径采用下偏心大小头(底平偏心大小头)便于凝结水的排除，热水管变长采用上偏心大小头(顶平偏心大小头)便于空气的排除。

2)干管分支应做成如图4-8所示的连接形式。

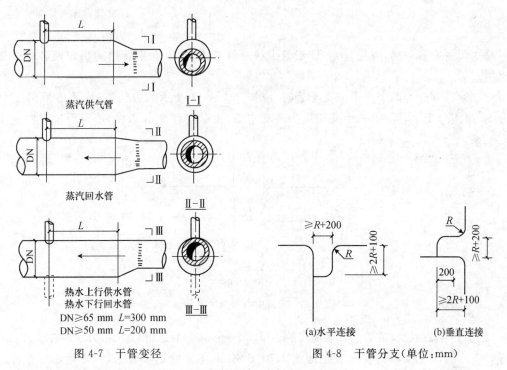

蒸汽供气管
I—I

蒸汽回水管
II—II

热水上行供水管
热水下行回水管
III—III
DN≥65 mm L=300 mm
DN≥50 mm L=200 mm

图4-7 干管变径

(a)水平连接　(b)垂直连接

图4-8 干管分支(单位:mm)

3)回水干管过门应做成如图4-9所示的形式。

3. 立管安装

(1)总立管安装。总立管安装前，应检查楼板预留孔洞的位置和尺寸是否符合要求。其方法是由上至下穿过孔洞挂铅垂线，弹画出总管安装的垂直线，作为总立管定位与安装的基准线。

总立管应自下而上逐层安装，应尽可能使用长度较长的管子，以减少接口数量。为便于焊接，焊接接口应置于楼板以上0.4～1.0 m处为宜。高层建筑的供暖总立管底部应设刚性支座支承，如图4-10所示。

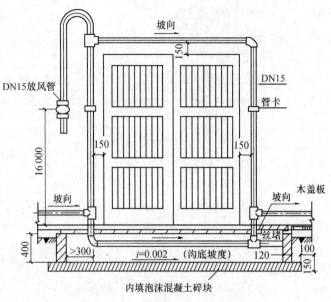

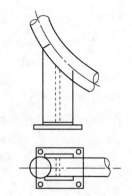

图 4-9　回水干管过门(单位:mm)

图 4-10　高层建筑的供暖
总立管底部刚性支座

总立管每安装一层,应用角钢、U 形管卡或立管卡固定,以保证管道的稳定及各层立管的垂直度。

总立管顶部分为两个水平分支干管时,应按如图 4-11 所示的方法连接,不得采用 T 形三通分支,两侧分支干管上第一个支架应为滑动支架,距总立管 2 m 以内,不得设置导向支架和固定支架。

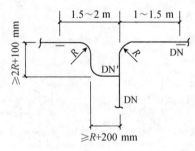

图 4-11　总立管与分支干管连接

(2)支立管安装。支立管的安装应在散热器及干管安装好后进行,其安装方法和要求如下。

1)支立管卡子安装高度一般距地面 1.5～1.8 m,单立管用单管卡,双立管用双管卡。栽立管卡子时,一定要注意按立管外表与墙壁抹灰面间距离的规定来确定立管卡端管环中心距离。

2)支立管安装位置和尺寸,应根据干管和散热器的实际安装位置确定。由于支立管与散热器支管相连接,所以在测量各分支点的竖直管段长度时,应预先考虑到散热器支管的坡度和坡降要求,根据所接支管的坡降值确定支立管上弯头、三通或四通的位置。为了保证支立管的垂直度,可用线坠找准主管位置,在墙面或柱面上画出立管中心线,顺线测量各管段长度和进行支立管安装。

3)支立管外表面与墙壁抹灰面的距离规定为:当管径 DN≤32 mm 时,为 25～35 mm;当管径 DN>32 mm 时,为 30～50 mm。

4)立管与干管连接时,应设乙字弯管或引向立管的横向短管,以免立管距墙太远,影响室内美观。图 4-12 为干管与立管连接方式,其中图 4-12(a)为上供式系统干管与立管的连接,图 4-12(b)为敷设在地沟内的下供式(或回水)系统干管与立管的连接方式。

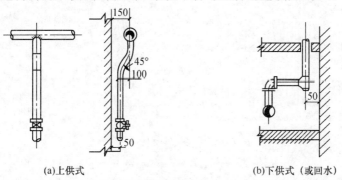

(a)上供式　　　　　　　　　　(b)下供式 (或回水)

图 4-12　干管与立管的连接方式(单位:mm)

(3)立管与干管的连接。

1)当回水干管在地沟内与供暖立管连接时,一般由 2～3 个弯头连接,并在立管底部安装泄水阀(或丝堵),如图 4-13 所示。

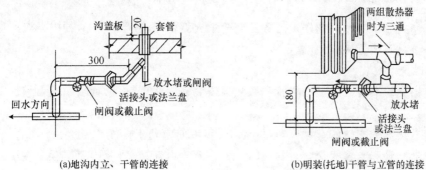

(a)地沟内立、干管的连接　　　　　　(b)明装(托地)干管与立管的连接

图 4-13　回水干管与立管的连接(单位:mm)

2)供热干管在顶棚下接立管时,为保证立管与后墙的安装净距,应用弯管连接,热水管可以从干管底部引出;对于蒸汽立管,应从干管的侧部(或顶部)引出,如图 4-14 所示。

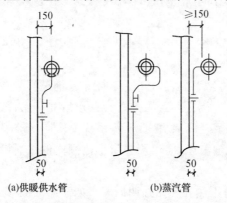

(a)供暖供水管　　　　　　(b)蒸汽管

图 4-14　供暖立管与顶部干管的连接(单位:mm)

供暖立管与干管连接所用的来回弯管以及立管跨越供暖支管所用的抱弯均在安装前集中加工预制,弯管制作如图 4-15 所示。弯管尺寸见表 4-3。

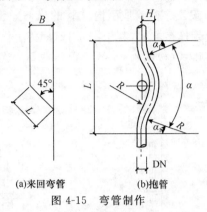

(a)来回弯管   (b)抱管
图 4-15 弯管制作

表 4-3 弯 管 尺 寸

公称直径 DN	α	α_1	R	L	H	公称直径 DN	α	α_1	R	L	H
15	94	47	50	146	32	25	72	36	85	198	38
20	82	41	65	170	35	32	72	36	105	244	42

注:此表适用供暖、给水、生活热水,α 和 α_1 单位为(°),DN、R、L、H 单位为 mm。

立管安装完毕后,应对穿越楼板的各层套管填充石棉绳或沥青油麻,石棉绳或沥青油麻应填充均匀,并调整其位置,使套管固定。

4. 散热器支管安装

(1)散热器支管安装一般是在立管和散热器安装完毕后进行(单管顺序式无跨越管时应与立管安装同时进行)。

(2)连接散热器的支管应有坡度,坡度为 0.01,坡向应利于排气和泄水。

(3)散热器立管和支管相交,应用灯叉弯、乙字弯进行连接,尽量避免用弯头连接。

(4)散热器的支管、立管连接如图 4-16 所示。

5. 采暖管道试压、冲洗及调试

(1)系统冲洗完毕应充水、加热,进行试运行和调试。

(2)先联系好热源,制定出通暖调试方案、人员分工和处理紧急情况的各项措施。备好修理、泄水等器具。

(3)维修人员按分工各就各位,分别检查采暖系统中的泄水阀门是否关闭,干、立、支管上的阀门是否打开。

(4)向系统内充水(以软化水为宜),开始先打开系统最高点的排气阀,指定专人看管。慢慢打开系统回水干管的阀门,待最高点的排气阀见水后立即关闭。然后开启总进口供水管的阀门,最高点的排气阀须反复开闭数次,直至将系统中冷空气排净。

(5)在巡视检查中如发现隐患,应尽快关闭小范围内的供、回水阀门,并及时处理和抢修。修好后随即开启阀门。

(6)全系统运行时,遇有不热处要先查明原因。如需冲洗检修,先关闭供、回水阀,泄水后再先后打开供、回水阀门,反复放水冲洗。冲洗完后再按上述程序通暖运行,直到运行正常为止。

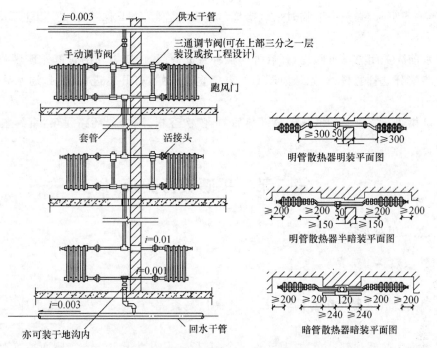

（a）热水单管系统散热器立、支管连接

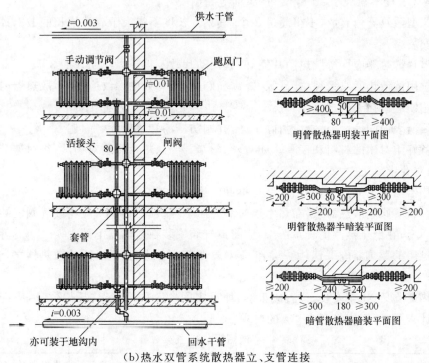

（b）热水双管系统散热器立、支管连接

图 4-16　散热器的支管、立管连接（单位：mm）

　　（7）若发现热度不均，应调整各个分路、立管、支管上的阀门，使其基本达到平衡后，邀请各相关单位检查验收，并办理验收手续。

　　（8）高层建筑的采暖管道冲洗与通热，可按设计系统的特点进行划分，按区域、独立系统、分若干层等逐段进行。

(9)冬季通暖时,必须采取临时采暖措施。室温应连续 24 h 保持在 5℃以上后,方可进行正常送暖。

1)充水前先关闭总供水阀门,开启外网循环管的阀门,使热力外网管道先预热循环。

2)分路或分立管通暖时,先从向阳面的末端立管开始,打开总进口阀门,通水后关闭外网循环管的阀门。

3)待已供热的立管上的散热器全部热后,再依次逐根、逐个分环路通热,直到整个系统正常运行为止。

第二节　采暖设备安装

一、散热器组对安装

1. 铸铁散热器的安装

(1)组对前的准备。

1)铸铁翼型散热器在组对前,应检查其翼片是否完整,每片掉翼数量不应超过下列规定值。

①长翼型散热器顶部掉翼数,只允许 1 个,其长度不得大于 50 mm。侧面掉翼数不得超过 2 个。其累计长度不得大于 20 mm。掉翼面应朝墙安装。

②圆翼型散热器掉翼数,不得超过 2 个,其累计长度不得大于翼片周长的 1/2,掉翼面应朝下或朝墙安装。

③钢串片散热器应保持散热肋片完好,其松动片数不得超过总肋片的 3%。

2)组对用的散热器应无裂纹、砂眼、蜂窝和麻面,接口处的螺纹应完好,散热器内部遗留的铸造砂及芯铁应清扫干净。

3)散热器表面的铁锈、污物应清除干净,并刷防锈漆和银粉漆各一遍。

4)准备好组对用的材料和工具。如对丝、丝堵、补心、垫片和组对钥匙、组对架等。

(2)组对要求。

1)散热器与管道的连接,必须安装可拆卸的连接件。

2)设有放气阀的散热器组,在热水供暖和高压蒸汽供暖系统中,应将放气阀安装在散热器的顶部补心上;在低压蒸汽供暖系统中,应将放气阀安装在散热器下部 1/4～1/3 高度上。

3)组对用的散热器应平直、紧密,上、下对丝要齐头并进,拧紧后两片散热器之间的垫片不得露出颈外。

4)散热器支架、托架安装,位置应正确,埋设牢固。散热器支架、托架数量,应符合设计要求。如设计未要求,则应符合表 4-4 的要求。

表 4-4　散热器支架、托架数量

散热器型式	安装方式	每组片数	上部托钩或卡架数	下部托钩或卡架数	合计
长翼型	挂墙	2～4	1	2	3
		5	2	2	4
		6	2	3	5
		7	2	4	6

散热器型式	安装方式	每组片数	上部托钩或卡架数	下部托钩或卡架数	合计
柱型、柱翼型	挂墙	3~8	1	2	3
		9~12	1	3	4
		13~16	2	4	6
		17~20	2	5	7
		21~25	2	6	8
	带足落地	3~8	1	—	1
		8~12	1	—	1
		13~16	2	—	2
		17~20	2	—	2
		21~25	2	—	2

5)柱型散热器组对时,一般在15片以内者,只在两端各设一片带足的;超过15片时,应在中间加一片带足的。

6)组对散热器用的衬垫应按热媒性质来确定。当热媒为高温水时,应采用耐热橡胶石棉垫;当热媒为低温水时,宜采用耐热橡胶垫;当热媒为蒸汽时,一般应采用2mm厚石棉纸垫。

7)圆翼型散热器组对时,用法兰连接。水平安装的圆翼型散热器,当系统热媒为热水时,两端应使用偏心法,进水端应上偏心接入,出水端应下偏心接出;当热媒为蒸汽时,进气管中心在法兰的中心接入,而回水的出口在法兰上必须下偏心接到凝结水管上,使凝结水管的内底与散热器出口内底相平,以利于凝结水排出。散热器各法兰对口垫片内外径不得走出法兰盘的密封面内外边线。

8)组对好的散热器应逐组进行水压试验。试验压力如设计无要求时,应为工作压力的1.5倍,但不小于0.6 MPa,试验时间为2~3 min,压力不降且不渗不漏。

9)应按片数或安装区域分别堆放试压合格的散热器,组与组之间用木板垫平隔开,防止掉翼损坏。

(3)散热器的组对。散热器的接口有螺纹连接、法兰连接、拉杆连接等多种,散热器的组对按其接口方式不同进行分类(表4-5)。

表4-5 散热器的组对按其接口方式不同分类

类型	内　　容
螺纹接口散热器的组对	(1)在组对螺纹接口的散热器时,先将对丝在散热器接口上试安装,检查对丝的松紧是否合适,一般拧到离对丝中部1~2个螺距为宜,过紧或过松均应调换重选。试装时,应注意对丝上的反正扣应与散热器接口的螺纹一致。试装中,若遇到对丝拧不进时,应检查对丝螺纹是否损坏,若螺纹损坏,可用锉刀或锯条进行修理。试装完后,将对丝暂留在接口处不要拿出,以免弄错,等整组散热器全部试完,再试装补心和丝堵。试补心和丝堵时要注意反、正螺纹,一般介质出口端为反螺纹,进口端为正螺纹。 (2)选好连接件后即可进行组装,散热器组装可在平台上或在地面上平行放置的两根木方上进行。先把对口平面清理干净,在密封垫两侧涂上铅油(用胶垫时不必涂油),然后将垫圈套在对丝中间,再把对丝拧到散热器接口上,拧进3圈螺纹为宜。没有垫圈时可用石棉绳缠麻丝代替,将其逆向缠在对丝中间。

类型	内容
螺纹接口散热器的组对	（3）上下对丝挂上后，把相邻散热器片推来，让两片散热器上下对口平行靠拢，将两把散热器组对钥匙从散热器一侧上下接口分别插入，卡在对丝的两个凸肋间，然后用手将散热器并紧，把对丝卡紧在中间接口处。先将两个组对钥匙反拧一点，当听到"咔嚓"声时，说明对丝两头已经对上。然后改为向里旋进，交替拧动上下两个对丝，使散热器平行靠拢，以免损坏螺纹。 （4）转动钥匙时要注意，不宜拧得过紧，一般拧到接口处胶垫被挤出少许即可。采用石棉或胶质石棉板做密封材料时，可拧到散热器两接口间距在 2 mm 以内为宜。 （5）在组对散热器时，若遇到对丝拧不进去，可检查工作台是否平正，散热器本身接口中心距有无偏差，如有偏差应更换散热器。在拧紧过程中，当听到"咔吧"声时，必须停止组对，拆下对丝，检查对丝及散热器接口有无破裂，若有破裂应立即更换。 （6）全组散热器组装好后再装上补心、丝堵，才算组装完毕
拉杆连接的散热器的组对	采用拉杆连接的柱型散热器组两端散热器为螺纹接口，其余均为凸凹形接口，其一侧接口为凸口，另一侧为凹口。组对时，先将垫片涂一层白铅油，套在散热器的凸口上，再将相邻散热器的凹口对上，这样依次组对到所要求的片数后，在散热器的两侧下接口套上压板并穿上拉杆戴上螺母拧紧，最后按丝对连接散热器组对方法将散热器两侧丝堵的补心装上。 用拉杆连接的柱型散热器片，带腿的散热器片中接口有两种，带螺纹和不带螺纹，只能把不带螺纹的组装在中间
圆翼型散热器的组对	圆翼型散热器组对时，可在地面上平放一根 12 号槽钢，放检查合格的散热器在槽钢凹内，对口、找正相邻两片散热器连接法兰螺栓孔，把垫圈紧贴在一片的法兰接口上，用手推另一片使之靠紧，用螺栓拧紧即可。 圆翼型散热器组装片数不宜超过 3 片，多于 3 片时，一般在固定好的散热器安装支架或托钩上组装

（4）散热器的安装。

1）一般规定。

①安装在同一房间内的各组散热器，其顶端高度应在同一水平线上。

②散热器一般应安装在外墙窗台下，并使散热器中心线与窗台中心线重合，其偏差不得大于 20 mm。散热器安装允许偏差应满足表 4-6 的规定。

表 4-6　散热器安装允许偏差　　　　　　　　　　　　（单位：mm）

项　　目	允许偏差
散热器背面与墙内表面距离	3
与窗中心线或设计定位尺寸	20
散热器垂直度	3

③散热器应平行于墙面，背面与装饰后的墙内表面安装距离，应符合设计或产品说明书的要求，如设计未注明，应为 30 mm。

④散热器底部离地面距离,如设计无要求,应和带足散热器中心距地面一致;上部不得高出窗台,如有窗台板,应距窗台板下皮 30 mm。

⑤散热器安装稳固后,用可拆卸件与管线上下连接。若有阀门,应装在立管与可拆件之间。支管安装时,一定要注意把钢管调整合适再进行碰头,以免弄歪支立管,不应使接头配件处受力而损坏。

⑥连接散热器的支管坡度应为 1‰,坡向应利于排气和泄水。

⑦当一根立管在同一节点上接往两根支管时,供水分支可在同一标高,回水分支必须错开,不得在同一标高安装。

⑧散热器支管过墙,除应加设套管外,还应注意支管接头和配件接头部位不准在墙内。

2)散热器托钩安装。

①一般要求。

a. 埋设平整、牢固,安装散热器托钩的位置应正确。应按规定确定各类型散热器每组托钩数量,根据散热器的型号、组装片数定好每组散热器的托钩数。

b. 柱型散热器安装时,上部均设卡子,下部为托钩。安装翼型散热器时,上部均设托钩。

c. 散热器托钩可用 $\phi 14 \sim \phi 16$ 圆钢或相应扁钢制作,其形状如图 4-17 所示,散热器托钩尺寸见表 4-7。

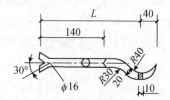

图 4-17　散热器托钩(单位:mm)

表 4-7　散热器托钩尺寸　　　　　　　　　　　　(单位:mm)

散热器型号	长翼型	圆翼型	M132 型	四柱	五柱
托钩尺寸	228	255	246	262	284

d. 柱型散热器上部卡子用 $\phi 8$ 圆钢制作,其卡子拉杆和卡紧垫板如图 4-18 所示。

(a)卡子拉杆　　　　　　　　　　　(b)垫板

图 4-18　柱型散热器安装上部卡子和垫板(单位:mm)

e. 要求生产厂家配套提供钢串片散热器安装托架,或按产品生产厂家提供的技术资料进行制作。

②托钩安装。

a. 每组散热器所需托钩数最应先确定,安装散热器托钩时,在砖墙上画出托钩的位置。画线时。先找出地面的基准线和窗台中心线,并按采用的散热器类型画好上、下水平线,根据应裁托钩数量画出各托钩位置的垂线,打托钩墙孔的位置即为各垂线与上、下水平线相交处画十字中心。画线架应根据所采用的散热器型号、大小尺寸定做,可参照如图 4-19 所示的画线架进行画线。架上的刻度应为散热器的宽度与垫圈厚度之和。使用时,将架中心对准散热器安装中心线,线架上边沿与墙上所画上水平线齐平,最后根据托钩布置位置画线,把打孔位置定好。

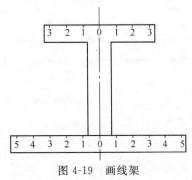

图 4-19　画线架

b. 当打墙孔工作量大时,可采用机械打孔。打孔深度应不小于 120 mm;一般可用直径为 25 mm 的钢管锯成斜口管钎子打。

c. 若在砖墙上预留托钩孔时,应与土建施工密切配合,在每层砌筑放线的同时,确定好窗口的位置,并根据所采用散热器的型号和片数,确定托钩的数量和留孔位置。留孔尺寸一般为高 65 mm,宽 75 mm,深度应不小于 150 mm。

d. 栽托钩时,将墙孔先用水浸湿,用 1∶3 水泥砂浆灌入 2/3 孔深,把托钩插入孔内,使其对准上水平线或下水平线与垂直线的交点,端部应保持水平,不得偏斜。同时托钩的水平间距和垂直间距要仔细检查。每组托钩的承托弯中心应在同一垂直平面内。找正找平后,用碎石将托钩挤紧固定好,最后用水泥砂浆填满钩孔,抹成与墙面一平。

e. 在钢筋混凝土墙上安装散热器时,铁件应预埋在钢筋混凝土墙上,将散热器托钩直接焊在预埋件上。

3)散热器的安装。待固定托钩后,就可开始进行散热器的安装。除圆翼型散热器应水平安装外,一般散热器应垂直安装。搬运成组散热器时须注意安全,轻抬轻放。为避免对丝断裂,丝对连接的散热器应立着搬运;安装带足散热器允许在足下垫铁片找平,但不得垫木板。

4)散热器支管的安装。

①散热器支管与墙面的距离和支立管与墙面的距离相同。水平支管与散热器须用来回弯连接,这是由于散热器进出口中心与墙面的距离和立管与墙面的距离不一致。散热器暗装时,应向墙面方向弯进;当散热器明装时,来回弯向室内弯曲。

②散热器支管上可不设管卡。当支管长度大于 1.5 m 时,应在距立管 1 m 处设管钩钉。

③散热器支管安装时,应有 0.01 的坡度,散热器进口端支管应坡向散热器,出口端支管应坡向立管,一般取 5~10 mm 坡降。

④为方便散热器的清洗和检修,散热器支管上均应设置可拆卸件,且应安装在紧靠散热器的一侧。水平支管装有阀门时,应将阀门设在靠立管处。

(5)散热器试压。散热器组对完毕后,应进行单组试压,以检验散热器组对的严密性,单组试压装置如图 4-20 所示,试验压力如设计无要求时应为工作压力的 1.5 倍,但不小于

0.6 MPa,试验时应缓慢将压力升至试验压力,试验时间为 2～3 min,压力不降且不渗不漏为合格。

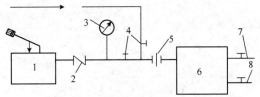

图 4-20 散热器单组试压装置
1—手压泵;2—止回阀;3—压力表;4—截止阀;
5—活接;6—散热器组;7—放气管;8—放水管

散热器水压试验合格后,即可除锈刷漆,一般刷防锈漆两遍,面漆一遍,待安装完毕,系统水压试验合格后,刷第二道面漆。

2. 钢制散热器安装

钢制散热器的安装较铸铁散热器简单,只需预先将成品散热器成组安装在散热器托钩或支架上,直接与散热器支管连接。

(1)托钩、托架安装。参见铸铁散热器安装中的相关内容。

(2)散热器就位、固定。

1)根据设计要求,将各房间的散热器对号入座,用人力将散热器平稳地安放在散热器托钩上。

2)散热器就位后,须用水平尺、线坠及量尺检查散热器安装是否正确,散热器应与地面垂直,散热器侧面应与墙面平行,散热器背面与装饰后的墙内表面的安装距离,应符合设计或产品说明书要求。如设计未注明,距离为 30～50 mm。散热器与托钩接触要紧密。

3)同一房间内的散热器应安装在同一水平线上。

4)散热器安装在钢筋混凝土墙上时,必须在钢筋混凝土墙上预埋钢板,散热器安装时,先把托钩焊在预埋钢板上。

(3)散热器与支管的连接。参见铸铁散热器安装中的相关内容。

二、暖卫设备安装

1. 孔洞预留埋件

(1)孔洞预留尺寸及位置。按照预留和预埋的技术草图或者根据设计图中管道穿越建筑结构的部件和技术要求,常见预埋件形式如图 4-21 所示,预留孔洞尺寸见表 4-8。

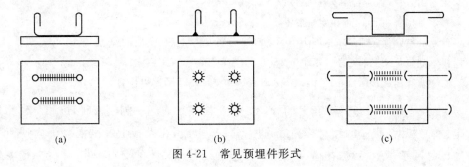

图 4-21 常见预埋件形式

表 4-8　预留孔洞尺寸表　　　　　　　　　　（单位：mm）

管道名称		明管		暗管	
		留孔尺寸　（长×宽）		暗槽尺寸　（长×宽）	
		金属管	塑料管（给排水）	金属管	塑料管（给排水）
供暖或给水立管	管径≤25	100×100	80×80	130×130	90×90
	管径32~50	150×150	150×150	150×150	110×110
	管径70~100	200×200	200×200	200×200	160×160
一根排水立管	管径≤50	150×150	130×130	200×200	—
	管径70~100	200×200	180×180	200×200	
二根供暖或给水立管	管径≤32	150×100	100×100	200×130	150×80
一根给水立管和一根排水立管在一起	管径≤50	200×150	130×130	200×130	200×100
	管径70~100	250×200	250×200	250×200	320×150
二根给水立管和一根排水立管在一起	管径≤50	200×150	200×150	250×130	220×100
	管径70~100	350×200	350×200	380×200	320×150
给水支管或散热器支管	管径≤25	100×100	80×80	60×60	60×60
	管径32~40	150×130	140×140	150×100	150×100
排水支管	管径≤80	250×200	230×180	—	—
	管径100	300×250	300×200	—	—
供暖或排水主干管	管径≤80	300×250	250×220	—	—
	管径100~125	350×300	300×250	—	—
给水引入管	管径≤100	—	—	300×200	—
排水排出管穿基础	管径≤80	300×300		—	—
	管径100~150	（管径+300）×（管径+200）			
	管径200				

注：1. 给水引入管，管顶上部净空一般不小于 100 mm。

　　2. 排水排出管，管顶上部净空一般不小于 150 mm。

　　3. 给水架空管顶上部的净空不小于 100 mm（为便于装修工程实施，均不得偏大）。

　　4. 排水架空管顶上部的净空不小于 150 mm（为便于装修工程实施，均不得偏大）。

　　5. 在建筑物内风管预留孔尺寸，圆形为管径加 100 mm，矩形为边长加 100 mm。

（2）素混凝土结构中模具和套管的预留。当土建施工支起一侧模板时，按照土建测量人员给出的定位轴线和模板上的相对标高线，进行量尺、拉线，在模板上找准混凝土内预留的模具或套管的标高和垂直中心线，在模板上把中心位置线与标高线的交点画出"十"字，使模具或套管对准中心的"十"字标记，再将模具或套管用钉子钉牢或用 22 号钢丝绑牢在模板上。经检查和复核,认定坐标和标高准确无误,即可移交给土建施工人员并盖上另一侧模板。如果是套管预留,可待模板完全支牢后,按套管所在位置,在模板上锯出孔洞,再把准备好的套管对准"十"字中心标记穿进洞中。若土建施工中采用的是组合钢模板,则可在套管的两端口处,事先用灰袋纸封堵好,以防浇筑混凝土时堵塞套管的管口。

(3)钢筋混凝土结构中模具和套管的预留。待土建工程的钢筋绑扎完成后,施工到预留部位时,根据设计图中穿管及设备支撑的标高和坐标,按定位轴线和相对标高线,在支好的一侧模板上,量尺、拉线找出两线的交点,将"十"字标记画在模板上。把事先加工制作成形的模具或套管,用 22 号钢丝牢固地绑扎或焊固在钢筋上。经检查和复核确认完全合格后,方可移交给土建施工人员进行下道工序。为防止混凝土在浇筑时流进套管的两个端口,可用灰袋纸将其堵严。如果因某些原因使下道工序延误,则需在混凝土浇筑时重新检查模具或套管的标高及坐标。

虽然土建常采用外浇内砌和外挂板内模以及大模板施工的施工方法,但有时模具和套管是无法预留和预埋的。必须在大模板全部拆除时,及时量尺、拉线测准"十"字中心点位置、及时剔凿孔洞或埋设套管。在剔凿之前应征得土建施工人员的同意和指导,不得擅自断筋。

钢筋混凝土的预制构件上一般不预留、不预埋孔洞,因不容易找准孔洞和埋件的准确位置。特殊情况下,可以向有关部门发出技术变更通知单,将要求预留孔洞或套管的准确尺寸和位置标注清楚。并会同预制构件施工人员共同商定。

(4)砖墙上的孔、槽和模具预留。根据管道在墙内部分的标高和位置,按照土建施工人员给出的定位轴线和相对标高线,量尺、拉线找出管子纵向位置的中心线,并向土建砌筑人员详细交底。若孔洞较小,也可由安装人员配合砌筑施工边砌边留,应多检查几次尺寸。若洞口较大,则应在土建砌筑留洞的下面留几行砖时,就将洞口左右两侧边线引出画在砌好的砖墙上,同时将洞口的底标高和顶标高也清清楚楚地标注在砌好的砖墙上。经反复检查,尺寸没有差错时,方可移交给砌筑人员预留。凡有过梁的洞口,在预留以后应及时配合建筑吊装。

在砖墙上预留木砖时,根据设计图中各类器具、设备的标高、坐标及技术要求,拉线测出中心线定位。

(5)散热器的托钩或挂钩孔预留。根据土建已给出的室内地面相对标高线和窗户中心线(安装在窗下的散热器位置应居中),按照不同型号的散热器,不同的固定方式,不同数量的托、挂钩数,确定每一个孔洞位置,然后配合土建砌筑人员预留。若遇墙体为空心砖结构,预留孔洞处应围砌成丁字砖。最好事先将预留孔相对位置的尺寸标于草图上。

(6)支吊架的铁件、基础螺栓和其他螺栓的预埋。管道的各种支吊架的铁件大多设在钢筋混凝土结构中。设在钢筋混凝土的墙壁、柱子和楼板里时,可根据建筑设计图纸给出的轴线和标高,进行量尺、拉线确定铁件的位置,如图 4-22 所示。然后将准备好的铁件放正找平;用 22 号钢丝将其绑扎在临近的钢筋上,再校正找平,复核坐标与标高。如果铁件有一个平面与结构面在一个平面上,在土建施工人员合模板时,必须再次检查预埋铁件的准确度,要注意检查铁件面与模板面的接触是否合格,严防拆除模板后找不到铁件的平面。

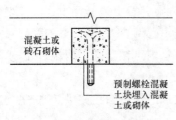

注:细石混凝土强度等级应不小于C20;
预制块表面抹防水砂浆后刷毛

注:预埋螺栓周围剔槽,深度和螺栓外的
宽度相等,一般为20~40 mm;
槽应冲刷干净然后嵌素灰(水灰比为
0.2,手握成团,落地粉碎)

(a)预埋螺栓或混凝土块   (b)预埋螺栓嵌槽

图4-22　预埋螺栓结构图(单位:mm)

管道安装工程中,各种设备基石出屋顶的大型筒形风帽基座等,都必须预埋螺栓或预留螺栓孔洞,应掌握建筑施工进度,注意配合,防止遗漏。设备基础地脚螺栓预埋如图4-23所示。

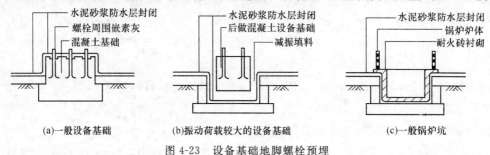

(a)一般设备基础　　　(b)振动荷载较大的设备基础　　　(c)一般锅炉坑

图4-23　设备基础地脚螺栓预埋

2.套管的制作安装

(1)普通套管。

1)普通套管选用与安装基本要求。

①管道穿过墙壁和楼板,应按设计要求设置硬质套管。

②根据所穿构筑物的厚度及穿越管道管径大小确定套管材质、规格和长度;并根据图纸统计出套管的规格与数量,编制套管加工统计表。当设计无要求时,对于小管径管道,其套管管径应比穿越管大两号;对于大管径管道,其套管内径应大于穿越管外径50 mm。穿墙套管的长度应为墙厚加墙两面装饰层的厚度;穿楼板长度应为该处楼板厚度加楼板两面装饰层厚度,一般房间再加上20 mm,卫生间等有防水要求的房间再加上50 mm。

③按照加工统计表、根据施工进度的要求制作套管。选取合适的管材,按相应的长度截取,套管两端面垂直于轴线、光洁无毛刺。非镀锌钢管下料后套管内刷防锈漆一道,必要时在适当部位焊好架铁。

④套管安装应随同干管、立管、支管安装。将预制好的套管套在管道上,放在指定位置。管道安装完毕找正后,再调整套管的位置及与管道的间隙,调整完毕加以固定不应位移。

⑤需预埋套管时,应用小线拉直、找正。套管端面应与墙面平行,中心线应与穿越管道的中心线在同一条直线上,且水平管需注意坡度要求。根据不同部位的要求把套管固定牢固,不得因轻微的碰撞而产生位移。安装在楼板内的套管,其顶部应高出装饰地面20 mm;安装在卫生间及厨房内的套管,其顶部应高出装饰地面50 mm,底部应与楼板底面相平;安装在墙壁内的套管其两端与饰面相平。

⑥安装管道时应注意穿越管道与套管周边的间隙要一致,管道安装完毕应及时填堵套管与构筑物的缝隙。穿过楼板的套管与管道之间缝隙应用阻燃密实材料和防水油膏填实,端面光滑;穿墙套管与管道之间缝隙宜用阻燃密实材料填实,且端面应光滑。管道接口不得在套管内。

2)普通套管的安装。

①穿基础套管的安装。选定套管后,即可按基础的厚度(即宽度)进行计算、量尺、下料加工。待土建基础施工时,互相配合,进行套管预埋。套管预制后应刷防锈底漆或冷底子油一遍,后刷热沥青两遍。待管道安装工程完成后,进行套管填料。一般可在套管中位 100 mm 左右处塞紧油麻,两边各不小于 120 mm 用黏土或沥青玛蹄脂填实,最外层各留 25 mm 用 M5 水泥砂浆封口;也可在油麻的外层直接用膨胀水泥砂浆填实、封口。燃气管道与套管间隙的填料可于套管中部填塞油麻,套管两端用沥青油膏封堵;地上部分的聚乙烯燃气管道套管可用油麻和石膏封堵。

②穿墙套管安装。非预埋套管应随同穿间隔墙的管道安装,将套管事先套在管子上,并安放在指定位置。待管道安装完成后,其管道的穿墙部位应居套管的正中。严禁管道搭在套管内壁上,而使套管失去作用。供热管道和热水管道套管的填料应采用石棉绳;燃气管道的套管可以采用油麻填塞;硬聚氯乙烯风管等的穿墙防护套管采用石棉绳做填料;空气净化风管的防护套管可采用闭孔海绵或软橡胶填塞,严禁采用石棉绳、厚纸板、铅油麻丝及泡沫塑料、乳胶海绵等做填料,防止产生尘埃。

(2)防水套管。

1)防水套管选用与安装基本要求。

①穿过地下室或地下构筑物外墙以及穿越水池壁的管道,应在穿越部位采取防水措施。按设计要求采用柔性防水套管或刚性防水套管。

②根据所穿构筑物的厚度及穿越管道种类、规格确定套管规格和长度;并根据图纸统计出套管的规格与数量,编制套管加工及安装统计表,按照设计或施工安装图集中的要求进行预制加工。当设计无要求时,对于小管径管道套管管径应比穿越管大两号;对于大管径管道套管内径应大于穿越管外径 50 mm。

③将预制加工好的套管在浇筑混凝土合模前按设计要求的部位固定好,校对坐标、标高,平正合格后一次浇筑于混凝土内固定。

④待管道安装完毕后进行填堵。刚性防水套管,捻入填料,塞紧捣实,并用水灰比为 1∶9 的水泥捻实,确保无渗漏。柔性防水套管,按要求顺序填入橡胶圈、短管法兰压盖,对称,上紧螺栓,保证无渗漏。

2)防水套管的分类与安装。

①刚性防水套管。刚性防水套管分成Ⅰ、Ⅱ、Ⅲ、Ⅳ型。

a.Ⅰ、Ⅱ型套管安装。Ⅰ和Ⅱ型套管适用于铸铁管道,也适用于非金属管道。其过外墙套管的下料长度 L＝墙厚＋墙壁里外面层(Ⅱ型总长不小于 200 mm)。Ⅰ型刚性防水套管如图 4-24 所示,Ⅱ型刚性防水套管如图 4-25 所示。

Ⅰ型及Ⅱ型套管必须随同混凝土工程一次性浇固于墙壁内。如果遇到非混凝土墙壁时,必须将套管部位改成混凝土墙壁,其浇筑混凝土的范围为采用Ⅰ型时,应比铸铁接轮外径大 300 mm 的范围;采用Ⅱ型时,应比套管上的翼型止水环的直径大 200 mm 的范围。

在管道安装全部完成后进行套管内填料。以 $L/3$ 的长度位于中间部位,先用油麻填实,然后在套管的两端各占 $L/3$ 同时填紧石棉水泥。石棉与水泥之比一般应采用 $3:7$,操作过程要求边用水拌匀边填塞,并捣实。

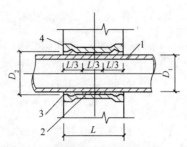

图 4-24　Ⅰ 型刚性防水套管(单位:mm)

1—铸铁管;2—油麻;3—石棉水泥;4—铸铁接轮

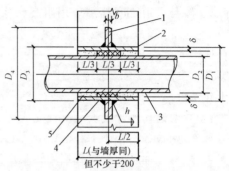

图 4-25　Ⅱ 型刚性防水套管(单位:mm)

1—翼环;2—钢套管;3—铸铁管;4—油麻;5—石棉水泥

b. Ⅲ、Ⅳ 型套管安装。在 Ⅲ 型刚性防水套管中,防水翼环直接用 T—42 焊条将其焊在穿墙壁的管道上,如图 4-26 所示。

预埋穿外墙管道长度 $L=$ 墙厚+墙壁里外面层+300 mm+300 mm(总长为 600 mm 加上不小于 200 mm 的墙总厚)。

套管安装,止水翼环按尺寸表下料加工后,须事先将止水翼环直接焊在套管(即已加工好的穿墙预埋管段)上。焊制成形后在其外壁表面均刷底漆一遍,然后随同管道安装过程就位,待全部安装完成,进行石棉水泥堵洞填料,石棉与水泥比例为 $3:7$。填料应压紧灌实。

若采用 Ⅳ 型刚性防水套管,应注意除了焊有止水翼环的钢套管之外,还比 Ⅱ 型多设一道焊于穿墙管道上的挡圈,如图 4-27 所示。

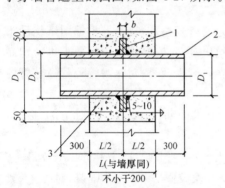

图 4-26　Ⅲ 型刚性防水套管(单位:mm)

1—翼环;2—钢管;3—石棉水泥

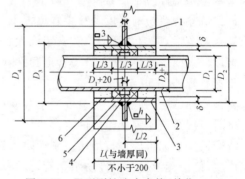

图 4-27　Ⅳ 型刚性防水套管(单位:mm)

1—翼环;2—钢管;3—钢套管;4—挡圈;5—油麻;6—石棉水泥

穿墙套管长度 $L=$ 墙厚+墙壁里外面层(总厚不得小于 200 mm)。

套管安装,必须将套管一次浇固于墙内,如果遇到非混凝土墙时,必须改为混凝土墙,其浇筑混凝土的范围应比翼环的直径大 200 mm,管道全部安装完后即可进行套管内填料,先用油麻填实套管 1/3 长度的中间部位,然后在套管两端同时用 $3:7$ 的石棉水泥填紧抹平。

②柔性防水套管。在穿过墙壁和顶板时,无振动的部位可预埋刚性防水套管,如前所述 Ⅰ型、Ⅱ 型、Ⅲ 型和 Ⅳ 型。若管道穿过不均匀沉降、胀缩部位或有振动和对防水有严密要求的部位时,必须预埋柔性防水套管。

柔性防水套管的组成。柔性防水套管由两大部分组成,一部分是由套管、翼环、挡圈和翼盘组成;另一部分是由短管和法兰盘组成,如图 4-28 所示。

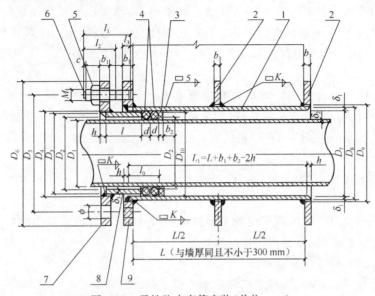

图 4-28　柔性防水套管安装(单位:mm)

1—套管;2—翼环;3—挡圈;4—橡胶条;5—螺母;6—双头螺栓;7—法兰盘;8—短管;9—翼盘

　　柔性套管的安装。套管的第一部分必须随钢筋混凝土工程的施工浇固于墙壁内。当管道工程全部安装完成后,进行填料,先从池内一端把沥青麻丝拧成麻花,用麻钎塞进套管里,将牛皮纸拧紧后随后也塞入,然后再将 20 mm 厚的油膏进行嵌缝封口。在套管的另一端用橡胶绳(圈)塞入,橡胶绳的直径 d 应符合规定,最后将短管上的法兰盘对上翼盘,螺栓孔对准且插进螺栓,同时将短管的另一端挤紧橡胶绳。然后方可将螺栓帽(即螺母)对称拧紧。

　　(3)防火套管。高层建筑室内明敷的硬聚氯乙烯管道,当立管的管径不小于 110 mm 时,必须在贯穿楼板的部位设置防火套管。防火套管均由防火材料厂提供专用产品,与各种规格的 PVC-U 排水管道相互配套,在设计选定后安装,如图 4-29 所示。

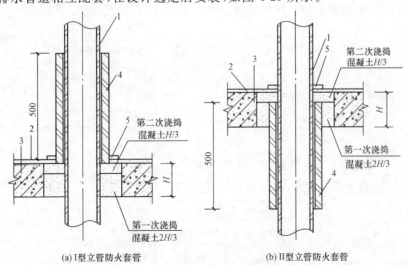

图 4-29　立管防火套管(单位:mm)

1—PVC-U 管;2—楼面面层;3—混凝土楼板;4—防火套管;5—水泥砂浆阻水圈

1)Ⅰ型立管防火套管安装。Ⅰ型立管防火套管的安装须先在混凝土楼板底面吊挂模板,对穿楼板管道的预留孔洞进行第一次浇筑细石混凝土,其厚度应是楼板厚度的2/3。待此层达到强度1.2 MPa后方可对剩余的1/3进行第二次浇筑细石混凝土。待其达到强度后,则将500 mm长的特制防火套管安置在第二层混凝土上,待楼地面的面层施工完毕后抹M7.5的水泥砂浆阻水圈。

2)Ⅱ型立管防火套管安装。将事先套在管道上的Ⅱ型套管的上端顶至楼板厚度的2/3处,可用临时支撑托住套管,待吊好模板后,就可以从上向下进行第一次2/3板厚的浇筑,待细石混凝土达到1.2 MPa强度后,再浇筑余下的1/3板厚。待土建施工完楼面面层后,抹M7.5水泥砂浆为阻水圈。

3. 管道预制加工

(1)断管。

1)根据现场测绘草图按照施工现场实际测量的尺寸,在选好的管材上画线。画线时应考虑截断管材时管材的损耗,预留出一定的损耗量。

2)按照所画线的位置截断管材。

①用砂轮锯断管时,应将管材放在砂轮锯卡钳上,对准画线卡牢,进行断管,断管时向下压手柄时用力要均匀,不要用力过猛;断管后要将管口断面的铁膜、毛刺清除干净。

②用手锯断管时,应将管材固定在压力案的压力钳内,将锯条对准画线,双手推锯,锯条要保持与管的轴线垂直,推拉锯用力要均匀,锯口要锯到底,不许扭断或折断,以防管口断面变形。

③用专用切割刀具或管剪刀断管时,对于小管径管道应在干净平整的地面上进行,一手握住管子,一手拿稳切割工具;对于大管径管道应放在操作平台上或两人操作。把刀口对准画线,垂直切割管子,使切割断面与管子轴线垂直;均匀旋转管子或切割工具,切割用力均匀确保切割后的管端成正圆形状,并保证管口清洁,不缩径。

(2)弯管。

1)弯管的分类及形式。弯管按其制作方法不同,可分为揻制弯管、冲压弯管和焊接弯管。揻制弯管又分冷揻和热揻两种。按弯管形成的方式,其详细划分如图4-30所示。

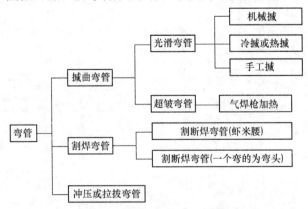

图4-30 弯管按形成方式分类

揻制弯管具有伸缩弹性较好、耐压高、阻力小等优点。按单弯管的形状分类可分为六种,如图4-31所示。在维修施工中经常遇到的主要加工弯管形式有如图4-32所示的弯头、U形管、来回弯(或称乙字弯)和弧形弯管等。

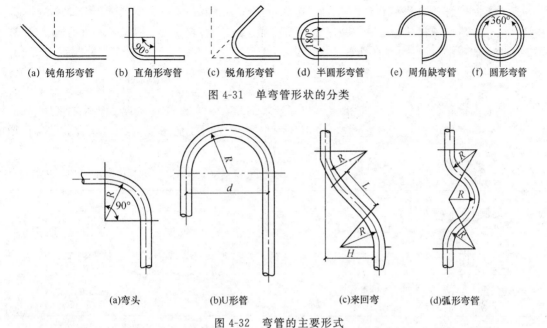

(a) 钝角形弯管　(b) 直角形弯管　(c) 锐角形弯管　(d) 半圆形弯管　(e) 周角缺弯管　(f) 圆形弯管

图 4-31　单弯管形状的分类

(a)弯头　　　　　(b)U 形管　　　　　(c)来回弯　　　　(d)弧形弯管

图 4-32　弯管的主要形式

2)弯管的弯曲要求。弯管尺寸由管径、弯曲角度和弯曲半径三者确定。弯管的弯曲半径用 R 表示,R 较大时,管子的弯曲部分就较大,弯管就比较平滑;R 较小时,管子的弯曲部分就较小,弯得就较急。弯曲的角度则根据图纸和现场实际情况确定,然后制出样板,并按样板检查撖制管件弯曲角度是否合适。样板可用圆钢撖制,圆钢直径一般为 $\phi10 \sim \phi14$ 即可。弯管的弯曲半径应按设计图纸及有关规定选定,既不能过大,也不应太小,一般:热撖为 $3.5D_w$(D_w 为管外径);冷撖为 $4D_w$;焊制弯管为 $1.5D_w$;冲压弯头为 $R \geqslant D_w$。弯管最小弯曲半径见表 4-9。

表 4-9　弯管最小弯曲半径

管子类别	弯管制作方式	最小弯曲半径	
中、低压钢管	热弯	$3.5D_w$	
	冷弯	$4.0D_w$	
	褶皱弯	$2.5D_w$	
	压制	$1.0D_w$	
	热推弯	$1.5D_w$	
	焊制	DN≤250 mm	$1.0D_w$
		DN>250 mm	$0.75D_w$
高压钢管	冷、热弯	$5.0D_w$	
	压制	$1.5D_w$	
有色金属管	冷、热弯	$3.5D_w$	

注:DN 为公称直径,D_w 为外径。

①管子弯曲时,弯头里侧的金属被压缩,管壁变厚,弯头背面的金属被拉伸,管壁变薄。为了使管子变曲后管壁减薄不致对原有的工作性能有过大的改变,一般规定管子弯曲后,中、低压管的前壁减薄率不得超过 15%,高压管的前壁减薄率不得超过 10%,且不得小于设计计算壁厚。壁厚减薄率可按式(4-2)进行计算:

$$管壁减薄率=\frac{弯管前壁厚-弯管后壁厚}{弯管前壁厚}\times 100\% \tag{4-2}$$

由于小直径管子的相对壁厚(指壁厚与直径之比)较大,大直径管子的相对壁厚较小,故从承压的安全角度考虑,小直径管子的弯曲半径可小些,大直径的管子应大些。弯曲半径与管径的关系见表 4-10。

表 4-10 弯曲半径与管径的关系

管径 DN(mm)	弯曲半径 R	
	冷搣	热搣
25 以下	3DN	—
32～50	3.5DN	—
65～80	4DN	3.5DN
100 以上	(4～4.5)DN	4DN

②管子弯曲时,由于管子内外侧管壁厚度的变化,还使得弯曲段截面由原来的圆形变成了椭圆形。为使过流断面缩小不致过小,一般对弯管的椭圆率规定不得超过以下数据:

高压管	5%;
中、低压管	8%;
铜、铝管	9%;
铜合金、铝合金管	8%;
铅管	10%。

椭圆率计算公式为:

$$椭圆率=\frac{最大外径-最小外径}{最大外径}\times 100\% \tag{4-3}$$

用各种纵向焊缝管搣制弯管时,其纵焊缝应置于如图 4-33 所示的两个 45°角阴影区域之内。

③管道弯曲角度 α 的偏差值 Δ 如图 4-34 所示。对于中、低压管,当用机械弯管时,Δ 值不得超过 3 mm/m,当直管长度大于 3 m 时;总偏差最大不得超过±10 mm;当用地炉弯管时,不得超过±5 mm/m,当直管长度大于 3 m 时,其总偏差最大值不得超过±15 mm;对于高压弯管弯曲角度的偏差值不得超过±1.5 mm/m,最大不得超过±5 mm。

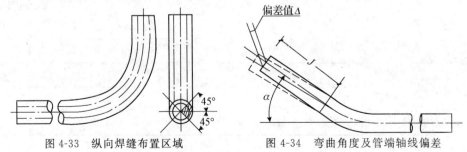

图 4-33 纵向焊缝布置区域　　　　图 4-34 弯曲角度及管端轴线偏差

④撖制弯管应光滑圆整,不应有皱褶、分层、过烧和拔背。对于中、低压弯管,如果在管子内侧有个别起伏不平的地方,应符合表4-11的要求,且其波距 t 应不小于 $4H$,如图4-35所示。

表4-11　中低压管弯管内侧波高允许值　　　　　　　（单位:mm）

管子外径	≤114	133	159	219	273	325	377	426
波高	4	5	6		7		8	

图4-35　弯曲部分波浪度

⑤焊制弯管是由管节焊制而成,焊制弯管的组成形式如图4-36所示。对于公称直径大于400 mm的弯管,可增加中节数量,但其内侧的最小宽度不得小于50 mm。焊制弯管的主要尺寸偏差应符合下列规定。

周长偏差:DN>1 000 mm时不超过±6 mm;DN≤1 000 mm时不超过±4 mm。

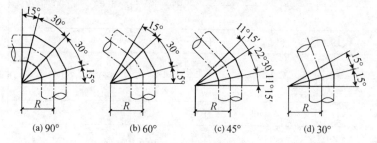

(a) 90°　　　(b) 60°　　　(c) 45°　　　(d) 30°

图4-36　焊制弯管　　　　　　　　图4-37　焊制弯头端面垂直偏差

端面与中心线的垂直偏差 Δ,如图4-37所示。其值不应大于外径的1%,且不大于3 mm。

⑥压制弯头加工主要尺寸允许偏差见表4-12。

表4-12　压制弯头加工主要尺寸允许偏差　　　　　　（单位:mm）

管件名称	管件形式	检查项目	公称直径				
			25～70	80～100	125～200	250～400	
						无缝	有缝
弯头		外径偏差	±1.1	±1.5	±2	±2.5	±3.5
		外径椭圆	不超过外径偏差值				

3)钢管的冷撖加工。冷撖弯管是指在常温下依靠机具对管子进行撖弯。优点是不需要加热设备,管内也不充砂,操作简便。常用的冷弯弯管设备有手动弯管机、电动弯管机和液压弯管机等。

①冷弯弯管的一般要求。

a. 目前冷弯弯管机一般只能用来弯制公称直径不大于 250 mm 的管子,当弯制大管径及厚壁管时,宜采用中频弯管机或采用其他热撼法。

b. 采用冷弯弯管设备进行弯管时,弯头的弯曲半径一般应为管子公称直径的 4 倍。当用中频弯管机进行弯管时,弯头弯曲半径可为管子公称直径的 1.5 倍。

c. 金属钢管具有一定弹性,在冷弯过程中,当施加在管子上的外力撤除后,弯头会弹回一个角度。弹回角度的大小与管子的材质、管壁厚度以及弯曲半径的大小有关,因此在控制弯曲角度时,应考虑增加这一弹回角度。

d. 对一般碳素钢管,冷弯后不需做任何热处理。

②冷弯后的热处理。管子冷弯后,对于一般碳素钢管,可不进行热处理。对于厚壁碳钢管、合金钢管有热处理要求时,则需进行热处理。对有应力腐蚀的弯管,不论壁厚大小均应做消除应力的热处理。常用钢管冷弯后的热处理条件见表 4-13。

表 4-13 常用钢管冷弯后的热处理条件

钢种或钢号	壁厚(mm)	弯曲半径	热处理要求
Q235－A、B、C 10、20、20G 16 Mn	≥36	任意	600℃～650℃退火
	19～36	$5D_w$	
	<19	任意	—
12CrMo 15CrMo	>20	任意	680℃～700℃退火
	13～20	$3.5D_w$	
	<13	任意	—
12CrMoV	>20	任意	720℃～760℃退火
	13～20	$3.5D_w$	
	<13	任意	—
0Cr19Ni9 0Cr18Ni9 0Cr18Ni10Ti Cr25Ni20	任意	任意	按设计条件要求

注:D_w 为管子外径。

4)碳素钢管灌砂热撼加工。用灌砂后将管子加热来撼制弯管的方法叫做"撼弯",是一种较原始的弯管制作方法。这种方法灵活性大,但效率低,能源浪费大,成本高。因此目前在碳素钢管撼弯中已很少采用,但它确实有着普遍意义。直至目前,在一些有色金属管、塑料管的撼弯中仍有其明显的优越性。这种方法主要分为灌砂、加热、弯制和清砂四道工序。

①弯管的准备工作。

a. 应选择质量好、无锈蚀及裂痕的管子。对于高、中压用的村镇管道应选择壁厚为正偏差的管子。

b. 弯管用的砂子应根据管材、管径对砂子的粒度、耐热度进行选用。碳素钢管用的砂子粒度应按表 4-14 选用,为使充砂密实,充砂时不应只用一种粒径的砂子,而应按表 4-15 进行级配。砂子耐热度要在 1 000℃以上。其他材质的管子一律用细砂,耐热度要适当高于管子加热的最高温度。

表 4-14　碳素钢管充填砂的粒度

管子公称直径(mm)	<80	80～150	>150
砂子粒度(mm)	1～2	3～4	5～6

表 4-15　粒径配合比

公称直径 DN (mm)	粒径(mm)						
	1～2	2～3	4～5	5～10	10～15	15～20	20～25
	百分率(%)						
25～32	70	—	30	—	—	—	—
40～50	—	70	30	—	—	—	—
80～150	—	—	20	60	20	—	—
200～300	—	—	—	40	30	30	—
350～400	—	—	—	30	20	20	30

c. 充砂平台的高度应低于揻制最长管子的长度 1 m 左右,以便于装砂。由地面算起每隔 1.8～2 m 分一层,该间距主要考虑操作者能站在平台上方便地操作。顶部设一平台,供装砂用。充砂平台一般用脚手架杆搭成。如果揻制大管径的弯管,在充砂平台上层需装设挂有滑轮组的吊杆,以便吊运砂子和管子。

d. 地炉位置应尽量靠近弯管平台,地炉为长方形,其长度应大于管子加热长度 100～200 mm,宽度应为同时加热管子根数乘以管外径,再加 2～3 根管子外径所得的尺寸为宜。炉坑深度可为 300～500 mm。地炉内层用耐火砖砌筑,外层可用红砖砌筑。鼓风机的功率应根据加热管径的大小选用,管径在 100 mm 以下为 1 kW;DN100～DN200 为 1.8 kW;DN> 200 mm 以上为 2.5 kW,管径很大者应适当加大鼓风机功率。为了便于调节风量,鼓风机出口应设插板;为使风量分布均匀,鼓风管可做成丁字形花管,花眼孔径为 10～15 mm,要均布在管的上部。

e. 揻管平台一般用混凝土浇筑而成,平台要光滑平整。在浇筑平台时,应根据揻制的最大管径,铅垂预埋两排 DN60～DN80 的钢管,作为挡管桩孔用,管口应经常用木塞堵住,防止混凝土或其他杂物掉入管内,影响今后使用。

f. 在现场准备工作中,要注意对各工序作合理的布置。加热炉应平行地靠近揻管平台,充砂平台与加热炉之间的道路要畅通,一般布置情况如图 4-38 所示。除了上述的准备工作以外,还要准备有关揻弯的样板和水壶,以便控制热揻的角度和加热范围。

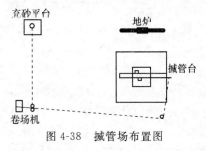

图 4-38　揻管场布置图

②揻弯操作。

a. 充砂。要进行人工热揻弯曲的管子,首先要进行管内充砂,充砂的目的是减少管子在热揻过程中的径向变形,同时由于砂子的热惰性,从而可延长管子出炉后的冷却时间,以便于揻弯操作。填充管子用的砂子,填前必须烘干,以免管子加热时因水分蒸发压力增加,管堵冲出伤人;同时水蒸气排出后,砂子就密实度降低,对保证揻弯的质量也不利。

充砂前,对于公称直径小于 100 mm 的管子应先将管子一端用木塞堵塞,对于直径大于 100 mm 的管子则用活动钢堵板堵严,然后竖在灌砂台旁。在把符合要求的砂子灌入管子的同时,用锤子或用其他机械不断地振动管子,使管内砂子逐层振实。锤子敲击应自下而上进行,锤面注意放开,减少在管壁上的锤痕。管子在用砂子灌密实后,应将另一端用木塞或钢板封堵密实。

b. 加热。施工现场一般用地炉加热,使用的燃料应是焦炭,而不是烟煤,因烟煤含硫,不但腐蚀管子,而且会改变管子的化学成分,以致降低管子的机械强度。焦炭的粒径应在 50～70 mm 左右,当揻制管径大时,应用大块。地炉要经常清理,以防结焦而影响管子均匀加热。钢管弯管加热到弯曲温度所需的时间和燃料即可(根据具体情况而定)。

管子不弯曲的部分不应加热,以减少管子的变形范围。因此管子在地炉中加热时,要使管子应加热的部分处于火床的中间地带。为防止加热过程中因管子变软自然弯曲,而影响弯管质量,在地炉两端应把管子垫平。加热过程中,火床上要盖一块钢板,以减少热量损失,使管子迅速加热,管子要在加热时经常转动,使之加热均匀。

c. 揻管。把加热好的管子运到揻管平台上。运管的方法:对于直径不大于 100 mm 的管子,可用抬管夹钳人工抬运;对于直径大于 100 mm 的较大管子,因砂已充满,抬运时很费力,同时管子也易于变形,尽量选用起重运输设备搬运。如果管子在搬运过程中产生变形,则应调直后再进行揻管。

管子运到平台上后,一端夹在插于揻管平台挡管桩孔中的两根插杆之间,并在管子下垫两根扁钢,使管子与平台之间保持一定距离,以免在管子"火口"外侧浇水时加热长度范围内的管段与平台接触部分被冷却。用绳索系住另一端,揻前用冷水冷却不应加热的管段,然后进行揻弯。通常公称直径小于 100 mm 的管子用人工直接揻制;管径大于 100 mm 的管子用一般卷扬机牵引揻制。在揻制过程中,管子的所有支撑点及牵引管子的绳索,应在同一个平面上移动,否则容易产生"翘"或"瓢"的现象。在揻制时,牵引管子的绳索应与活动端管子轴线保持近似垂直,以防管子在插桩间滑动,影响弯管质量。

管子在揻制过程中,如局部出现鼓包或起皱时,可在鼓出的部位用水适当浇一下,以减少不均匀变形。弯管接近要求角度时,要用角度样板进行比量,在角度稍稍超过样板 3°～5°时,就可停止弯制,让弯管在自然冷却后回弹到要求的角度。如操作不慎,弯制的角度与要求偏差较大,可根据材料热胀冷缩的原理,沿弯管的内侧或外侧均匀浇水冷却,使弯管形成的角度减小或扩大,但这只限于不产生冷脆裂纹材质的管子,对于高、中压合金钢管热揻时不得浇水,低合金钢不宜浇水。

管子弯制结束的温度不应低于 700℃,如不能在 700℃以上弯成,应再次加热后继续弯制。

在一根管子上要弯制几个单独的弯管(几个弯管间没有关系,要分割开来使用),为了操作方便,可以从管子的两端向中间进行,同时注意弯制的方向,以便再次加热时,便于管子翻转。

弯制成形后,在加热的表面要涂一层机油,防止继续锈蚀。

d. 清砂。管子冷却后,即可将管内的砂子清除,砂子倒完后,再用钢丝刷和压缩空气将管内壁粘附的砂粒清掉。

弯好的弯管应进行质量检查,主要检查弯管的弯曲半径、椭圆度和不平度是否合乎要求。对合金钢弯管热处理后仍需检查其硬度。

5)不锈钢管的揻弯。

①不锈钢的特点是当它在500℃～850℃的温度范围内长期加热时,有析碳产生晶间腐蚀的倾向。因此,不锈钢不推荐采用热揻的方法,尽量采用冷揻的方法。若一定需要热揻,应采用中频感应弯管机在1 100℃～1 200℃的条件下进行揻制,成形后立即用水冷却,尽快使温度降低到400℃以下。

冷弯可以采用顶弯,或在有芯棒的弯管机上进行。为避免不锈钢和碳钢接触,芯棒应采用塑料制品,使用这种塑料芯棒,可以保障管内壁的质量不致产生划痕、刮伤等缺陷。酚醛塑料芯棒的尺寸见表4-16。当夹持器和扇形轮为碳钢时,不锈钢管外应包以薄橡胶板进行保护,避免碳钢和不锈钢接触,造成晶间腐蚀。

表 4-16　酚醛塑料芯棒的尺寸　　　　　　　　　　　(单位:mm)

管子外径×壁厚($D_w \times S$)	D	l	L
30×2.5	24	125	200
32×2.5	26	140	215
38×3	32	160	240
45×2.5	39	205	300
57×3.5	49	405	
76×3	68.5	300	355
89×4.5	78.5	360	
108×5	96.5		
114×7	98.5	400	500
133×5	121.5		
194×8	176	500	615
245×12	218	625	

注:每个夹布酚醛塑料圈的厚度$\delta = 15 \sim 25$ mm。

②弯曲厚壁管不使用芯棒时,为防止弯瘪和产生椭圆度,管内可装填粒径0.075～0.25 mm的细砂,弯曲成形后应用不锈钢丝刷彻底清砂。

③壁厚不大于8 mm的不锈钢管弯管时可以不用芯棒和填砂。

④不锈钢采用中频电热弯管机弯管时的各项参数见表4-17。

表 4-17　不锈钢采用中频电热弯管机弯管时的各项参数

$D_w \times S$(mm×mm)	耗用功率*(kW)	纵向顶进速度(mm/s)	加热温度(℃)
89×4.5	30～40	1.8～2	1 100～1 150
108×5.5	30～10	1.2～1.4	1 100～1 150
133×6	40～50	1～1.2	1 100～1 150

$D_w \times S$(mm×mm)	耗用功率*(kW)	纵向顶进速度(mm/s)	加热温度(℃)
159×6	50~60	0.8~1	1 100~1 150
68×13	70~80	0.8~1	1 130~1 180
102×17	80~90	0.6~0.8	1 130~1 180

* 指加粗的功率消耗。

⑤为了避免管子加热时烧损,可使用如图 4-39 所示的保护装置,充入氮气或氩气进行保护。

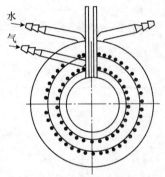

图 4-39　将惰性气体送到加热区的保护装置

⑥当由于条件限制,需要用焦炭加热不锈钢管时,为避免焦炭和不锈钢接触产生渗碳现象,不锈钢管的加热部位要套上钢管,加热温度要控制在 900℃～1 000℃的范围内,尽量缩短 450℃～850℃敏感温度范围内的时间。当弯制不含稳定剂(钛或铌)的不锈钢管时,在清砂后还要按要求进行热处理,以消除晶间腐蚀倾向。

6)有色金属管的揻弯。

①铜及铜合金管揻弯时尽量不用热熔,因热揻后管内填充物(如河砂、松香等)不易清除。一般管径在 100 mm 以下者采用冷弯,弯管机及操作方法与不锈钢的冷弯基本相同。管径在 100 mm 以上者采用压制弯头或焊接弯头。

铜弯管的直边长度不应小于管径,且不少于 30 mm。

弯管的加工还应根据材质、管径和设计要求等条件来决定。

a. 热揻弯。先将管内充入无杂质的干细砂,并用锤敲实,然后用木塞堵住两端管口,再在管壁上画出加热长度的记号,应使弯管的直边长度不小于其管径,且不小于 30 mm。

用木炭对管身的加热段进行加热,如采用焦炭加热,应在关闭炭炉吹风机的条件下进行,并不断转动管子,使加热均匀。

当加热至 400℃～500℃时,迅速取出管子放在胎具上弯制,在弯制过程中不得在管身上浇水冷却。

热揻弯后,管内不易清除的河砂可用浓度 15%～20%的氢氟酸在管内存留 3 h 使其溶蚀,再用 10%～15%的碱中和,以干净的热水冲洗,再在 120℃～150℃温度下经 3～4 h 烘干。

b. 冷揻弯。冷揻弯一般用于紫铜管。操作工序的前两道同热揻弯。随后,当加热至 540℃时,立即取出管子,并对其加热部分浇水,待其冷却后,再放到胎具上弯制。

②铝管弯制时也应装入与铜管要求相同的细砂,灌砂时用木锤或橡胶锤敲击。放在以焦

炭做底层的木炭火上加热,为便于控制温度,加热时应停止鼓风,加热温度控制在300℃~400℃之间(当加热处用红铅笔划的痕迹变成白色时,温度约350℃左右)。弯制的方法和碳素钢管相同。

③铅管的揻弯。铅管的特点之一是质软且熔点低,为避免充填物嵌入管壁,一般采用无充填物的以氧乙炔焰加热的热揻弯管法。每段加热的宽度约20~30 mm或更宽些,加热区长度约为管周长的3/5,加热的温度为100℃~150℃,为避免弯制时弯管内侧出现凹陷的现象,在加热前应把铅管的弯曲段拍打成卵圆形,如图4-40所示。

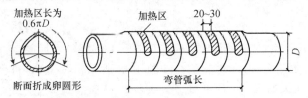

图4-40 铅管的空心弯制(单位:mm)

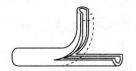

图4-41 铅管的剖割弯制

加热后弯制时用力要均匀,每一段弯好后,先用样板进行校核,使之完全吻合,随后用湿布擦拭冷却,防止在弯制下段时发生变动。如此逐段进行,直至全部弯制成形,若发现某一段弯制的不够准确,可重新加热进行调整。在弯制过程中,加热区有时会出现鼓包,可用木板轻轻地拍打。

弯制铅板卷管或某些弯曲半径小而弯曲角度大的弯管时,还可以采用如图4-41所示的剖割弯制法。

弯制前先把管子割成对称的两半,然后分别弯制。先把作为弯管内侧的一半加热弯曲,以样板比量校核,无误后,再弯制作为弯管外侧的另一半。因切口部分管材的刚度较大,后一半加热时要偏重于割口部分。边加热边弯曲,使之与校核过的内侧逐段合拢。每合拢一段后,随即把合拢部分焊好,直至合拢焊完。

铅管剖割弯制,中心线长度不变,但割开后弯制时割口线已不再是弯制部分的中心线,作为内侧的一半要伸长,于是当割口合拢后,就会出现错口现象,错口的长度在弯制90°弯头时大约等于弯制的管径。在弯制完成后,应把错口部分锯掉。

铅管剖开后分别弯制时,每一半各自的刚度都比整个圆管要差,因此在弯制内侧一半时可能会出现凹陷现象,应随时用木锤或橡胶锤在内壁进行整修。在弯制过程中,还应随时用湿布擦拭非加热区,防止变形。

7)塑料管的揻弯。弯曲塑料管的方法主要是热揻,加热的方法通常采用的是灌冷砂法与灌热砂法。

①灌冷砂法。将细的河砂晾干后,灌入塑料管内,然后用电烘箱或如图4-42所示的蒸汽烘箱加热,塑料管弯曲参数见表4-18。为了缩短加热时间,也可在塑料管的待弯曲部位灌入温度约80℃的热砂,其他部位灌入冷砂。在加热时要使管子加热均匀,为此应经常将管子进行转动,若管子较长,从烘箱两侧转动管子时动作要协调,防止将已加热部分的管段扭伤。

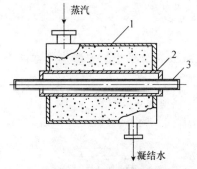

图4-42 蒸汽加热烘箱
1—烘箱外壳;2—套管;3—硬聚氯乙烯塑料管

表 4-18　塑料管弯曲参数

管材		最小冷弯曲半径(mm)	最小热弯曲半径(mm)	热弯温度(℃)
聚乙烯	低密度	管径×12	管径×5(管径<DN50)	95~105
			管径×10(管径>DN50)	
	高密度	管径×20	管径×10(管径>DN50)	140~160
未增塑聚氯乙烯		—	管径×(3~6)	120~130

②灌热砂法。将细砂加热到表 4-18 所要求的温度,直接将热砂灌入塑料管内,用热砂将塑料管加热,管子加热的温度可凭手感,当用手按在管壁上有柔软的感觉时就可以搣制了。

由于加热后的塑料管较柔软,内部又灌有细砂,将其放在如图 4-43 所示模具上,靠自重即可弯曲成形。这种弯制方法只有管子的内侧受压,对于口径较大的塑料管极易产生凹瘪,为此,可采用如图 4-44 所示三面受限的木模进行弯制。由于受力较均匀,搣管的质量较好,操作也比较方便。对于需批量加工的弯头,也可用如图 4-45 所示模压法弯制。

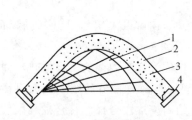

图 4-43　塑料管弯制
1—木胎架;2—塑料管;3—充填物;4—管封头

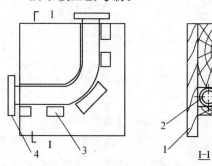

图 4-44　弯管木模
1—木模底板;2—塑料管;3—定位木块;4—封盖

图 4-45　模压法弯制
1—顶模;2—封头;3—塑料管;4—底模

搣制塑料管的模具一般用硬木制作,这样可避免因钢模吸热,使塑料管局部骤冷而影响弯管质量。

(3)管道螺纹连接。

1)螺纹分类及选择。管螺纹与管件相连有三种情况,如图 4-46 所示。

　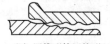　

(a) 圆柱形接圆柱形　　　(b) 圆锥形接圆柱形　　　(c) 圆锥形接圆锥形

图 4-46　管螺纹与管件连接

①圆柱形管螺纹与圆柱形管件内螺纹连接，简称"柱接柱"。这种连接方式的结合面严密性最差，如图 4-46(a)所示。螺栓与螺母的螺纹连接属于这种类型。因为螺栓与螺母连接在于压紧而不要求严密。

②圆锥形管螺纹与圆柱形管件的内螺纹连接，简称"锥接柱"。管子螺纹连接主要采用这种。管件与管子的圆锥形外螺纹连接时，整个连接间隙偏大，如图 4-46（b)所示。因此要特别注意填料密实，确保其严密性。

③圆锥形管螺纹与圆锥形管件的内螺纹连接，简称"锥接锥"。这种连接结合最严密，如图 4-46（c)所示。但加工锥形内螺纹管件困难多，在施工现场应用的局限很大。

④螺纹尺寸。加工螺纹之前，必须将管子与其所连接的管件螺纹测量准确，螺纹加工长度既不可过长，也不能缺扣，应使管子与管件连接后露出螺尾 2～3 扣为宜。管子与管件的螺纹连接构造，如图 4-47 所示。常见的螺纹管件如图 4-48 所示，螺纹管件的组合如图 4-49 所示。

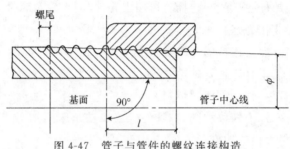

图 4-47 管子与管件的螺纹连接构造

图 4-48 常见的螺纹管件

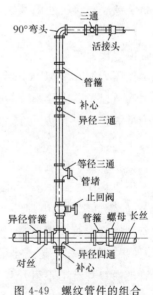

图 4-49 螺纹管件的组合

2)螺纹连接。

①螺纹连接中的几种接头。短丝连接，属于固定连接。连接时将带有外螺纹的管头（或管

件)涂上铅油缠上麻丝或聚四氯乙烯生料带,用手拧入带内螺纹的管件中两三扣左右,此过程称为戴扣;当用手扭不动时,再用管钳拧紧管子或管件,直到拧紧为止。管件若是阀门,拧劲不可过大,否则很容易撑裂管件与阀门上的内螺纹。

长丝、油任、锁母连接,都属于活连接。一般用在阀门附近,当阀门损坏,从活接头拆开很方便,如果阀门不安装活接头,就得从头拆起,直到阀门,换好阀门,再从头装起,这样十分费工,有时由于某种障碍,拆和装都难以进行。

②塑料管螺纹连接。采用管端带有牙螺纹的管件;带有螺纹、塑料垫圈和橡胶密封的螺母;注塑螺纹管件。

清除管口上油污和杂物,使接口处洁净。

将管插入管件,使插入处留有 $5\sim7$ mm 间隙,然后检查插入管件深度,在管子表面划好标记,则试口完毕。

在管端先依次套上螺母、垫圈和密封圈,再插入管件,用于旋紧螺母,并用链条扳手或专用扳手拧紧,螺纹外露 $2\sim3$ 扣为好。

③铜管的螺纹连接。螺纹连接的螺纹必须有与焊接钢管的标准螺纹相当的外径,才能得到完整的标准螺纹。但用于高压铜管的螺纹,必须在车床上加工,按高压管道要求施工。连接时,其螺纹部分须涂以石墨、甘油作密封填料。

铜管的螺纹与钢管的标准螺纹相同,铜管的螺纹多在车床上加工成形,连接时,先在螺纹上涂以石墨、甘油。不得涂铅油缠麻丝。

铜管螺纹连接有两种形式,一种是全接头连接,即两端都用螺纹连接;另一种是半接头连接,即左面铜管用螺纹连接,右面铜管则与接头焊接。

铜管连接时,先在铜管上套好接扣后,管口用扩口工具夹住,再把管口胀成喇叭口,在铜管螺纹处涂上氧化铝与甘油的调和料(通常用 1 kg 氧化铝配上 0.7 L 的甘油)作为密封填料,然后将接扣阴螺纹与接头的阳螺纹进行连接。

(4)金属管焊接。

1)管道焊接要求。

①工作压力在 0.1 MPa 以上的蒸汽管道、管径在 32 mm 以上的采暖管道、采用非镀锌钢管的雨水管道以及消火栓系统管道均可采用电、气焊连接。

②管道焊接时应有防风、雨雪措施。焊接时的环境温度低于 $-20℃$ 时,应先预热焊口,预热温度为 $100℃\sim200℃$,预热长度为 $200\sim250$ mm。

③管道在焊接前应清除接口处的浮锈、污垢及油脂。

④壁厚不大于 4 mm、直径不大于 50 mm 的管道应采用气焊;壁厚不小于 4 mm、直径不小于 70 mm 的管道应采用电焊。

⑤不同管径的管道焊接时,如两管径相差不超过小管径的 15%,可将大管端部缩口与小管对焊;如果两管径相差超过小管径的 15%,应加工异径短管焊接。

⑥管道对口焊缝上不得开口焊接支管,焊口不得安装在支吊架位置上或套管内。

⑦碳素钢管开口焊接支管时要错开焊缝,并使焊缝朝向易观察和维修的方向。

⑧一般管道的焊接对口形式,如设计无要求,电焊应符合手工电弧焊对口形式及相对要求见表 4-19,气焊应符合氧乙炔焊对口形式及相对要求见表 4-20。

表 4-19　手工电弧焊对口形式及相对要求

接头名称	对口形式	接头尺寸(mm)				备 注
		壁厚	间隙	钝边	坡口角度(°)	
		T	C	P	α	
管子对接 V 形坡口		5~8	1.5~2.5	1~1.5	60~70	$\delta \leqslant 4$ mm 管子对接如能保证焊透可不开坡口
		8~12	2~3	1~1.5	60~65	

表 4-20　氧乙炔焊对口形式及相对要求

接头名称	对口形式	接头尺寸(mm)			
		厚度	间隙	钝边	坡口角度(°)
		S	C	P	α
对接不开坡口		<3	1~2	—	—
对接 V 形坡口		3~6	2~3	0.5~1.5	70~90

⑨管材壁厚在 5 mm 以上者应对管端焊口部位铲坡口,如用气焊加工管道坡口,必须除去坡口表面的氧化皮,并将影响焊接质量的凹凸不平处打磨平整。

⑩管材与法兰盘焊接,应先将管材插入法兰盘内,先点焊 2~3 点再用角尺找正找平后方可焊接,法兰盘应两面焊接,其内侧焊接不得凸出法兰盘密封面。

⑪焊接前要将两管轴线对中,先将两管端部点焊牢,管径在 100 mm 及以下可点焊三个点,管径在 100 mm 以上以点焊四个点为宜。检查预留口位置、方向、变径等无误后,找直、找正,再焊接到位(满焊);坚固卡件、拆掉临时固定件。

2)焊接坡口的加工。

①刨边——用刨边机对直边可加工任何形式的坡口。

②车削——无法移动的管子应采用可移式坡口机或手动砂轮加工坡口。

③铲削——用风铲铲坡口。

④氧气切割——是应用较广的焊件边缘坡口加工方法,有手工切割、半自动切割、自动切割三种。

⑤碳弧气刨——利用碳弧气刨枪加工坡口。

对加工好的坡口边缘尚须进行清洁工作,要把坡口上的油、锈、水垢等脏物清除干净,以利于获得质量合格的焊缝。清理时根据脏物种类及现场条件可选用钢丝刷、气焊火焰、铲刀、锉刀及除油剂清洗。

3)焊件对口。焊件对口时执行表 4-19 和表 4-20 中技术标准,并保证对口的平直度。

水平固定管对口时,管轴线必须对正,不得出现中心线偏斜,由于先焊管子下部,为了补偿这部分焊接所造成的收缩,除按技术标准留出对口间隙外,还应将上部间隙稍放大 0.5~2 mm(对于小管径可取下限,对于大管径可选上限)。

为了保证根部第一层单面焊双面成形良好,对于薄壁小管无坡口的管子,对口间隙可为母材厚度的一半。带坡口的管子采用酸性焊条时,对口的间隙等于焊芯直径。采用碱性焊条"不灭弧"焊法时,对口间隙应等于焊芯直径的一半。

4)施焊定位。对工件施焊前先定位,根据工作纵横向焊缝收缩引起的变形,应事先选用夹角紧工具、拉紧工具、压紧工具等进行固定。

不同管径所选择定位焊的数目、位置也不相同,如图 4-50 所示。

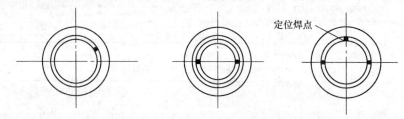

(a) 管径不大于 42 mm　　(b)管径等于 42~76 mm　　(c)管径等于 76~133 mm

图 4-50　水平固定管定位焊数目及位置

由于定位焊点容易产生缺陷,对于直径较大的管子尽量不在坡口根部定位焊,可利用钢筋焊到管子外壁起定位作用,临时固定管子对口。

定位焊缝的参考尺寸见表 4-21。

表 4-21　定位焊缝的参考尺寸　　　　　　　　(单位:mm)

焊件厚度	焊缝高度	焊缝长度	间　　距
≤4	<4	5~10	50~100
5~12	3~6	10~20	100~200
>12	<6	15~30	100~300

5)管道焊接中的常见问题。

①管道对口焊缝或弯曲部位不得焊接支管;弯曲部位不得有焊缝,接口焊缝距起点不小于一个管径,且不小于 100 mm;接口焊缝距管道支架吊架边缘应不小于 50 mm。

②两根管子对口焊接应保证焊口处不得出弯,组对时不应错口。点焊定位根据管径大小选择,点焊后须检查,尽可能用转动方法焊接。

③不同管径管道间的焊接,应根据不同介质的不同流向决定焊前组对方式。如热水供暖干管是抬头运行,两管应上平下变径收口;蒸汽供暖干管为低头运行,两管焊接时是下平上变径收口。其他一般情况两管径差不应超过小管径的 15%,若超过 15%,须将大管抽条加工或另做异径管方许焊接。

(5)法兰连接。

1)法兰类型可分为平焊法兰、对焊法兰、平焊松套法兰、对焊松套法兰、翻边松套法兰、螺纹法兰、凸凹法兰及风管法兰等。

用于给水铸铁盘形管的法兰盘管的管子与法兰是铸成一体的。

在圆翼型散热器接管、疏水阀、减压阀组装的法兰连接中,法兰的材质多为铸铁,并加工为内螺纹。

在暖卫工程里普遍应用的是钢制的焊接法兰,直接和钢管焊接连接。常说的法兰连接多是指焊接法兰连接。

2)法兰选用。法兰可采用成品，选购后进入现场；也可根据施工图加工制作。法兰螺栓孔加工时要求光滑等距，法兰接触面平整，保证密闭性，止水沟线的几何尺寸准确。

3)法兰装配时，应使管子与法兰端面相互垂直，可用钢卷尺和法兰弯尺或拐尺在管子圆周至少三个点上进行检测，不准超过±1 mm，采用成品平焊法兰时，可点焊定位。插入法兰的管子端部，距法兰密封面应该留出一定的距离，一般为管壁厚度的1.3~1.5倍，最多不超过法兰厚度的2/3，以便于内口焊接，如选用双面焊接管道法兰，法兰内侧焊缝不得凸出法兰密封面。

法兰装配施焊时，如管径较大，要对称和对应地分段施焊，防止热应力集中而变形。法兰装配完成后应再次检测法兰端面与连接管子中心线的垂直度，其偏差值用角尺和钢卷尺或板尺检测。以保证两法兰间的平行度并确保法兰连接后与管道同心。

选用铸铁螺纹法兰与管子相连时，不应超过法兰密封面，距离密封面不少于5 mm。

4)衬垫。法兰衬垫根据管道输送介质选定（各工艺中均已明确包括）。制垫时，将法兰放平，光滑密封面朝上，将垫片原材料盖在密封面上，用锤子轻轻敲打，刻出轮廓印，用剪刀或凿刀裁制成形，注意留下安装把柄。加垫前，须将两片法兰的密封面刮干净，凡是高出密封面的焊料须用凿子除掉后挫平。法兰面要始终保持垂直于管道的中心线，以保证螺栓自由穿入。加工后的软垫片，周边应整齐，垫片尺寸应与法兰密封面一致。

加垫时应放正，不使垫圈突入管内，其外圆至法兰螺孔为宜，不妨碍螺栓穿入。禁止加双垫、偏垫、斜垫。当大口径的垫片需要拼接时，应采用斜口搭接或迷宫形式，不允许平口对接，且按衬垫材质及介质选定在其两侧涂抹铅油、石墨粉、二硫化钼油脂、石墨机油等涂料。

5)紧固螺栓。

①螺栓使用前先刷好润滑油，应以同一规格的螺栓同一方向穿入法兰，穿入后随手戴上螺母，直至用手拧不动为止。然后用活扳手加力，必须对称十字交叉进行，且分2~3次逐渐拧紧，使法兰均匀受力。最后螺杆露出长度不宜超过螺栓直径的1/2。

②高温或低温管道法兰连接螺栓，一般通过试运进行热紧或冷紧。热紧或冷紧在保持工作温度2 h后再进行。紧固螺栓时，管内最大内压按设计压力而定，当设计压力小于6 MPa时，热紧的最大内压为0.3 MPa；如设计压力大于6 MPa时，热紧最大压力为0.5 MPa，冷紧在卸压后再进行。

③法兰盘或螺栓处在狭窄空间，特别位置及回旋空间极小时，可采用梅花扳手、手动套筒扳手、内手角扳手、增力扳手、棘轮扳手等。

4. 管道支架制作与安装

(1)选定支架形式。根据结构形式，可将支架分为支托架（包括托钩）、支吊架、立管卡、管架、管墩。按其制约管道的作用又可分为固定支托架、活动支托架。

1)固定支架。在管道上不允许有任何位移的地方，应设置固定支托架，要求有足够的强度和承受力来限制由热胀冷缩引起的管道位移。有简易带弧形挡板的卡环式，应用较为广泛。固定支架还有管卡式、双侧挡板式等形式。多用于供热、热力、热水管道上。

2)活动支架。允许管道沿轴线方向自由移动时，设置活动支架，其包含托架和吊架两种结构形式。托架活动支架有简易式，在活动支架中，U形卡只固定一个螺母，管道在卡内可以自由伸缩。活动支架应用比较普遍，多用于供热、燃气、热水管道中。它还有弧形滑板式、保温高支座式等形式，多用于室外热力管道。吊架由升降螺栓、吊杆、卡环三部分组成。吊架支承体为型钢横梁，也可为楼板、屋面等建筑实体。

3)托钩与管卡。托钩(钩钉)一般用于室内横支支管等管道的固定。多用于室内给水、煤气管道上,规格为 DN15~DN20。立管卡用来固定单立管或立管,多用于室内给水、排水、煤气管道中,规格为 DN15~DN50,一般多采用成品,如图 4-51 所示。

(a)托钩　　　　　　　(b)单立管卡　　　　　　　(c)双立管卡

图 4-51　托钩与管卡

4)管架和管墩。管架和管墩主要用于室外热力管网架空明设处。管架由钢管或型钢组焊而成;管墩由砖砌或混凝土筑成。根据介质性质,须经计算确定管架或管墩的外形尺寸,设置其上面的固定托架及活动托架的形式、位置。

5)防晃支架。在消防管道和通风空调管道中常用,防晃支架主要防止喷水时,管道沿管线方向晃动,有立管顶端四向防晃支架,用"↔"表示,防止顺干管与支干管方向晃动的用"←→"表示,防止垂直于干管与支管水平方向晃动的支架用"↕"表示。制作时参见如图 4-52 所示。

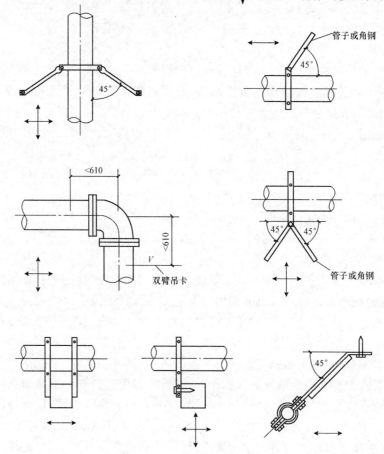

图 4-52　防晃支架的形式(单位:mm)

(2)确定支架间距。对于有坡度的管道,可根据水平管道两端点(从墙面向外量出 1 m 为此两点位置)间的距离及设计坡度(或规定坡度),计算出两点间的坡度差,在墙上按标高及坡度差确定此两点位置。用钎子打进此两点,在钎子上绑上小线且拉直,按表 4-22～表 4-28 的规定查出支架间距,在拉线上就可以画出每一个支架的具体位置。严禁将管道过墙算为管道支架,如图 4-53 所示。如果土建施工时已在墙上预留了埋设支架的孔洞,或在钢筋混凝土柱、构件上预埋了焊接支架的钢板,也应拉线找坡、检查其标高、位置及数量是否符合规定要求。对于室外管道的管架或管墩也可用同样方法复查。生活污水塑料管道及生活污水铸铁管道坡度见表 4-29 和表 4-30。

表 4-22　钢管管道支架最大间距

管道公称直径(mm)		15	20	25	32	40	50	70	80	100	125	150	200	250	300
支架最大间距(m)	保温管	2	2.5	2.5	2.5	3	3	4	4	4.5	6	7	7	8	8.5
	非保温管	2.5	3	3.5	4	4.5	5	6	6	6.5	7	8	9.5	11	12

表 4-23　塑料管及复合管管道支架的最大间距

管径(mm)			12	14	16	18	20	25	32	40	50	63	75	90	100
支架最大间距(m)	立管		0.5	0.6	0.7	0.8	0.9	1.0	1.1	1.3	1.6	1.8	2.0	2.2	2.4
	水平管	冷水管	0.4	0.4	0.5	0.5	0.6	0.7	0.8	0.9	1.0	4.1	1.2	1.35	1.55
		热水管	0.2	0.2	0.25	0.3	0.6	0.35	0.4	0.5	0.6	0.7	0.8	—	—

表 4-24　排水塑料管道支架最大间距

管径(mm)		50	75	110	125	160
支架最大间距(m)	立管	1.5	1.5	2.0	2.0	2.0
	横管	0.5	0.75	1.10	1.30	1.6

表 4-25　铜管管道支架最大间距

管道公称直径(mm)		15	20	25	32	40	50	65	80	100	125	150	200
支架最大间距(m)	垂直管	1.8	2.4	2.4	3.0	3.0	3.0	3.5	3.5	3.5	3.5	4.0	4.0
	水平管	1.2	1.8	1.8	2.4	2.4	2.4	3.0	3.0	3.0	3.0	3.5	3.5

表 4-26　聚丙烯管道支架的最大间距

DN(公称直径)(mm)			15	20	25	32	40	50	70	80	100
d_n(公称外径)(mm)			20	25	32	40	50	63	75	90	110
支架最大间距(m)	垂直	冷水管	0.9	1	1.1	1.3	1.6	1.8	2	2.2	2.4
		热水管	0.4	0.45	0.52	0.65	0.78	0.91	1.04	1.56	1.7
	水平	冷水管	0.6	0.7	0.8	0.9	1	1.1	1.2	1.35	1.55
		热水管	0.3	0.35	0.4	0.5	0.6	0.7	0.8	1.2	1.3

注:冷、热水管共用支、吊架时,应根据热水管支吊架间距确定。暗敷直埋管道的支架间距可采用 1 000～1 500 mm。

表 4-27　耐热聚乙烯管道支架间距参考尺寸表

DN(公称直径)(mm)			10	15	20	25	32	40	50	70	80	100
d_n(公称外径)(mm)			16	20	25	32	40	50	63	75	90	110
支架最大间距(m)	冷水	水平管	0.5	0.6	0.7	0.8	0.9	1	1.1	1.2	1.35	1.55
		垂直管	0.7	0.85	0.98	1.1	1.3	1.6	1.8	2	2.2	2.4
	热水	水平管	0.3	0.3	0.35	0.4	0.5	0.6	0.7	0.8	0.95	1.1
		垂直管	0.78	0.78	0.9	1.05	1.18	1.3	1.49	1.6	1.75	1.95

表 4-28　硬聚氯乙烯管道支架间距

外径(mm)		20	25	32	40	50	63	75	90	110
支架间距(m)	立管	1.0	1.1	1.2	1.4	1.6	1.8	2.1	2.4	2.6
	横管	0.6	0.65	0.7	0.9	1.0	1.2	1.3	1.45	1.6

表 4-29　生活污水塑料管道的坡度

管径(mm)	标准坡度(‰)	最小坡度(‰)
50	25	12
75	15	8
110	12	6
125	10	5
160	7	4

表 4-30　生活污水铸铁管道的坡度

管径(mm)	标准坡度(‰)	最小坡度(‰)
50	35	25
75	25	15
100	20	12
125	15	10
150	10	7
200	8	5

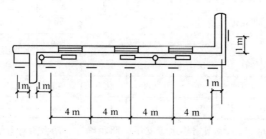

图 4-53　活动支架安装位置的确定

（3）支架制作。

1）认真熟悉图纸以及管道的种类、规格，按照设计要求确定支、吊架形式。对于大型支架、多管道共用支架等应经过设计人员确认。

2）支架结构多为标准设计，应按照图样或图集要求选择材料，进行加工制作，代用材料应取得设计部门同意。

3）支、吊架的受力部件（横梁、吊杆、吊环及螺栓等）的规格应符合设计及有关技术标准的规定。

4）型钢支架的螺栓孔径不得超出螺栓或圆钢直径 5 mm。螺栓孔定位准确，孔间距与所承担的管道相匹配，以保证安装时管道平直、无扭曲，并不得有多余的螺栓孔。孔径不大于 M12 时，不得使用电、气焊开孔、扩孔，应使用专用机具；孔径大于 M12 时，如用气焊开孔、扩孔时应进行处理使其边缘平整、光滑。

5）支、吊架的焊接部位的焊接应遵守结构件焊接工艺，焊缝高度不应小于焊件最小厚度，并不得有漏焊、夹渣、咬肉或裂纹等缺陷。

6）撼制吊环或 U 形卡时，其弧度应与相配合管道匹配，以确保安装后与管道接触紧密。

7）支、吊架应进行防腐处理，分规格妥善保管。

（4）支架安装。各类支架在安装前，应对其外观、材质、规格、质量、外形尺寸等进行检查与核对，不得有漏焊和焊接缺陷的支架。受力部件，如横梁、吊杆、螺栓及卡环均应符合设计要求及有关标图规定。活动支架应灵活，滑托与滑槽两侧应留有 3～5 mm 间隙，并留出偏移量。

1）埋进墙内的型钢支托架应事先劈叉，埋进墙内部分不得小于 120 mm，墙上无预留孔洞时，按拉线定位画出的支托架位置标记，用錾子和锤子凿孔洞，洞口不宜过大。埋入前先将孔洞内的碎砖、杂物及灰土清除干净，用水将洞内冲洗浇湿。然后用 1：2 水泥砂浆或细石混凝土填入，再将已防腐完毕的支托架插入洞内，用碎石卡紧再填实水泥砂浆，但注意洞口处的水泥砂浆应略低于墙面，以便于修饰面层时找平。用碎石挤住型钢时，根据挂线看平、对齐、找正，让型钢靠紧拉线。型钢横梁长度方向应水平，顶面应与管子中心线平行，应保证安装后的管子与支架接触良好，没有间隙。

2）混凝土结构、钢结构的建筑中，常用抱柱支架，应清除支架与柱子接触处的粉刷层。找准接触面中心线位置安装。若用螺栓紧固，螺栓要拧紧。当支架焊在柱子预埋铁件上时，应将铁件上污物清除干净，焊接牢固，不得出现漏焊及各种焊接缺陷。严禁随便在承重结构及屋架的钢筋上焊接支托、吊架。如有特殊需要必须经建筑结构设计人员同意方准施工。埋设支架的水泥砂浆应达到强度后，方可搁置管道。

3）在没有预留孔洞和预埋铁件的混凝土构件上，可用射钉或膨胀螺栓安装支托架，但不得安装推力较大的固定支架。

①安装时，用射钉枪按标高位置射进墙、柱或构件内，再用螺栓固定活动支托架的型钢横梁。用膨胀螺栓安装支架，先在支架位置处钻孔，应使孔径与套管外径相同，深度与膨胀螺栓相等。再装入套管和膨胀螺栓，在拧紧螺母时，螺栓的锥形尾部便将开口套管尾部胀开，使螺栓和套管一起紧固孔内。就可以在螺栓上安装型钢横梁。但须注意，严禁钻断钢筋，严禁与暗敷电线相碰。

②膨胀螺栓适用于 C10 级和 C10 级以上的混凝土及钢筋混凝土构件。只有荷载较小的生根部件才可用于砖墙上，但不准设于砖缝中。严禁在容易出现裂纹或已出现裂纹部位埋设膨胀螺栓。

4)安装在混凝土墩、钢架或型钢架上导向支架或滑动支架的滑动面应洁净平整,不得有歪斜和卡涩现象,其安装位置应从支承面中主向位移反向偏移,偏移值应是位移值的一半。保温层不得妨碍热位移。

5)吊架安装时,先检查混凝土板等结构上的预埋吊环或预埋螺栓是否和吊架部件衔接。先将预埋件上的污物清除干净,再把组装好的吊架与预埋件连接好。初调好松紧螺栓长度,使其符合管道设计坡度。

5. 填堵孔洞

(1)管道安装完毕后,必须及时用不低于结构强度等级的混凝土或水泥砂浆把孔洞堵严、抹平,为了不致因堵洞而将管道移位,造成立管不垂直,应派专人配合土建堵孔洞。

(2)堵楼板孔洞宜用定型模具或用木板支搭牢固后,先往洞内浇点水再用 C20 以上的细石混凝土或 M50 水泥砂浆填平捣实,不许向洞内填塞砖头等杂物。

6. 管道试验

(1)管道试压。

1)管道试压一般分单项试压和系统试压两种。单项试压是在干管敷设完毕或隐蔽部位的管道安装完毕后按设计和规范要求进行水压试验。系统试压是在全部干、立、支管安装完毕,按设计或施工规范要求进行水压试验。

2)连接试压泵一般设在首层,或室外管道入口处。

3)试压前应将预留口堵严,关闭入口总阀门和所有泄水阀门及低处放风阀门,打开各分路及主管阀门和系统最高处的放风阀门。

4)打开水源阀门,往系统内充水,满水后放净空气,并将阀门关闭。

5)检查全部系统,如有漏水处应做好标记,并进行修理,修好后再充满水进行加压,而后复查,如管道不渗漏,并持续到规定时间,压力降在允许范围内,应通知有关单位验收并办理验收记录。

6)拆除试压水泵和水源,把管道系统内水泄净。

7)冬期施工期间竣工而又不能及时供暖的工程进行系统试压时,必须采取可靠措施把水泄净,以防冻坏管道和设备。

(2)闭水试验。

1)室内排水管道的埋地铺设及吊顶,管井内隐蔽工程在封顶、回填土前都应进行闭水试验,室内排水雨水管道安装完毕也要进行闭水试验。

2)闭水试验前应采取措施将各预留口堵严,在系统最高点留出灌水口。

3)由灌水口将水灌满后,按设计或规范要求的规定时间对管道系统的管件、管材及捻口进行检查,如有渗漏现象应及时修理,修好后再进行一次灌水试验,直到无渗漏现象后,请有关单位验收并办理验收记录。

4)楼层吊顶内管道的闭水试验应在下层立管检查口处用橡胶气胆堵严,由本层预留口处灌水试验。

(3)管道系统冲洗。

1)管道系统的冲洗应在管道试压合格后,调试、运行前进行。

2)管道冲洗进水口及排水口应选择适当位置,以保证将管道系统内的杂物冲洗干净为宜。排水管截面积不应小于被冲洗管道截面的 60%,排水管应接至排水井或排水沟内。

3)冲洗时,应采用设计提供的最大流量或不小于 1.0 m/s 的流速连续进行,直至出水口处浊度、色度与入水口处冲洗水浊度、色度相同为止。冲洗时应保证排水管路畅通安全。

三、锅炉及附属设备安装

1. 锅炉安装

(1)基础放线验收及旋转垫铁。

1)锅炉房内应清扫干净,将全部地脚螺栓孔内的杂物清出,并用皮风箱(皮老虎)吹扫。

2)根据锅炉房平面图和基础图放安装基准线。

①锅炉纵向中心基准线。

②锅炉炉排前轴基准线或锅炉前面板基准线,如有多台锅炉时应一次放出基准线。在安装不同型号的锅炉而上煤为一个系统时应保证煤斗中心在一条基准线上。

③炉排传动装置的纵横向中心基准线。

④省煤器纵、横向中心基准线。

⑤除尘器纵、横向中心基准线。

⑥送风机、引风机的纵、横向中心基准线。

⑦水泵、钠离子交换器纵、横向中心基准线。

⑧锅炉基础标高基准点,在锅炉基础上或基础四周选有关的若干地点分别做标记,各标记间的相对位移不应超过 3 mm。

3)当基础尺寸、位置不符合要求时,必须经过修正达到安装要求后再进行安装。

4)基础放线验收应有记录,并作为竣工资料归档。

5)整个基础平面要修整铲成麻面,预留地脚螺栓孔内的杂物应清理干净,以保证灌浆的质量。垫铁组位置要铲平,宜用砂轮机打磨,保证水平度不大于 2 mm/m,接触面积大于 75% 以上。

6)在基础平面上,划出垫铁布置位置,放置时按设备技术文件规定摆放。垫铁放置的原则是负责集中处,靠近地脚螺栓两侧,或是机座的立筋处。相邻两垫铁组间距离一般为 300~500 mm,若设备安装图上有要求,应按设备安装图施工。垫铁的布置和摆放要做好记录,并经监理代表签字认可。

(2)锅炉本体安装。

1)锅炉水平运输。

①运输前应先选好路线,确定锚点位置,稳好卷扬机,铺好道木。

②用千斤顶将锅炉前端(先进锅炉房的一端)顶起放进滚杠,用卷扬机牵引前进,在前进过程中,随时倒滚杠和道木。道木必须高于锅炉基础,保护基础不受损坏。

2)当锅炉运到基础上以后,不撤滚杠先进行找正。应达到下列要求:

①锅炉本体安装应按设计或产品说明书要求布置并坡向排污阀。

②锅炉炉排前轴中心线应与基础前轴中心基准线相吻合,允许偏差±2 mm。

③锅炉纵向中心线与基础纵向中心基准线相吻合,或锅炉支架纵向中心线与条形基础纵向中心基准线相吻合,允许偏差±10 mm。

3)撤出滚杠使锅炉就位。

①撤滚杠时用道木或木方将锅炉一端垫好。用两个千斤顶将锅炉的另一端顶起,撤出滚杠,落下千斤顶,使锅炉一端落在基础上。再用千斤顶将锅炉另一端顶起,撤出剩余的滚杠和木方,落下千斤顶使锅炉全部落到基础上。如不能直接落到基础上,应再垫木方逐步使锅炉平

稳地落到基础上。

②锅炉就位后应用千斤顶校正,达到允许偏差的要求。

4)锅炉找平及确定标高。

①锅炉纵向找平。用水平尺(水平尺长度不小于 600 mm)放在炉排的纵排面上,检查炉排面的纵向水平度。检查点最少为炉排前后两处。要求炉排面纵向应水平或炉排面略坡向炉膛后部。最大倾斜度不大于 10 mm。

当锅炉纵向不平时,可用千斤顶将过低的一端顶起,在锅炉的支架下垫以适当厚度的钢板,使锅炉的水平度达到要求。垫铁的间距一般为 500~1 000 mm。

②锅炉横向找平。用水平尺(长度不小于 600 mm)放在炉排的横排面上,检查炉排面的横向水平度,检查点最少为炉排前后两处,炉排的横向倾斜度不得大于 5 mm(炉排的横向倾斜过大会导致炉排跑偏)。

当炉排横向不平时,用千斤顶将锅炉一侧支架同时顶起,在支架下垫以适当厚度的钢板。垫铁的间距一般为 500~1 000 mm。

③锅炉标高确定。在锅炉进行纵、横向找平时同时兼顾标高的确定,标高允许偏差为±5 mm。

5)炉底风室的密封要求。

①锅炉炉底送风的风室及锅炉底座与基础之间必须用水泥砂浆堵严,并在支架的内侧与基础之间用水泥浆抹成斜坡。

②锅炉支架的底座与基础之间的密封砖应砌筑严密,墙的两侧抹水泥砂浆。

③当锅炉安装完毕后,基础的预留孔洞应砌好用水泥砂浆抹严。

6)排污装置安装。

①在锅筒和每组水冷壁的下集箱及后棚管的后集箱的最低处,应装排污阀;排污阀及排污管道不得采用螺纹连接。

②蒸发量不小于 1 t/h 或工作压力不小于 0.7 MPa 的锅炉,排污管上应安装两个串联的排污阀。排污阀的公称直径为 20~65 mm。卧式火管锅炉锅筒上排污阀直径不得小于 40 mm。排污阀宜采用闸阀。

③每台锅炉应安装独立的排污管,要尽量少设弯头,接至排污膨胀箱或安全地点,保证排污畅通。

④多台锅炉的定期排污合用一个总排污管时,必须设有安全措施。

7)锅炉安装的坐标、标高、中心线和垂直度的允许偏差和检查方法应符合表 4-31 的规定。

表 4-31 锅炉安装的允许偏差和检查方法

项　　目		允许偏差(mm)	检验方法
坐标		10	经纬仪、拉线和尺量
标高		±5	水准仪、拉线和尺量
中心线垂直度	卧式锅炉炉体全高	3	吊线和尺量
	立式锅炉炉体全高	4	吊线和尺量

8)锅炉本体管道及管件焊接的焊缝质量应符合下列规定。

①焊缝外形尺寸应符合图纸和工艺文件的规定,焊缝高度不得低于母材表面,焊缝与母材应圆滑过渡。焊缝及热影响区表面应无裂纹、未熔合、未焊透、夹渣、弧坑和气孔等缺陷。

②管道焊口尺寸的允许偏差和检查方法应符合表 4-32 的规定。

表 4-32　钢管管道焊口尺寸的允许偏差和检查方法

项　　目			允许偏差	检验方法
焊口平直度	管壁厚 10 mm 以内		管壁厚 1/4	焊接检验尺和游标卡尺检查
焊缝加强面		高度	+1 mm	
		宽度		
咬边		深度	<0.5 mm	直尺检查
	长度	连续长度	25 mm	
		总长度（两）侧	小于焊缝长度的 10%	

③无损探伤的检测结果应符合锅炉本体设计的相关要求。

9)非承压锅炉,应严格按设计或产品说明书的要求施工。锅筒顶部必须敞口或装设大气连通管,连通管上不得安装阀门。

(3)炉排安装。

1)整装锅炉安装之前,须进行整装炉排安装。

①炉排在吊装就位前,必须对其各个部件进行详细检查。若发现变形,应予以校正或更换处理后方可进行。

②锅炉基础已放线复查验收。

③安装时锅炉房若屋顶尚未上盖,可用起重机将整装炉排起吊后直接落放在基础上。若土建主体施工完毕,可用卷扬机或绞磨将炉排运至基础上,拨正就位。

④检查和调整各炉排片间的距离。各炉排片与片之间的间隙应均匀一致。

⑤检查和调整炉排面的平整度。炉排面不得有局部凸起,应平整。链节各部位受力应均匀,炉排片应能自由翻转。

⑥链条炉排安装过程中,应使前轴中心线与后滚筒中心线保持平行,以免炉排跑偏拉断。

2)炉排两侧进行密封、传动系统安装。

①密封性能应达到不漏风。

②密封件的固定部分和运动部分不得有碰撞的部位,并且留有足够的热膨胀间隙。

③通过放线确定齿轮箱的位置。

④检查预埋地脚螺栓或预留地脚螺栓孔是否符合设计及安装要求,若不合格应进行修整。清理基础表面找平后用水冲洗干净,以便二次浇筑。

⑤齿轮箱的输出轴与炉排主动轴中心线应同心。

3)组装链条炉排安装的允许偏差和检验方法应符合表 4-33 规定。

表 4-33　组装链条炉排安装的允许偏差和检验方法

项　　目	允许偏差(mm)	检验方法
炉排中心位置	2	经纬仪、拉线和尺量
墙板的标高	±5	水准仪、拉线和尺量
墙板的垂直度,全高	3	吊线和尺量

项　　目		允许偏差(mm)	检验方法
墙板间两对角线的长度之差		5	钢丝线和尺量
墙板框的纵向位置		5	经纬仪、拉线和尺量
墙板顶面的纵向水平度		长度的 0.1‰,且≤5	拉线、水平尺和尺量
墙板间的距离	跨距≤2 m	+3 0	钢丝线和尺量
	跨距>2 m	+5 0	
两板间的顶面在同一水平面上相对高差		5	水准仪、吊线和尺量
前轴、后轴的水平度		长度 1/1 000	拉线、水平尺和尺量
前轴和后轴的轴心线相对标高差		5	水准仪、吊线和尺量
各轨道在同一水平面上的相对高差		5	水准仪、吊线和尺量
相邻两轨道间的距离		±2	钢丝线和尺量

4)往复炉排安装的允许偏差和检验方法应符合表 4-34 的规定。

表 4-34　往复炉排安装的允许偏差和检验方法

项　　目		允许偏差(mm)	检验方法
两侧板的相对标高		3	水准仪、吊线和尺量
两侧板间距离	跨距≤2 m	+3 0	钢丝线和尺量
	跨距>2 m	+4 0	
两侧板的垂直度(全高)		3	吊线和尺量
两侧板间对角线的长度之差		5	钢丝线和尺量
炉排片的纵向间隙		1	钢板尺量
炉排两侧的间隙		2	

(4)炉排减速机安装。

一般整装锅炉的炉排减速机由制造厂装配成整机运到现场进行安装。

1)开箱点件,检查设备、零部件是否齐全,根据图纸核对其规格、型号是否符合设计要求。

2)检查机体外观和零部件不得有损坏,输出轴及联轴器应光滑,无裂纹,无锈蚀。油杯、扳把等无丢失和损坏。

3)根据需要配备地脚螺栓、斜垫铁等,准备起重和安装所需的工具、量具及其他用品。

4)减速机就位及找正找平。

①将垫铁放在划好基准线和清理好预留孔的基础上,靠近地脚螺栓预留孔。

②将减速机(带地脚螺栓,螺栓露出螺母 1~2 扣)吊装在设备基础上,并使减速机纵、横中心线与基础纵、横中心基准线相吻合。

③根据炉排输入轴的位置和标高进行找正找平,用水平仪结合更换垫铁厚度或打入楔形铁的方法加以调整。同时还应对联轴器进行找正,以保证减速机输出轴与炉排输入轴对正同心。用卡箍及塞尺对联轴器找同心。减速机的水平度和联轴器的同心度,两联轴节端面之间的间隙以设备随机技术文件为准。

5)设备找平找正后,即可进行地脚螺栓孔浇筑混凝土。浇筑时应捣实,防止地脚螺栓倾斜。待混凝土强度达到75%以上时,方可拧紧地脚螺栓。在拧紧螺栓时应进行水平的复核,无误后将机内加足机械油准备试车。

6)减速机试运行。安装完成后,联轴器的连接螺栓暂不安装,先进行减速机单独试车。试车前先拧松离合器的弹簧压紧螺母,把扳把放到空档卜接通电源试电机。检查电机运转方向是否正确和有无杂音,正常后将离合器由低速到高速进行试转,无问题后安装好联轴器的螺栓,在运行过程中调整好离合器的螺栓,配合炉排冷态试运行。在运行过程中调整好离合器的压紧弹簧使其能自动弹起。弹簧不能压得过紧,防止炉排断片或卡住,离合器不能离开,以免把炉排拉坏。

(5)平台扶梯安装。

1)长、短支撑的安装。先将支撑孔中杂物清理干净,然后安装长短支撑。支撑安装要正,螺栓应涂机油、石墨后拧紧。

2)平台安装。平台应水平,平台与支撑连接螺栓要拧紧。

3)平台扶手柱和栏杆安装。平台扶手柱要垂直于平台,螺栓连接要牢固,栏杆撇弯处应一致美观。

4)安装爬梯、扶手柱及栏杆。先将爬梯上端与平台螺栓连接,找正后将下端焊在锅炉支架板上或耳板上,与耳板用螺栓连接。扶手栏杆有焊接接头时,焊后应光滑。

(6)省煤器安装。

1)整装锅炉的省煤器均为整体组件出厂,因而安装时比较简单。安装前要认真检查省煤器管周围嵌填的石棉绳是否严密牢固,外壳箱板是否平整,肋片有无损坏。铸铁省煤器破损的肋片数不应大于总肋片数的5%,有破损肋片的根数不应大于总根数的10%,符合要求后方可进行安装。

2)省煤器支架安装。

①清理地脚螺栓孔,将孔内的杂物清理干净,并用水冲洗。

②将支架上好地脚螺栓,放在清理好预留孔的基础上,然后调整支架的位置、标高和水平度。

③当烟道为现场制作时,支架可按基础图找平找正;当烟道为成品组件时,应待省煤器就位后,按照实际烟道位置尺寸找平找正。

④铸铁省煤器支承架安装的允许偏差和检验方法应符合表4-35规定。

表 4-35　铸铁省煤器支承架安装的允许偏差和检验方法

项　目	允许偏差(mm)	检验方法
支承架的位置	3	经纬仪、拉线和尺量
支承架的标高	0 —5	水准仪、拉线和尺量
支承架的纵、横向水平度(每1 m)	1	水平尺和塞尺检查

3)省煤器安装要求。

①安装前应进行水压试验,试验压力为 $1.25P+0.5$ MPa(P 为锅炉工作压力:对蒸汽锅炉指锅筒工作压力,对热水锅炉指锅炉额定出水压力)。在试验压力下 10 min 内压力下降不超过 0.02 MPa,然后降至工作压力进行检查,压力不降,无渗漏为合格,同时进行省煤器安全阀的调整。安全阀的开启压力应为省煤器工作压力的 1.1 倍,或为锅炉工作压力的 1.1 倍。

②用三木搭或其他吊装设备将省煤器安装在支架上,并检查省煤器的进口位置、标高是否与锅炉烟气出口相符,以及两口的距离和螺栓孔是否相符。通过调整支架的位置和标高,达到烟道安装的要求。

③一切妥当后将省煤器下部槽钢与支架焊在一起。

4)浇筑混凝土。支架的位置和标高找好后浇筑混凝土,混凝土的强度等级应比基础强度等级高一级,并应捣实和养护(拌混凝土时宜用豆石)。

5)当混凝土强度达到 75% 以上时,将地脚螺栓拧紧。

6)省煤器的出口处或入口处应按设计或锅炉图纸要求安装阀门或管道。在每组省煤器的最低处应设放水阀。

(7)液压传动装置安装。

1)对预埋板进行清理和除锈。

2)检查和调整使铰链架纵横中心线与滑轨纵横中心相符,以确保铰链架的前后位置有较大的调节量,调整后将铰链架的固定螺栓稍加紧固。

3)把液压缸的活塞杆全部拉出(最大行程),并将活塞杆的长拉脚与摆轮连接好,再把活塞缸与铰链架连接好。然后根据摆轮的位置和图纸的要求把滑轨的位置找正焊牢,最后认真检查调整铰链的位置并将螺栓拧紧。

4)液压箱安装。按设计位置放好,液压箱内要清洗干净。箱内应加入滤清机械油。

5)安装地下油管。地下油管采用无缝钢管,在现场揻弯和焊接管接头。钢管内应除锈并清理干净。

6)安装高压软管。高压软管应安装在油缸与地下油管之间。安装时应将丝头和管接头内铁屑毛刺清除干净,丝头连接处用聚四氟乙烯薄膜或麻丝白铅油作填料,最后安装高压软管。

7)安装高压铜管。先将管接头分别装在油箱和地下油管的管口上,按实际距离将铜管截断,然后退火揻弯,两端穿好锁母,用扩口工具扩口,最后把铜管安装好,拧紧锁母。

8)电气部分安装。先将行程撞块和行程开关架装好,再装行程开关。行程开关架安装要牢固。上行程开关的位置,应在摆轮拨爪略超过棘轮槽为适宜,下行程开关的位置应定在能使炉排前进 800 mm 或活塞不到缸底为宜。定位时可打开摆轮的前盖直观定位。最后进行电气配管、穿线、压线及油泵电机接线。

9)油管路的清洗和试压。

①把高压软管与油缸相接的一端断开,放在空油桶内,然后启动油泵,调节溢流阀调压手轮,逆时针旋转使油压维持在 0.2 MPa,再通过人工方法控制行程开关,使两条油管都得到冲洗。冲洗的时间为 15~20 min,每条油管至少冲洗 2~3 次。冲洗完毕把高压软管与油缸装好。

②油管试压。利用液压箱的油泵即可。启动油泵,通过调节溢流阀的手轮,使油压逐步升到 3.0 MPa,在此压力下活塞动作一个行程,油管、接头和液压缸均无泄漏为合格,并立即把油压调到炉排的正常工作压力。因油压长时间超载会使电机烧毁。

炉排正常工作时油泵工作压力如下：

1～2 t/h 链条炉，油压力 0.6～1.2 MPa；

4 t/h 链条炉，油压力 0.8～1.5 MPa。

10)摆轮内部擦洗后加入适量的 20 号机油，上下铰链油杯中应注满凡士林。

11)液压传动装置冲洗、试压应做记录。

(8)螺旋出渣机安装。

1)先将出渣机从安装孔斜放在基础坑内。

2)将漏灰接口板安装在锅炉底板的下部。

3)安装锥形渣斗。上好渣斗与炉体之间的连接螺栓，再将漏灰板与渣斗的连接螺栓上好。

4)吊起出渣器的筒体，与锥形渣斗连接好。锥形渣斗下口长方形的法兰与筒体长方形法兰之间要加橡胶垫或油浸扭制的石棉盘根(应加在螺栓内侧)，拧紧后不得漏水。

5)安装出渣机的吊耳和轴承底座。在安装轴承底座时，要使螺旋轴保持同心并形成一条直线。

6)调好安全离合器的弹簧，用扳手扳转蜗杆，使螺旋轴转动灵活。油箱内应加入符合要求的机械油。

7)安好后接通电源和水源，检查旋转方向是否正确，离合器的弹簧是否跳动，冷态试车 2 h，无异常声音、不漏水为合格，并做好试车记录。

(9)刮板除渣机安装就位。湿式刮板除渣(灰)机一般用于锅炉房有多台锅炉时，由链条、刮板、托辊、渣槽、驱动装置及尾部拉紧从动装置组成。

1)检查驱动装置和从动装置以及渣槽的浇灌质量、外形尺寸。不应有裂缝、蜂窝、孔洞、露筋及剥落等现象，沟槽尚应做渗水试验，应不渗不漏。

2)检查沟槽与锅炉出渣口的相对位置，以锅炉的纵横基准线及建筑标高基准点为依据，核对设备基础上的沟槽的纵、横中心线及标高，用钢丝线检查基础和渣槽的几何尺寸。

沟槽内壁表面经严格检查验收，要求光滑，直线方向上水平度、倾斜坡圆弧度应该符合要求。每个地脚螺栓孔的大小、位置、间距和垂直度应符合设计要求。沟槽壁上预埋铁件和预留管的位置、数量应准确。

3)刮板安装前应逐块、逐件清理毛刺、污垢，必须将其表面修整光滑、干净。

4)在沟槽壁预埋件上，用钢丝线和钢板尺划定托辊轴座的焊接位置，并确保两壁轴座中心线和除渣沟槽纵向中心线重合，允许偏差为 2 mm。

5)安装托辊轴道。

①先安装尾部的从动装置，从锅炉底水平段尾部开始向首部方向进行，再安装圆弧斜坡段。

②托辊安装过程中随时用铁水平尺和水准仪、钢板尺找平，其托辊的允许偏差控制在 1/1 500 以内，全长测定时不得超过 10 mm。

③托辊安装时与托辊支座接头处应找平、找齐，左右不能超过 1 mm 偏差，高低差不超过 0.5 mm，边安装、边检查，不符合要求应重新调整。

④托辊横向中心线与除渣机纵向中心线应重合，其允许偏差为 3 mm。

6)安装驱动装置和从动装置。

①驱动装置必须安装在除渣机之首，从动装置安装在尾部。

②将驱动装置中的减速器、电动机运到验收合格的基础上，然后找正找准方位，埋进地脚

螺栓,进行二次灌浆,待达到强度后戴上地脚螺栓垫圈及螺母,拧紧。

7)链条和刮板安装。

①刮板的安装节距一般为 2 200 mm 左右(见随机图纸),由框链相连接。安装时由从动装置起至驱动装置止。

②框链的松紧度要调整一致,松紧度适当,框链移动自如,无卡框卡刮板的现象。上下坡度角度不可大于 30°。

③驱动装置和拉紧框链滚动轴应水平安装,安装时随时用铁水平尺检查,不得超过0.5/1 000。

8)从锅炉的出渣口接出锅炉落渣管,插入水中 100 mm,达到除渣水封的目的。

(10)电气控制箱(柜)安装。

1)控制箱安装位置应在锅炉的前方,便于监视锅炉的运行、操作及维修。

2)控制箱的地脚螺栓位置要正确,控制箱安装时要找正找平,灌注牢固。

3)控制箱装好后,可敷设控制箱到各个电机和仪器仪表的配管,穿导线。控制箱及电气设备外壳应有良好的接地。待各个辅机安装完毕后接通电源。

(11)烟囱安装。

1)每节烟囱之间用 ϕ10 石棉扭绳作垫料,安装螺栓时螺帽在上,连接要严密牢固,组装好的烟囱应基本成直线。

2)当烟囱高度超过周围建筑物时要安装避雷针。

3)在烟囱的适当高度处(无规定时为 2/3 处)安装拉紧绳,最少三根,互为 120°。采用焊接或其他方法将拉紧绳的固定装置安装牢固。在拉紧绳距地面不少于 3 m 处安装绝缘子,拉紧绳与地锚之间用花篮螺栓拉紧,锚点的位置应合理,应使拉紧绳与地面的斜角少于 45°。

4)用吊装设备把烟囱吊装就位,用拉紧绳调整烟囱的垂直度,垂直度的要求为 1/1 000,全高不超过 20 mm,最后检查拉紧绳的松紧度,拧紧绳卡和基础螺栓。

5)两台或两台以上燃油锅炉共用一个烟囱时,每一台锅炉的烟道上均应配备风阀或挡板装置,并应具有操作调节和闭锁功能。

(12)锅炉水压试验。

1)水压试验应报请当地技术监督局有关部门参加。

2)试验前的准备工作。

①将锅筒、集箱内部清理干净后封闭人孔、手孔。

②检查锅炉本体的管道、阀门有无漏加垫片、漏装螺栓和未紧固等现象。

③应关闭排污阀、主汽阀和上水阀。

④安全阀的管座应用盲板封闭,并在一个管座的盲板上安装放气管和放气阀,放气管的长度应超出锅炉的保护壳。

⑤锅炉试压管道和进水管道接在锅炉的副汽阀上为宜。

⑥应打开锅炉的前后烟箱和烟道的检查门,试压时便于检查。

⑦打开副汽阀和放气阀。

⑧至少应装两块经计量部门校验合格的压力表,并将其旋塞转到相通位置。

3)试验时对环境温度的要求。

①水压试验应在环境温度(室内)高于＋5℃时进行。

②在气温低于＋5℃的环境中进行水压试验时,必须有可靠的防冻措施。

4)试验时对水温的要求。

①水温一般应在 20℃～70℃。

②水压试验应使用软化水,应保持高于周围环境露点的温度以防锅炉表面结露。

③无软化水时可用自来水试压;当施工现场无热源时,要等锅炉筒内水温与周围气温较为接近或无结露时,方可进行水压试验。

5)锅炉水压试验的压力值见表 4-36,并应符合地方技术监督局的规定。

6)水压试验步骤和验收标准。

①向炉内上水。打开自来水阀门向炉内上水,待锅炉最高点放气管见水无气后关闭放气阀,最后把自来水阀门关闭。

②用试压泵缓慢升压至 0.3～0.4 MPa 时,应暂停升压,进行一次检查和必要的紧固螺栓工作。

表 4-36 锅炉水压试验压力值

设备名称	工作压力 P(MPa)	试验压力(MPa)
锅炉本体	$P<0.59$	$1.5P$ 但不小于 0.2
	$0.59 \leqslant P \leqslant 1.18$	$P+0.3$
	>1.6	$1.25P$
可分式省煤器	任何压力	$1.25P+0.5$
非承压锅炉	大气压力	0.2

注:1. 工作压力 P 对蒸汽锅炉指锅筒工作压力,对热水锅炉额定出水压力。

2. 铸铁锅炉水压试验同热水锅炉。

3. 非承压锅炉水压试验压力为 0.2 MPa,试验期间压力应保持不变。

③待升至工作压力时,应停泵检查各处有无渗漏或异常现象,再升至试验压力后停泵。锅炉应在试验压力下保持 10 min,压力降不超过 0.02 MPa,然后降至工作压力进行检查。达到下列要求为试验合格:压力不降、不渗、不漏;观察检查,不得有残余变形;受压元件金属壁和焊缝上不得有水珠和水雾;胀口处不滴水珠。

④水压试验结束后,应将炉内水全部放净,以防冻,并拆除所加的全部盲板。

⑤水压试验结束后,应做好记录,并有参加验收人员签字,最后存档。

⑥水压试验还应符合地方技术监督局的有关规定。

(13)炉排冷态试运转。

1)清理炉膛、炉排,尤其是容易卡住炉排的铁块、焊渣、焊条头和铁矿钉等必须清理干净,然后将炉排各部位的油杯加满润滑油。

2)机械炉排安装完毕后应做冷态运转试验。炉排冷运转连续不少于 8 h,试运转速度最少应在两级以上,并进行检查和调整。

①检查炉排有无卡住和拱起现象,如炉排有拱起现象可通过调整炉排前轴的拉紧螺栓消除。

②检查炉排有无跑偏现象,要钻进炉膛内检查两侧主炉排片与两侧板的距离是否相等。不等时说明跑偏,应调整前轴相反一侧的拉紧螺栓(拧紧),使炉排走正。如拧到一定程度后还不能纠偏时,还可以稍松另一侧的拉紧螺栓,使炉排走正。

③检查炉排长销轴与两侧板的距离是否大致相等,通过一字形检查孔,用锤子间接打击过长的长销轴,使之与两侧板的距离相等。同时还要检查有无漏装垫圈和开口销。

④检查主炉排片与链轮啮合是否良好,各链轮齿是否同位。如有严重不同位时,应与制造厂联系解决。

⑤检查炉排片有无断裂,有断裂时等到炉排转到一字形检查孔的位置时,停炉排把备片换上再运转。

⑥检查煤闸板吊链的长短是否相等,检查各风室的调节门是否灵活。

⑦冷态试运行结束后应填好记录,甲、乙方及监理方签字。

2. 辅助设备及管道安装

(1)风机安装。

1)基础验收合格,安装垫铁后,将送风机吊装就位(带地脚螺栓),找平找正后进行地脚螺栓孔灌浆。待混凝土强度达到 75% 以上时,再复查风机是否水平,地脚螺栓紧固后进行二次灌浆。混凝土的强度等级应比基础强度等级高一级,灌筑捣固时不得使地脚螺栓歪斜,灌筑后要养护。

2)风机找正找平要求。

①机壳安装应垂直。风机坐标安装允许偏差为 10 mm,标高允许偏差为 ±5 mm。

②纵向水平度 0.2‰。

③横向水平度 0.3‰。

④风机轴与电机轴不同心,径向位移不大于 0.05 mm。

⑤如用带轮连接时,风机和电机的两带轮的平行度允许偏差应小于 1 mm。两带轮槽应对正,允许偏差小于 1 mm。

3)风管安装。

①砖砌地下风道,风道内壁用水泥砂浆抹平,表面光滑、严密。风机出口与风管之间、风管与地下风道之间连接要严密,防止漏风。

②安装烟道时应使之自然吻合,不得强行连接,更不允许将烟道重量压在风机上。当采用钢板风道时,风道法兰连接要严密。应设置安装防护装置。

③安装调节风门时应注意不要装反,应标明开、关方向。

④安装调节风门后试拨转动,检查是否灵活,定位是否可靠。

4)安装冷却水管。冷却水管应干净畅通。排水管应安装漏斗以便于直观出水的大小,出水大小可用阀门调整。安装后应按要求进行水压试验,如无规定时,试验压力不低于 0.4 MPa。其他要求可参考给水管安装要求。

5)轴承箱清洗加油。

6)安装安全罩,安全罩的螺栓应拧紧。

7)风机试运行。试运行前用手转动风机,检查是否灵活。先关闭调节阀门,接通电源,进行点试,检查风机转向是否正确,有无摩擦和振动现象。启动后再稍开调节门,调节门的开度应使电机的电流不超过额定电流。运转时检查电机和轴承升温是否正常。风机试运行不小于 2 h,并做好运行记录。

(2)单斗式提升机安装。

1)导轨的间距偏差不大于 2 mm。

2)垂直式导轨的垂直度偏差不大于 1‰,倾斜式导轨的倾斜度偏差不大于 2‰。

3)料斗的吊点与料斗垂心在同一垂线上,重合度偏差不大于 10 mm。

4)行程开关位置应准确,料斗运行平稳,翻转灵活。

(3)除尘器安装。

1)安装前首先核对除尘器的旋转方向与引风机的旋转方向是否一致,安装位置是否便于清灰、运灰。除尘器落灰口距地面高度一般为 0.6~1.0 m。检查除尘器内壁耐磨涂料有无脱落。

2)安装除尘器支架。将地脚螺栓安装在支架上,然后把支架放在划好基准线的基础上。

3)安装除尘器。支架安装好后,吊装除尘器,紧好除尘器与支架连接的螺栓。吊装时根据情况(立式或卧式)可分段安装,也可整体安装。除尘器的蜗壳与锥形体连接的法兰要连接严密,用 φ10 石棉扭绳作垫料,垫料应加在连接螺栓的内侧。

4)烟道安装。先从省煤器的出口或锅炉后烟箱的出口安装烟道和除尘器的扩散管。烟道之间的法兰连接用 φ10 石棉扭绳作垫料,垫料应加在连接螺栓的内侧,连接要严密。烟道与引风机连接时应采用软接头,不得将烟道重量压在风机上。烟道安装后,检查扩散管的法兰与除尘器的进口法兰位置是否正确。

5)检查除尘器的垂直度和水平度。除尘器的垂直度和水平度允许偏差为 1/1 000,找正后进行地脚螺栓孔灌浆,混凝土强度达到 75% 以上时,将地脚螺栓拧紧。

6)锁气器安装。锁气器是除尘器的重要部件,是保证除尘器效果的关键部件之一,因此锁气器的连接处和舌形板接触要严密,配重或挂环要合适。

7)除尘器应按图纸位置安装,安装后再安装烟道。设计无要求时,弯头(虾米腰)的弯曲半径不应小于管径的 1.5 倍,扩散管渐扩角度不得大于 20°。

(4)水处理设备安装。

1)锅炉运行应用软化水。

2)低压锅炉的炉外水处理一般采用钠离子交换水处理方法。多采用固定床顺流再生、逆流再生和浮动床三种工艺。

3)离子交换器安装前,先检查设备表面有无撞痕,罐内防腐有无脱落,如有脱落应做好记录,采取措施后再安装。为防止树脂流失应检查布水喷嘴和孔板垫布有无损坏,如损坏应更换。

4)钠离子交换器安装。将离子交换器吊装就位,找平找正。视镜应安装在便于观看的方向,罐体垂直允许偏差为 2/1 000。在吊装时要防止损坏设备。

5)设备配管。一般采用镀锌钢管或塑料管,采用螺纹连接,接口要严密。所有阀门安装的标高和位置应便于操作,配管的支架严禁焊在罐体上。

6)配管完毕后,根据说明书进行水压试验。检查法兰、视镜、管道接口等,以无渗漏为合格。

7)装填树脂时,应根据说明书先进行冲洗后再装入罐内。树脂层装填高度按设备说明书要求进行。

8)盐水箱(池)安装。如用塑料制品,可按图纸位置放好即可;如用钢筋混凝土浇筑或砖砌盐池,应分为溶池和配比池两部分。无规定时,一般底层用 30~50 mm 厚的木板,并在其上打出 φ8 的孔,孔距为 5 mm,木板上铺 200 mm 厚的石英石,粒度为 φ10~φ20,石英石上铺上 1~2 层麻袋布。

(5)水泵安装。

1)将水泵吊装就位,找平找正,与基准线相吻合,泵体水平度 0 mm/m,然后进行灌浆。

2)联轴器找正。泵与电机轴的同心度为轴向倾斜 0 mm/1 m,径向位移 0 mm。

3)手摇泵应垂直安装。安装高度如设计无要求时,泵中心距地面为 800 mm。

4)水泵安装后外观质量检查。泵壳不应有裂纹、砂眼及凹凸不平等缺陷,多级泵的平衡管路应无损伤或折陷现象,蒸汽往复泵的主要部件、活塞及活动轴必须灵活。

5)轴承箱清洗加油。

6)水泵试运转。

①电机试运转,确认转动无异常现象、转动方向无误。

②安装联轴器的连接螺栓安装前应用手转动水泵轴,应转动灵活无卡阻、杂声及异常现象,然后再连接联轴器的螺栓。

③泵启动前应先关闭出口阀门(以防启动负荷过大),然后启动电机。当泵达到正常运转速度时,逐步打开出口阀门,使其保持工作压力。检查水泵的轴承温升(应按说明书,一般不超过外界温度 35℃,其最高温度不应大于 75℃),轴封是否漏水、漏油。

(6)除氧器安装。除氧器有热力除氧器和真空除氧器,其上部为除氧头,下部为除氧水箱,除氧头和除氧水箱用法兰相连。除此之外还有解吸除氧装置、化学除氧器等。下面以热力除氧器为例介绍除氧器安装方法。

1)热力除氧器应安装在锅炉给水泵的上方,除氧水箱的最低水位和给水泵的中心线之间的高差应不小于 7 m。除氧水箱为卧式安装,除氧头为立式安装在除氧水箱上。一般均设有钢梯及钢平台。

2)提交安装除氧器的基础应验收合格,混凝土强度达到 70% 以上。基础画线以安装层的建筑基准点为依据。安装前,应清除基础表面杂物污垢,在施工中不得使基础沾油污。

3)除氧器的运输方法与锅炉相同,先将除氧水箱吊至安装的高度,调准水箱方位后,将除氧水箱的固定支座落在固定基础上,再慢慢将滑动支座落在另一端基础上。吊线、找正、调整后,按随机技术文件的规定将支座用地脚螺栓或电焊固定。

4)安装钢扶梯和钢平台。

①安装前检查钢构件的几何尺寸、长度、弯曲度。允许偏差为:平台不平度为 2 mm/m;平台长度 2 mm/m;钢扶梯长度 ±5 mm。

②可采用组合构件吊装,先安装扶梯,然后安装钢平台和钢栏杆。安装后的允许偏差平台标高为 ±10 mm;栏杆的弯曲度为 5 mm/m;扶手立杆不垂直度 5 mm/全高。

5)将除氧头吊至安装高度,慢慢落下,使除氧头的法兰对准除氧水箱上的法兰,用螺栓穿入法兰孔、稳住除氧头后,将垫片加进法兰内,再把除氧头全部坐落在除氧水箱上,吊正、找平,调整各螺栓孔位置,穿进全部螺栓,戴上垫圈、螺帽,对称地逐渐拧紧。

6)按锅炉房配管施工图进行管道附件、阀门及仪表配置。热力除氧器和真空除氧器的排气管应通向室外,直接排入大气。

7)热力除氧器必须安装水位自动调节装置、蒸汽压力自动调节装置和水封式安全阀。

8)除氧头与除氧水箱安装完毕必须进行水压试验。除氧器的工作压力为 0.02 MPa,其试验压力为 0.2 MPa。

9)除氧器经水压试验合格后,外壳进行保温。如设计无规定,可采用钢丝网包扎后抹石棉水泥一层,厚度一般为 80～100 mm。

10)试运转。在试运转过程中注意调节好排气阀的开启度,既要保证顺利排出气体,又要尽量阻止蒸汽的溢出,减少热量损失。通过自动调节装置应注意蒸汽量吸水量的比例调节是否恰到好处,即将水加热至沸腾状。

(7)箱、罐等静置设备安装。

1)箱、罐等安装允许偏差不得超过表4-37的规定。

表4-37　箱、罐安装允许偏差　　　　（单位:mm）

项　　目	允许偏差
标高	±5
垂直度(1 m)	2
坐标	15

2)箱、罐及支架、吊架、托架安装,应平直牢固,位置正确,箱、罐支架安装的允许偏差应符合表4-38的规定。

表4-38　箱、罐支架安装允许偏差　　　　（单位:mm）

项　　目		允许偏差
支架立柱	位置	5
	垂直度	2H/1 000 但不大于10(H 为高度)
支架横梁	上表面标高	±5
	侧向弯曲	2L/1 000 但不大于10(L 为长度)

3)敞口箱、罐安装前应做满水试验,满水试验满水后静置24 h不渗不漏为合格。密闭箱、罐,如设计无要求,应以工作压力的1.5倍做水压试验,但不得小于0.4 MPa,在试验压力下10 min内无压降,不渗不漏为合格。

4)地下直埋油罐在埋地前应做气密性试验,试验压力不应小于0.03 MPa。在试验压力下观察30 min不渗、不漏、无压降为合格。

5)分汽缸(分水器、集水器)安装前应进行水压试验,试验压力为工作压力的1.5倍,但不得小于0.6 MPa。试验压力下10 min内无压降、无渗漏为合格。分汽缸一般安装在角钢支架上,安装位置应有0.5%的坡度,分汽缸的最低点应安装疏水器。

6)注水器安装高度。如设计无要求时,中心距地面为1.0~1.2 m固定应牢固。与锅炉之间装好逆止阀,注水器与逆止阀的安装间距应保持在150~300 mm的范围内。

7)除污器安装。

①除污器应装有旁通管(绕行管),以便在系统运行时对除污器进行必要的检修。

②因除污器重量较大,应安装在专用支架上。

③除污器安装方向必须正确。系统试压与冲洗后,应予以清扫。

(8)管道、阀门和仪表安装。

1)连接锅炉及辅助设备的工艺管道安装完毕后,必须进行系统的水压试验,试验压力为系统中最大工作压力的1.5倍。在试验压力10 min内压力降不超过0.05 MPa,然后降至工作压力进行检查,不渗不漏为合格。

2)管道连接的法兰、焊缝和连接管件以及管道上的仪表、阀门的安装位置应便于检修,并不得紧贴墙壁、楼板或管架。

3)连接锅炉及辅助设备的工艺管道安装的允许偏差和检验方法应符合表 4-39 的规定。

表 4-39　连接锅炉及辅助设备的工艺管道安装的允许偏差和检验方法

项　　目		允许偏差(mm)	检验方法
坐标	架空	15	水准仪、拉线和尺量
	地沟	10	
标高	架空	±15	水准仪、拉线和尺量
	地沟	±10	
水平管道纵、横方向弯曲	DN≤100 mm	2‰,最大 50	直线和拉线检查
	DN>100 mm	3‰,最大 70	
立管垂直		2‰,最大 15	吊线和尺量
成排管道间距		3	直尺尺量
交叉管的外壁或绝热层间距		10	

3. 安全附件安装

(1)安全阀安装。

1)额定热功率大于 1.4 MW(即 120×10⁴ kcal/h)的锅炉,至少应装设两个安全阀(不包括省煤器),并应使其中一个先动作;额定热功率不大于 1.4 MW 的锅炉至少应装设一个安全阀。省煤器进口或出口安装一个安全阀。

2)锅炉和省煤器安全阀定压和调整应符合表 4-40 的规定。锅炉上装有两个安全阀时,其中的一个按表 4-40 中较高值定压,另一个按较低值定压。装有一个安全阀时,应按较低值定压。

表 4-40　锅炉和省煤器安全阀定压和调整

工作设备	安全阀开启压力
蒸汽锅炉	工作压力+0.02 MPa
	工作压力+0.04 MPa
热水锅炉	1.12 倍工作压力,但不少于工作压力+0.07 MPa
	1.14 倍工作压力,但不少于工作压力+0.10 MPa
省煤器	1.1 倍工作压力

3)额定蒸汽压力小于 0.1 MPa 的锅炉应采用静重式安全阀或水封安全装置。

4)安全阀应在锅炉水压试验合格后再安装。水压试验时,安全阀管座可用盲板法兰封闭,试完压后应立即将其拆除。

5)安全阀应垂直安装,并装在锅炉锅筒、集箱的最高位置。在安全阀和锅筒之间或安全阀和集箱之间,不得装有取用蒸汽的汽管和取用热水的出水管,并不许装阀门。

6)蒸汽锅炉安全阀应安装排汽管直通室外安全处,排汽管的截面积不应小于安全阀出口的截面积。排汽管应坡向室外并在最低点的底部装泄水管,并接到安全处。热水锅炉安全阀泄水管应接到安全地点。排汽管和排水管上不得装阀门。

7)多个安全阀共用一根引出管时,短管的流通截面积应不小于全部安全阀截面积的1.25倍。

8)安全阀必须设有下列装置。

①杠杆式安全阀应有防止重锤自行移动的装置并限制杠杆越出导架。

②弹簧式安全阀应设有提升把手并防止随意拧动调整螺栓。

③静重式安全阀应有防止重锤飞出的限制装置。

9)严禁在安装中用加重物、移动重锤、将阀芯卡死等手段任意提高安全阀的开启压力或使其失效。

10)安全阀在锅炉负荷试运行时应进行热态定压检验和调整,应加锁或铅封。

(2)水位表安装。

1)每台锅炉至少应装两个彼此独立的水位表。但额定蒸发量不大于 0.2 t/h 的锅炉可以装一个水位表。

2)采用双色水位表时,每台锅炉只能装一个,另一个装普通(无色的)水位表。

3)水位表装置应符合下列技术条件方可安装。

①锅炉运行时,能够吹洗和更换玻璃管(板)。水位表和锅筒之间的汽、水连接管内径不得小于 18 mm。连接管应尽可能短,连接管长度大于 500 mm 或有弯曲时,内径应适当放大,以保证水位表准确灵敏。

②汽连管应能自动向水位计疏水,水连管应能自动向锅筒疏水。

③旋塞及玻璃管的内径均严禁小于 8 mm。

4)水位表应装于便于观察的地方,并有足够的照明度。采用玻璃管水位表时应装有防护罩,防止损坏伤人。

5)水位表安装前应检查旋塞转动是否灵活,填料是否符合使用要求,不符合要求时应更换填料。水位表的玻璃管或玻璃板应干净透明。

6)安装水位表时,应使水位表的两个表口保持垂直和同心,填料要均匀,接头应严密。

7)安装玻璃管时,端口有裂纹的不应使用,安装后的玻璃管距上下口的空隙不应大于 10 mm,充填石棉线紧固时,不可堵塞管孔。

8)水位表安装完毕应划出最高、最低水位的明显标志。水位表玻璃管(板)上的下部可见边缘应比最低安全水位至少低 25 mm,水位表玻璃管(板)上的上部可见边缘比最高安全水位至少应高 25 mm。

9)水位表应有放水旋塞(或阀门),泄水管应接到安全处。当泄水管接至安装有排污管的漏斗时,漏斗与排污管之间应加阀门,防止锅炉排污时从漏斗冒汽伤人。

10)电接点式水位表的零点应与锅筒正常水位重合。

11)额定蒸发量不小于 2 t/h 的锅炉,应安装高低水位警报器。报警器的泄水管可与水位表的泄水管接在一起,但报警器泄水管上应单独安装一个截止阀,绝不允许在合用管段上仅装一个阀门。

(3)压力表安装。

1)弹簧管压力表安装。

①工作压力小于 1.25 MPa 的锅炉,压力表精度不应低于 2.5 级。

②压力表安装前应经校验,铅封后进行安装。

③表盘刻度极限值为工作压力的 1.5～3 倍(宜选用 2 倍工作压力),表盘直径不得小于 100 mm(锅炉本体的压力表表盘直径不应小于 150 mm),表体位置端正,便于观察。

④压力表必须安装在便于观察和吹洗的位置,并防止受高温、冰冻和振动的影响,同时要有足够的照明。

⑤压力表必须设有存水弯。存水弯管采用钢管揻制时,内径不应小于 10 mm;采用铜管揻制时,内径不应小于 6 mm。

⑥压力表与存水弯管之间应安装三通旋塞。

⑦压力表应垂直安装,垫片要规整,垫片表面应涂机油石墨,螺纹部分涂白铅油,连接要严密。安装完后在表盘上或表壳上划出明显的标志,标出最高工作压力。

2)电接点压力表安装同弹簧管式压力表,要求如下。

①报警。把上限指针定位在最高工作压力刻度位置,当活动指针随着压力增高与上限指针接触时,与电铃接通进行报警。

②自控停机。把上限指针定在最高工作压力刻度上,把下限指针定在最低工作压力刻度上,当压力增高使活动指针与上限指针相接触时可自动停机。停机后压力逐渐下降,降到活动指针与下限指针接触时能自动启动使锅炉继续运行。

3)应定期进行试验,检查其灵敏度,发现问题应及时处理。

(4)温度计(表)安装。

1)安装在管道和设备上的套管温度计,底部应插入流动介质内,不得装在引出的管段上或死角处。

2)内标式温度表安装。温度表的螺纹部分应涂白铅油,密封垫应涂机油石墨,温度表的标尺应朝向便于观察的方向。底部应加入适量导热性能好,不易挥发的液体或机油。

3)压力式温度表安装。温度表的丝接部分应涂白铅油,密封垫涂机油石墨,温度表的感温器端部应装在管道中心,温度表的毛细管应固定好,并有保护措施,其转弯处的弯曲半径不应小于 50 mm,温包必须全部浸入介质内。多余部分应盘好固定在安全处。温度表的表盘应安装在便于观察的位置。安装完后应在表盘上或表壳上划出最高运行温度的标志。

4)压力式电接点温度表的安装。与压力式温度表安装相同。报警和自控同电接点压力表的安装。

5)热电偶温度计的保护套管应保证规定的插入深度。

6)温度计与压力表在同一管道上安装时,按介质流动方向温度计应在压力表下游处安装,如温度计需在压力表的上游安装时,其间距不应小于 300 mm。

4. 烘炉、煮炉和试运行

(1)烘炉。

1)整体快装锅炉一般采用轻型炉墙,根据炉墙潮湿程度,一般应烘烤时间为 4～6 d,升温应缓慢。

2)关闭排污阀、主汽阀、副汽阀和水位表的泄水阀。打开上水系统的阀门,如有省煤器时,开启省煤器循环管阀门,将合格软化水上至比锅炉正常水位稍低位置。

3)打开炉门、烟道闸板,开启引风机,强制通风 5 min,以排除炉膛和烟道的潮气和灰尘,然后关闭引风机。

4)打开炉门和点火门,在炉排前部 1.5 m 范围内铺上厚度为 30～50 mm 的炉渣,在炉渣上放置木柴和引燃物。点燃木柴,小火烘烤。火焰应在炉膛中央燃烧,自然通风,缓慢升温。

第一天不得超过 80℃;后期烟温不应高于 160℃,且持续时间不应少于 24 h。烘烤约 2～3 d。

5)木柴烘烤后期,逐渐添加煤炭燃料,并间断引风和适当鼓风,使炉膛温度逐步升高,同时间断开动炉排,防止炉排过烧损坏,烘烤约为 1～3 d。

6)整个烘炉期间要注意观察炉墙、炉拱情况,按时做好温度记录,最后画出实际升温曲线图。

7)注意事项。

①火焰应保持在炉膛中央,燃烧均匀,升温缓慢,不能时旺时弱。烘炉时锅炉不带压。

②烘炉期间应注意及时补给软水,保持锅炉正常水位。

③烘炉中后期应适量排污,每 6～8 h 可排污一次,排污后及时补水。

④煤炭烘炉时应尽量减少炉门、看火门开启次数,防止冷空气进入炉膛内,使炉膛产生裂损。

8)烘炉结束后应符合下列规定。

①炉墙经烘烤后没有变形、裂纹及塌落现象。

②炉墙砌筑砂浆含水率达到 7% 以下。

(2)煮炉。

1)为了节约时间和燃料,在烘炉末期进行煮炉。非砌筑或浇筑保温材料的锅炉,安装后可直接进行煮炉。煮炉时间一般为 2～3 d,如蒸汽压力较低,可适当延长时间。

2)一般采用碱性溶液煮炉,加药量根据锅炉锈蚀、油污情况及锅炉水容量而定。如锅炉出厂说明未作规定时,可按表 4-41 确定加药量。

表 4-41　锅炉煮炉加药量

药品名称	铁锈较薄	铁锈较厚
氢氧化钠(NaOH)(kg/t)	2～3	3～4
磷酸三钠(Na₃PO₄·12H₂O)(kg/t)	2～3	2～3

注:表中药品用量按 100% 纯度计算,无磷酸三钠时可用碳酸钠(Na₂CO₃)代替,用量为磷酸三钠的 1.5 倍。

3)将两种药品按用量配好后,用水溶解成液体,从安全阀座处缓慢加入锅筒内,然后封闭安全阀。操作人员要采取有效防护措施防止化学药品腐蚀。加药时,炉水加至低水位。

4)升压煮炉。加药后间断开动引风机,适量鼓风使炉膛温度和锅炉压力逐渐升高,进入升压煮炉。在达到锅炉额定压力的 25%、50%、75% 时分别连续煮炉 12 h 后停火,煮炉结束。

5)每隔 3～4 h 由上、下锅筒及各集箱排污处进行炉水取样,若炉水碱度低于 45 mg 当量/L,向炉内补充加药。

6)煮炉期间,炉水水位控制在最高水位,水位降低时,及时补充给水。

7)需要排污时,应将压力降低后,前后、左右对称排污。

8)煮炉结束后,待锅炉蒸汽压力降至零,水温低于 70℃ 时,方可将炉水放掉,换水冲洗。待锅炉冷却后,打开人孔和手孔,彻底清除锅筒和集箱内部的沉积物,并用清水冲洗干净。

9)检查锅炉和集箱内壁,无油垢、无锈斑、有金属光泽为煮炉合格。煮炉结束后炉墙砂浆含水率达到 2.5% 以下。

10)最后经有关方共同检验,确认合格,并在检验记录上签字盖章。

（3）锅炉试运行及安全阀定压。锅炉在烘炉、煮炉合格后，正式运行之前应进行 48 h 的带负荷连续运行，同时应进行安全阀的热状态定压检验和调整。

1）锅炉试运行应具备下列条件。

①对于单机试车、烘炉煮炉中发现的问题或故障，应全部进行排除、修复或更换。

②锅炉开火前的内部检查，如汽水分离器、连续排污和定期排污装置、进水管及隔板等应齐全完好；锅筒、集箱及受热面管道内污垢清除干净，无缺陷和损坏、无杂物或工具留在里面；可用通球试验的方法检查炉管或省煤器弯管是否通畅，通球直径按表 4-42 选用。内部检查合格后，装好人孔和手孔盖。

表 4-42 通球直径

弯管半径 R	$R<1.4D_w$	$1.4D_w \leqslant R<1.8D_w$	$1.8D_w \leqslant R<2.5D_w$	$2.5D_w \leqslant R<3.5D_w$	$R \geqslant 3.5D_w$
通球直径	≥0.7DN	≥0.75DN	≥0.8DN	≥0.852DN	≥0.9DN

注：D_w 为管子外径（mm），DN 为管子公称内径（mm）。

③锅炉开火前的外部检查，炉膛中无积灰、杂物，炉墙、炉拱、隔火墙应完整严密；水冷壁管、排管外表面无缺陷；风道及烟道内应干净，且没有其他杂物留下，风、烟道调节阀应完整严密、启动灵活、准确；锅炉炉墙应完好严密，炉门、灰门、看火门和人孔等装置完整齐全、灵活、严密。

检查完毕，有省煤器的锅炉应把省煤器烟道板关闭，开启旁通烟道挡板；无旁通烟道的，应开启省煤器再循环管阀门。

④与锅炉房外供热管道隔断。

⑤关闭排污阀，打开排气阀，热水锅炉注满软化水；蒸汽锅炉达到规定的低水位；水质符合要求。

⑥准备充足的燃煤，供水、供电、运煤、除渣系统均能满足锅炉满负荷连续试运行的需要。

⑦由具有合格证的司炉工、化验员负责操作，并在运行前熟悉各系统流程，操作中严格执行操作规程。

⑧试运行工作应由业主、施工单位、监理、物业管理等单位配合进行。

2）点火运行。打开炉膛门、烟道门自然通风 10～15 min。添加燃料及引火木柴，然后点火，开大引风机调节阀，使木柴引燃后关小引风机的调节阀，间断开启引风机，使火燃烧旺盛，而后手工加煤并开启送风机，当燃煤燃烧旺盛时可关闭点火门向煤斗加煤，间断开动炉排。此时应观察燃烧情况进行适当拨火，使煤能连续燃烧。同时调整鼓风量和引风量，使炉膛内维持 2～3 mm 水柱的负压。使煤逐步正常燃烧。

3）升火时炉膛温升不宜太快，避免锅炉受热不均产生较大的热应力影响锅炉寿命。一般情况从点火到燃烧正常，时间不得小于 3～4 h。

4）升火后应注意水位变化，炉水受热后水位会上升，超过最高水位时，通过排污保持水位正常。

5）当锅炉压力升至 0.05～0.1 MPa 时，应进行压力表弯管和水位表的冲洗工作。以后每班冲洗一次。

6）当锅炉压力升至 0.3～0.4 MPa 时，对锅炉范围内的法兰、人孔、手孔和其他连接螺栓进行一次热状态下的紧固。随着压力升高注意观察锅筒、联箱、管道及支架的热膨胀是否正常。

7)安全阀定压。

①试运行正常后,可进行安全阀的调整定压工作,安全阀的定压必须在有关人员的监督下由有资质的检测单位进行,并出具检测报告。

②锅炉装有两个安全阀的,一个按表中较高值调整,另一个按较低值调整。先调整锅筒上开启压力较高的安全阀,然后再调整开启压力较低的安全阀。

③对弹簧式安全阀,先拆下安全阀的阀帽的开口销,取下安全阀提升手柄和安全阀的阀帽,用扳手松开紧固螺母,调松调整螺杆,放松弹簧,降低安全阀的排汽压力,然后逐渐由较低压力调整到规定压力。当听到安全阀有排气声而不足规定开启压力值时,应将调整杆顺时针转动压紧弹簧,这样反复几次逐步将安全阀调整到规定的开启压力。在调整时,观察压力表的人与调整安全阀的人要配合好,当弹簧调整到安全阀能在规定的开启压力下自动排汽时,就可以拧紧紧固螺母。

④对杠杆式安全阀,要先松动重锤的固定螺栓,再慢慢移动重锤。移远为加压,移近为降压。当重锤移到安全阀能在规定动作的开启压力下自动排汽时,就可以拧紧重锤的固定螺栓。

⑤省煤器安全阀的调整定压:将锅炉给水阀临时关闭,靠给水泵升压,通过调节省煤器循环管阀门来控制安全阀开启压力。当锅炉需上水时,应在锅炉上水后再进行调整。安全阀调整完毕,应及时把锅炉给水阀门打开。

⑥定压工作完成后,应做一次安全阀自动排汽试验,启动合格后应铅封。同时将始启压力、起座压力、回座压力记入"锅炉安装质量证明书"中。

⑦安全阀定压调试应有两人配合操作,严防蒸汽冲出伤人及高空坠落事故的发生。

⑧安全阀定压调试记录应有甲乙双方、监理及锅炉检验部门共同签字确认。

8)要保持正常水位,防止缺水和过满事故。

9)全阀调整完毕后,锅炉应带负荷连续试运行 48 h,以锅炉及全部辅助设备运行正常为合格。

5. 锅炉验收

在锅炉试运行末期,建设单位、安装单位、监理单位和当地技术监督部门、环保部门共同对锅炉及辅助设备进行总体验收。总体验收时应进行下列几个方面的检查。

(1)检查锅炉、锅炉房设备及管道的安装记录、质量检验记录。

(2)检查锅炉、辅助设备及管道安装是否符合设计要求。热力设备和管道的保温、刷油是否合格。

(3)检查各安全附件安装是否合理正确、安全可靠,压力容器有无合格证明。

(4)锅炉房电气设备安装是否合理正确,安全可靠;自动控制、信号系统及仪表是否调试合格,灵敏可靠。

(5)检查上煤、燃烧、除渣系统的运行情况,检查除尘设备的效果和锅炉辅助设备噪声是否达到规定要求。

(6)检查水处理设备及给水设备的安装质量,查看水质是否符合低压锅炉水质标准。

(7)检查烘炉、煮炉、安全阀调试记录,了解试运行时各项参数能否达到设计要求。

(8)总体验收合格后,由安装单位按照有关要求整理竣工技术文件,并向建设单位移交。

第三节　管道及设备的保温和防腐

一、管道及设备的保温

1. 管道保温施工规定和要求

(1)管道保温结构由保温层、防潮层、保护层三部分组成(表 4-43)。

表 4-43　管道保温结构

保温结构	内　　容
保温层	保温层是保温结构的主体部分,可根据工艺介质的需要、介质温度、材料供用、经济性和施工条件来选择保温材料
防潮层	对于输送冷介质的保冷管道,地沟内、埋地和架空敷设的管道均需做防潮层。 常用的防潮层有沥青胶或防水冷胶料玻璃布防潮层、聚氯乙烯膜防潮层、石油沥青毡防潮层等
保护层	具有保温、防潮和防水的功能,且要求其重量轻、耐压强度高、化学稳定性好、不易燃烧、外形美观

(2)管道保温施工一般要求。

1)保温层的施工,须在管道的焊缝经检验合格、管道强度试验及严密性试验合格、刷油等设计规定完成后进行。

2)预制保温材料的接缝要错开,水平管道的纵缝应在正侧面。缝隙应以相同的碎料填塞,或以保温灰浆勾缝。

3)管道保温层要按规定留伸缩缝。

①两固定支架间的水平管道,至少应留 1～2 个伸缩缝。采用硬质保温材料时,应每隔 10 m左右留一条伸缩缝。

②立管上的伸缩缝,须留在保温层支承环的下面,在弯头两端的直管上,可各留一条伸缩缝,或在弯头中部留伸缩缝。

③伸缩缝的宽度应为 15～20 mm。伸缩缝内不可有杂物或硬块。保温层的伸缩缝内,应采用矿物纤维材料(如石棉绳)填塞严密。

4)立管和倾斜管道保温层所用的支承板的间距,须根据保温材料表观密度确定,当表观密度小于 200 kg/m³时,可取 8 m左右;当表观密度大于 200 kg/m³时,可取 4 m左右。

5)法兰两侧应留出一定空间,以便拆换螺栓;滑动支座、支架应留出一定间隙,以免管道伸缩时损坏保温结构。

6)保温层无论使用何种材料,都应与管道表面密切接触。当采用硬质保温管壳时,缝隙用石棉硅藻土泥或其他适宜的胶结材料填补,使之严密,不留空隙;当采用岩棉或超细玻璃棉管壳等软质材料时,绑扎间距应使保温管壳与管道外表面全面接触;当采用充填式保温,使用可压缩的松散材料时,如果材料成品的表观密度小于设计表观密度时,须计算出压缩比,使施工达到设计要求。

7)防潮层的施工,要注意以下几方面。

①设置防潮层的保温层外表面,要保持干净、干燥、平整。

②当采用沥青胶或防水冷胶料玻璃布做防潮层时,第一层石油沥青胶或防水冷胶料的厚度,应为 3 mm;第二层中碱粗格玻璃布的厚度,应为 0.1~0.2 mm;第三层石油沥青胶料或防水冷胶料的厚度也应为 3 mm。

③在涂抹沥青胶料或防水冷胶料时,应满涂至规定的厚度。施工时玻璃布应随沥青层以螺旋缠绕方式边涂边敷,其环向搭接视管径大小须不小于 30~50 mm,且必须粘结严密。在立管上的缠绕方式为上搭下。水平管道上如有纵向接缝,应使缝口朝下。

8)在特殊的情况下,防潮层应该采用埋地管道的防腐做法。

9)用薄钢板做保护层时,须优先考虑用镀锌薄钢板。也可以用黑薄钢板,但内外层应刷红丹防锈漆各两遍,外层再按设计规定颜色刷面漆。近年来也常采用薄铝板作保护层,厚度为 0.5~1 mm。采用薄钢板时的厚度可为 0.3~0.5 mm,但常采用 0.5 mm。材料下料后用压边机压边,滚圆机滚圆。成型后的薄钢板应紧贴保温层,不留空隙,纵向搭口在下侧面,搭接 30~50 mm。横向搭接应有半圆形突缘啮合,搭接约 30 mm,如图 4-54 所示。主管包覆薄钢板由下至上施工,水平管道须由低处向高处施工,以免雨水自上而下及顺管道坡度流入横向接缝内。薄钢板搭接用 M4×12 的自攻螺钉紧固,间距为 150 mm,其底孔直径应为 3 mm。

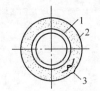 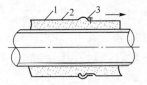

图 4-54　金属保护壳的安装

1—保温层;2—金属外壳;3—自攻螺钉

2. 管道保温及施工

管道保温结构的施工方法有涂抹法、绑扎法、预制块法、缠绕法、充填法、粘贴法、浇灌法、喷涂法等。

(1)涂抹法。采用不定型的保温材料,如膨胀珍珠岩、石棉纤维等,加入胶粘剂如水泥、水玻璃等,按一定的配料比例加水拌和成塑性泥团,用手或工具涂抹在管道、设备上即可。涂抹保温层结构如图 4-55 所示。

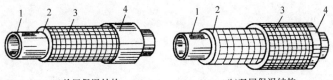

(a)单层保温结构　　　　(b)双层保温结构

图 4-55　涂抹保温层结构

1—管道;2—胶泥保温层;3—镀锌钢丝网;4—保护层

采用涂抹保温结构施工时,每层涂料厚度为 10~20 mm,直至达到设计要求的厚度为止。但必须在前一层完全干燥后才能涂抹下一层。达到设计厚度后,再在上面敷设钢丝网,并抹面压光,再敷设保护层。

涂抹式保温结构在干燥后,即变成整体硬结材料。因此,每隔一定距离应留有热胀伸缩缝,当管内介质温度不超过 300℃时,伸缩缝间距为 7 m 左右,伸缩缝隙为 25 mm;当管内介质温度超过 300℃时,伸缩缝间距为 5 m,伸缩缝间隙为 30 mm,其缝隙内填塞石棉绳。

涂抹法的优点是施工简单,维护、检修方便,整体性强,使用寿命长,可适用于任何形状的管子、管件和设备;缺点是劳动强度大,效率低,施工周期长,结构强度不高。现在已应用较少,但一些临时性保温工程或在室外安装的罐、箱等还采用涂抹式保温结构。

(2)包扎法。将成型布状或毡状的管壳、管筒或弧形毡块直接包覆在管道上,再用镀锌钢丝或包扎带,把绝缘材料固定在管道上。包扎保温结构如图 4-56 所示。

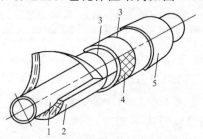

图 4-56　包扎保温结构

1—管道;2—保温毡或布;3—镀锌钢丝;4—镀锌钢丝网;5—保护层

包扎法保温结构常用的保温材料有:岩棉、玻璃棉、矿渣棉、石棉等制品。包扎法按管径大小,分别用 $\phi 1.2 \sim \phi 2$ 的镀锌钢丝绑扎固定。对于软质、半硬质材料厚度要求在 80 mm 以上时,应采用分层保温结构,分层施工时,第一层和第二层的纵缝和横缝均应错开,且其水平管道的保温层纵缝应布置在左右两侧,而不应布置在上下两侧。包扎法的优点是施工简单,拆卸方便,可用于有振动或温度变化较大的地方;缺点是保温层因有弹性,保护层不易固定,易受潮湿,造价较高。

(3)预制块法。预制块法是将保温材料由专门的工厂或在施工现场预制成梯形、弧形或半圆形瓦块,预制长度一般在 300～600 mm,根据所用材料不同和管径大小,每一圈为 2 块、3 块、4 块或更多的块数,安装时用镀锌钢丝将其捆扎在管子外面。捆扎时应使预制块纵横接缝错开,并用石棉胶泥或同质保温材料胶泥粘合,使纵横接缝没有孔隙。

通常情况下,当管径 DN≤80 mm 时,采用半圆形瓦块;当 100≤DN≤200 mm 时,采用弧形瓦块;当 DN＞200 mm 时,采用梯形瓦块。当保温层外径大于 200 mm 时,应在保温层外用网孔为(30 mm×30 mm)～(50 mm×50 mm)的镀锌钢丝网捆扎。预制块保温结构如图 4-57 所示。

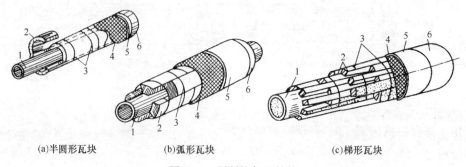

(a)半圆形瓦块　　　　(b)弧形瓦块　　　　(c)梯形瓦块

图 4-57　预制块保温结构

1—管道;2—保温层;3—镀锌钢丝;4—镀锌钢丝网;5—保护层;6—油漆

预制块的优点是保温材料可以预制,提高了劳动生产效率,且质量易于保证,使用寿命长;缺点是制品在搬运过程中损耗量大,不宜用于形状复杂的管道。

(4)缠绕法。采用线状或布条状保温材料在需要保温的管道及其附件上进行缠绕,缠绕法用于小直径管道或热工仪表管道,缠绕式保温结构如图 4-58 所示。缠绕法常采用的保温材料有石棉绳、石棉布、高硅氧绳和铝箔进行缠绕。缠绕时每圈要彼此靠紧,以防松动。缠绕的起止端要用镀锌钢丝扎牢,外层一般以玻璃丝布包缠刷漆。缠绕法的优点是施工方法简单,维护检修方便,使用材料种类少,适用于有振动的场所;缺点是当采用有机材料缠绕时,使用年限短,而石棉类制品是非环保材料,且造价较高。

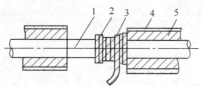

图 4-58　缠绕式保温结构
1—管道;2—法兰;3—石棉绳;4—石棉水泥保护壳;5—管道保温层

(5)填充法。填充式保温结构如图 4-59 所示。填充式保温结构是用钢筋或用扁钢做一个支撑环套在管道上,在支撑环外面包镀锌钢丝网,中间填充散状保温材料。施工时,预先做好支撑环,套在管道上,支撑环之间的间距为 300～500 mm,然后再包钢丝网,在上部留有开口,以便填充保温材料,最后用镀锌钢丝网缝合,在外面再做保护层。填充式保温的优点是结构强度高、保温性能好;缺点是施工速度慢,效率低,造价高。

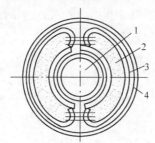

图 4-59　填充式保温结构
1—管子;2—保温封料;3—支撑环;4—保护壳

(6)粘贴法。将胶粘剂涂刷在管壁上,将保温材料粘贴上去,再用胶粘剂代替对缝灰浆勾缝粘结,然后再加设保护层,保护层可采用金属保护壳或缠玻璃丝布,粘贴保温结构如图 4-60 所示。

(7)浇灌法。浇灌式保温结构用于不通行地沟或无沟敷设的热力管道,分有模浇灌和无模浇灌两种。浇灌用的保温材料大多为泡沫混凝土,浇灌时多采用分层浇灌的方法,根据设计保温层的厚度分 2～3 次浇灌,浇灌前应将管子的防锈漆表面上涂抹一层机油,以保证管子自由伸缩。

(8)套筒法。套筒法保温是将矿纤材料加工成型的保温筒(还有一种成型的橡塑筒),直接套在管子上。施工时,只要将保温筒上轴向切口扒开(或者将成型的筒用剪刀切开),借助材料的弹性可将保温筒紧紧地套在管子上,套筒式保温结构如图 4-61 所示。

(9)装配法。装配式保温结构如图 4-62 所示。这种保温结构的保护壳和保温层均由生产厂家制成成品,在施工现场进行装配。这种保温方法为实现保温施工工艺的标准化和机械化提供了有利的条件,也有利于环境保护和施工现场的安全生产。

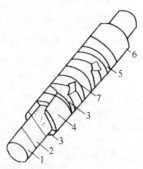

图 4-60 粘贴保温结构

1—风管(水管);2—防锈漆;3—胶粘剂;

4—保温材料;5—玻璃丝布;6—防腐漆;7—聚乙烯薄膜

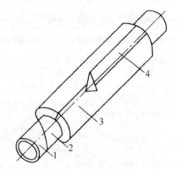

图 4-61 套筒式保温结构

1—管道;2—防锈漆;

3—保温瓦;4—带胶铝箔带

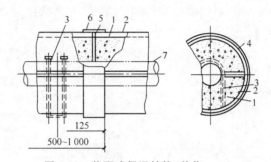

图 4-62 装配式保温结构(单位:mm)

1—带护壳的半圆瓦;2—石棉水泥保护壳;3—悬吊镀锌钢丝(φ2);

4—外涂两层防腐漆的镀锌铁皮箍带;5—严缝材料;6—密封箍带;7—管道

(10)发泡法。这种保温方法适用于聚氨酯塑料,发泡式可先在管外做一个保温胎具,然后将聚氨酯塑料灌入保温胎具内。聚氨酯塑料泡沫发泡可用保温胎具,亦可无胎具,无胎具时,可采用喷涂的方式将聚氨酯塑料泡沫喷涂在保温处。采用聚氨酯塑料泡沫发泡施工,环境温度应高于 15℃。若低于 15℃,发泡效果不理想,应采取相应的技术措施。发泡保温结构如图 4-63 所示。

3. 管件及附件保温施工

(1)法兰保温。一般温度的法兰,可以不做特殊保温处理,随着管道一起保温。但是高温管道上的法兰,则应做特殊保温处理。

因为法兰需经常拆卸和检修,所以保温结构应是可拆卸和修复的。法兰保温按其结构不同可分为包扎式、预制块式、充填式等,如图 4-64~图 4-68 所示,当采用镀锌铁皮作保护罩时,铁皮保护罩如图 4-69 所示。

(2)阀门保温。阀门一般情况下是不保温的,但在输送高温介质和冷冻管道上设置的阀门应采取保温措施。阀门保温时应考虑阀门需要经常开启、关闭,维护和检修。阀门保温按其结构的不同可分为活动式、填充式、包扎式、镀锌铁皮保护层结构等几种,如图 4-70~图 4-73所示。

(3)弯头保温。弯管处的热绝缘必须考虑膨胀问题,一般情况下,弯头的膨胀比保温层的膨胀要大,要避免在使用中因膨胀而使保温结构破坏。弯头的保温结构形式如图 4-74 和图 4-75所示。

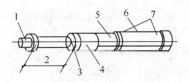

(a)直管发泡保温结构

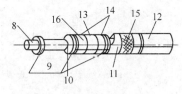

(b)直管模板发泡保温结构

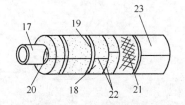

(c)直管发泡保温(硬质聚氨酯泡沫塑料现场发泡施工)

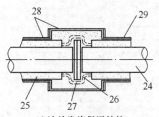

(d)法兰发泡保温结构

图 4-63　发泡保温结构

1,8,17,24—管子;2,9—间隔环;3,10,20—胶粘剂;

4,11,27—注入硬质聚氨酯泡沫发泡;5,16,23,28—外保护层;

6,13—注入孔;7,14—排气孔;12—外保护黏层;15,21,29—防潮层;

18,25—保温管壳;19—捆扎带;22—接缝密封;26—纤维状保温材料

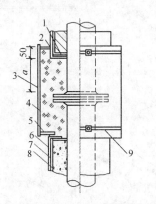

图 4-64　立管法兰保温结构(单位:mm)

1—垂直管道保温托架 $\delta=4$ mm;2—沥青膏密封;3—镀锌铁皮护壳 $\delta=0.5$ mm;4—矿物棉毡;

5—沥青膏密封;6—沥青保护层;7—防潮层(沥青油毡或沥青玻璃丝布);

8—管道保冷层;9—铁皮箍带

注:尺寸 a 等于螺杆的长度加 20~30 mm

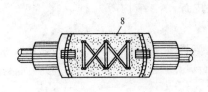

(a)石棉布

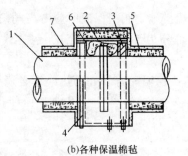

(b)各种保温棉毡

图 4-65　包扎式法兰保温

1—管道；2—法兰；3—支撑环(用预制保温管壳)；4—镀锌钢丝或钢带；

5—保温材料(布或毡等)；6—填充散状保温材料；7—保护层；8—石棉布

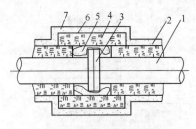

图 4-66　预制管壳法兰保温

1—管道；2—管道保温层；3—法兰；4—法兰保温层；

5—散状保温材料；6—镀锌钢丝；7—保护层

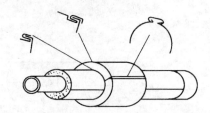

图 4-67　露天管道法兰保温的金属保护壳

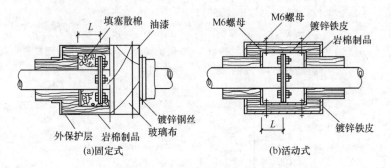

(a)固定式

(b)活动式

图 4-68　普通法兰保温结构

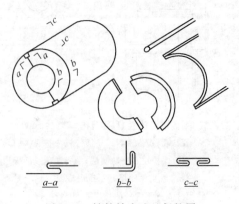

图 4-69　镀锌铁皮法兰保护罩

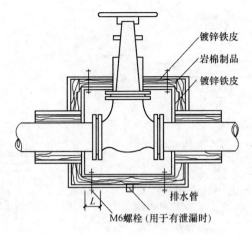

图 4-70　活动式阀门保温

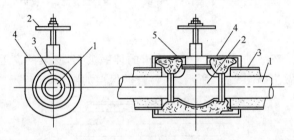

图 4-71　充填式阀门保温

1—管道；2—阀门；3—管道保温层；4—铁皮壳；5—填充保温材料

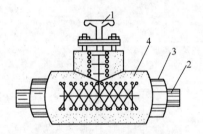

图 4-72　包扎式阀门保温

1—阀门；2—管道；3—管道保温层；
4—石棉布保温层

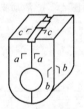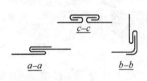

图 4-73　镀锌铁皮保护层结构

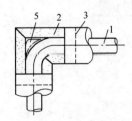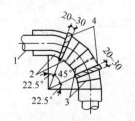

图 4-74　弯管的保温结构形式(一)(单位:mm)

1—管道；2—预制管壳；3—镀锌钢丝；
4—石棉绳；5—填充保温材料

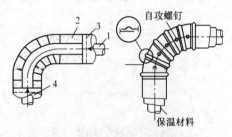

图 4-75　弯管的保温结构形式(二)

1—管道；2—预制管壳；
3—镀锌钢丝；4—铁皮壳

（4）三通保温。如图 4-76 所示。

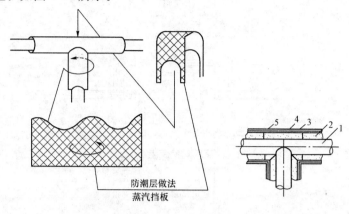

图 4-76　三通保温

1—管道；2—保温层；3—镀锌钢丝；4—镀锌钢丝网；5—保护层

（5）支架保温。

1）活动支架保温。在活动支架处，由于管道的伸缩关系，支架的高度必须大于绝缘层的厚度。活动支架保温的做法如图 4-77 所示，垂直管道保温如图 4-78 所示。

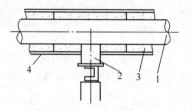

图 4-77　活动支架保温

1—管道；2—支架；3—保温层；4—保护层

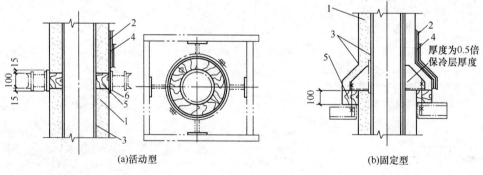

(a)活动型　　　　　　　　　　　　(b)固定型

图 4-78　垂直管道保温（单位：mm）

1—保温层；2—防潮层；3—胶粘剂；4—金属保护层；5—支撑块；6—管道支架

2）吊架保温做法。如图 4-79 所示。

3）管道固定支架保温。如图 4-80 所示。

4．保温施工其他要求

（1）保温层的伸缩缝设置应符合下列规定。

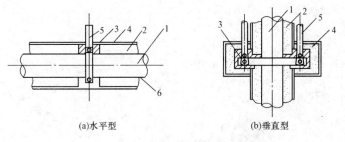

(a)水平型   (b)垂直型

图 4-79　吊架保温

1—管道；2—防潮层；3—吊架处填充散装保温材料；4—保护层；5—吊架；6—保温层

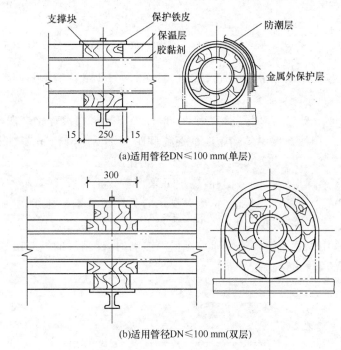

(a)适用管径DN≤100 mm(单层)

(b)适用管径DN≤100 mm(双层)

图 4-80　管道固定支架保温(单位：mm)

1)保温层为硬质制品时，应留设伸缩缝。伸缩缝的宽度为 25～35 mm，不得小于 20 mm，缝隙内应填塞柔性保温材料，填充的材料应能满足介质温度的需求。

2)伸缩缝间距。直管或设备直段长每隔 3.5～5 m 即应设一伸缩缝(中低温宜靠下限，高温和深冷宜靠上限)。

3)管道弯管处应加设伸缩缝。管径小于等于 300 mm 时，应留一条伸缩缝，缝隙宽为 20～30 mm，管径大于 300 mm 的高温管道，应设两道缝隙，缝隙宽为 20～30 mm，缝隙内应填塞柔性保温材料，如图 4-81 所示。

4)伸缩缝应设置在支吊架处及下列部位。

①立管、立式设备的支承件(环)或法兰下。

②水平管道、卧式设备的法兰处，支吊架、加强筋板和距封头 100～150 mm 的固定环处。

③管件分支部位。

(2)捆扎件结构。保温结构中，一般采用镀锌钢丝、镀锌钢带做保温结构的捆扎材料。

1)DN≤100 mm 的管道，宜用 ϕ0.8 双股镀锌钢丝捆扎。

2)100 mm＜DN≤600 mm 的管道,宜用 $\phi1\sim\phi1.2$ 双股镀锌钢丝捆扎。

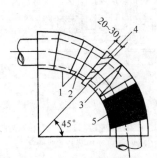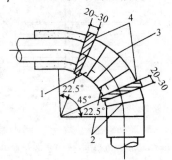

(a)管径小于等于300 mm弯管伸缩缝(一条伸缩缝)　　(b)管径大于等于300 mm弯管伸缩缝(两条伸缩缝)

图 4-81　管道弯管处留伸缩缝的位置(单位:mm)

1—保温瓦;2—镀锌钢丝;3—玻璃布;4—伸缩缝(填充石棉绳);5—镀锌钢丝或钢带

3)600 mm＜DN≤1 000 mm 的管道,宜用 12 mm×0.5 mm 的钢带或用 $\phi1.6\sim\phi2$ 双股镀锌钢丝捆扎。

4)DN＞1 000 mm 的管道和设备,宜用 20 mm×0.5 mm 的镀锌钢带捆扎。

5)捆扎间距。采用捆扎保温结构施工的捆扎间距为 200～400 mm(软质保温材料宜靠下限,硬质保温材料宜靠上限),每块保温材料至少要捆扎两道。

6)管道双层、多层保温时应逐层捆扎,内层可采用镀锌钢带或镀锌钢丝捆扎。大管道外层宜采用镀锌钢带捆扎。设备双层保温时,内外层均宜采用镀锌钢带捆扎。

(3)纵向接缝。水平管道保温层的纵向接缝位置布置在管道垂心约 45°的范围内,如图 4-82 所示。当采用大管径的多块硬质成型保温制品时,保温层的纵向接缝位置可不受上述规定的限制,但应偏离管道中心位置。

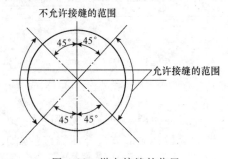

图 4-82　纵向接缝的位置

二、管道及设备的防腐

1. 防腐工程的基本要求

(1)应掌握好涂装现场温湿度等环境因素,在室内涂装的适宜温度为 20℃～25℃,相对湿度在 65% 以下为宜。在室外施工时应无风沙、风雪,气温不宜低于 5℃,不宜高于 40℃,相对湿度不宜低于 85%,涂装现场应有防风、防火、防冻、防雨等措施。

(2)对要进行严格的表面处理,如清除铁锈、灰尘、油脂、焊渣等表面处理。按照设计要求的除锈等级采取相应的除锈措施。

(3)为了使处理合格的管道表面不再生锈或污染油污等,必须在 3 h 内涂第一层漆。

(4)控制各涂料的涂装间隔时间,掌握涂层之间的重涂的适应性。必须达到要求的漆膜厚度,一般以 $150\sim200~\mu m$ 为宜。

(5)操作区域应通风良好,必要时可安装排风设备,以防止中毒事故发生。

(6)根据涂料的性能,按安全技术操作堆积进行施工,并应定期检查及时维护。

2. 管道的除锈与脱漆

(1)管道表面除锈是管道防腐施工中极其重要的环节,除锈就是将管道表面的油脂、锈层、尘土等污物除去的措施。除锈质量的好坏,直接影响漆膜的寿命,因此,必须重视。除锈方式有三种:手工除锈、机械除锈和化学除锈。钢材表面的锈蚀等级见表 4-44,钢材表面除锈等级质量标准见表 4-45。地上设备、埋地设备和管道钢材表面除锈等级的要求应符合表 4-46、表 4-47 的规定。对锈蚀等级为 D 级的钢材表面应采用喷射或抛射除锈。

表 4-44　钢材表面的锈蚀等级

锈蚀等级	锈蚀程度
A 级	全面地覆盖着氧化皮而几乎没有铁锈的钢材表面
B 级	已经发生锈蚀,且部分氧化皮已经剥落的钢材表面
C 级	氧化皮已因锈蚀而剥落或可以刮除,且有少量点蚀的钢材表面
D 级	氧化皮已因锈蚀而全面剥离,且已普遍发生点蚀的钢材表面

表 4-45　钢材表面除锈等级质量标准

级别	除锈工具	除锈程度	除锈要求
St2	手工和动力工具除锈	彻底	钢材表面无可见的油脂和污垢,且没有附着不牢的氧化皮、铁锈和涂料涂层等附着物
St3	手工和动力工具除锈	非常彻底	钢材表面无可见的油脂和污垢,且没有附着不牢的氧化皮、铁锈和涂料涂层等附着物,除锈应比 St2 更为彻底,底材显露部分的表面应具有金属光泽
Sa2	喷射或抛射除锈	彻底	钢材表面无可见的油脂和污垢,且氧化皮、铁锈和涂料层等附着物已基本清除,其残留物应是牢固附着的
Sa2.5	喷射或抛射除锈	非常彻底	钢材表面无可见的油脂、污垢、氧化皮、铁锈和涂料涂层等附着物,任何残留的痕迹应仅是点状或条纹状的轻微色斑
Sa3	喷射或抛射除锈	使金属表观洁净	钢材表面无可见的油脂、污垢、氧化皮、铁锈和涂料涂层等附着物,该表面应显示均匀的金属色泽

表 4-46　地上设备和管道钢材表面的除锈等级

底层涂料种类	除锈等级		
	强腐蚀	中等腐蚀	弱腐蚀
醇酸树脂底漆	Sa2.5	Sa2 或 St3	St3
环氧铁红底漆	Sa2.5	Sa2.5	Sa2 或 St3

底层涂料种类	除锈等级		
	强腐蚀	中等腐蚀	弱腐蚀
环氧磷酸锌底漆	Sa2.5 或 Sa2	Sa2	Sa2
环氧酚醛底漆	Sa2.5	Sa2.5	Sa2.5
环氧富锌底漆	Sa2.5	Sa2.5	Sa2.5
无机富锌底漆	Sa2.5	Sa2.5	Sa2.5
聚氨酯底漆	Sa2.5	Sa2.5	Sa2 或 St3
有机硅耐热底漆	Sa3	Sa2.5	Sa2.5
热喷铝（锌）	Sa3	Sa3	Sa3
冷喷铝	Sa2.5	Sa2.5	Sa2.5

注：不便于喷涂除锈的部位，手工和动力工具除锈等级不低于 St3 级。

表 4-47　埋地设备和管道钢材表面的除锈等级

底层涂料种类	除 锈 等 级		
	强腐蚀	中等腐蚀	弱腐蚀
沥青底漆	Sa2 或 St3	St3	St3
环氧类底漆	Sa2 或 St3	St3	St3
环氧煤沥青底漆	Sa2.5	St3	St3
改性厚浆型环氧涂料	Sa2.5	Sa2.5 或 Sa2	Sa2.5 或 Sa2
环氧玻璃鳞片涂料	Sa2.5	Sa2.5	Sa2.5
无溶剂环氧涂料	Sa2.5	Sa2.5	Sa2.5
耐磨环氧涂料	Sa2.5	Sa2.5	Sa2.5

　　1）手工除锈。用刮刀、锤子、钢丝刷以及砂布、砂纸等手工工具磨刷管道表面的铁锈、污垢等操作方法为手工除锈。当管道表面的锈层较厚时，可用锤子轻轻敲掉锈层，对于不厚的浮锈可直接用钢丝刷等工具擦掉，直到露出金属的本色，再用棉纱擦拭，管内壁浮锈可用圆钢丝刷来回拖动磨刷。这些方法所需的工具简单，操作方便，尽管劳动强度大、效率低，但仍被广泛采用。

　　2）机械除锈。利用机械动力的冲击摩擦作用将管道锈蚀除去，是一种较为先进的除锈方法。常用的有风动钢丝刷、电动刷、管子除锈机、管内扫管机等。

　　3）干喷射法除锈。管道工程使用的喷砂除锈常为干式喷砂法。加压式干法喷砂工艺指标见表 4-48。磨料宜采用石英砂，以 0.4～0.7 MPa 的清洁干燥的压缩空气喷射，喷射时金属表面不得受潮，当金属表面温度低于露点以上 3℃ 以下时，应停止喷砂作业。喷砂作业用压缩空气的压力不应低于 0.4 MPa。

表 4-48　加压式干法喷砂工艺指标

喷砂材料	砂子粒径 标准筛孔（mm）	喷嘴入口处最小 空气压力（MPa）	喷嘴最小 直径（mm）	喷射角 （°）	喷距 （mm）
石英砂	全部通过 3.2 筛孔，不通过 0.63 筛孔，0.8 筛孔筛余量不小于 40%	0.5	6～8	30～75	80～200
硅质河砂或海沙	全部通过 3.2 筛孔，不通过 0.63 筛孔，0.8 筛孔筛余量不小于 40%	0.5	6～8	30～75	80～200
金刚砂	全部通过 2.0 筛孔，不通过 0.63 筛孔，0.8 筛孔筛余量不小于 40%	0.35	5	30～75	80～200
激冷铁砂、铸钢碎砂	全部通过 1.0 筛孔，0.63 筛孔余量不大于 40%	0.5	5	30～75	80～200
钢线粒	全部通过直径 1.0，线粒长度等于直径，其偏差不大于直径的 40%	0.5	5	30～75	80～200
铁丸或钢丸	全部通过 1.6 筛孔，不通过 0.63 筛孔，0.8 筛孔筛余量不小于 40%	0.5	5	30～75	80～200

4）化学除锈。利用酸溶液和铁的氧化物发生化学反应将管子表面锈层溶解、剥离以达到除锈的目的，所以又称酸洗除锈。酸洗的方法较多，常用的有槽式浸泡法和管洗法。管洗法就是将管内灌入酸洗液，并将管子两端密封，然后转动管子，掌握好酸洗的时间。槽式浸泡法就是将管子放入酸洗槽中浸泡，掌握好浸泡时间，用目测检查，以内外壁呈现出金属光泽为合格。酸洗合格的管子应立即放入氨水或碳酸钠溶液中浸泡（若是采用管洗法，应立即将中和液灌入管内），使管壁内外完全中和，然后，再将管子放入热水槽中冲洗。清洗之后的管子应加以干燥。

（2）管道的脱漆。管道表面的漆膜在使用过程中逐渐老化，引起粉化、龟裂、起壳和脱落等现象，使漆膜丧失保护作用，这就需要清除旧漆膜，重新涂漆。清除旧漆膜有前述的手工、机械、喷砂等方法，此外还有喷灯烧烤除漆法和有机溶剂脱漆剂脱漆法。使用脱漆剂脱漆时，首先将管道表面的尘土和污物去掉，然后将管子放入装有脱漆剂的槽中，浸泡 1～2 h 取出，用木、竹刮刀刮除或用长毛刷（或用排笔）蘸上脱漆剂涂刷在管道旧漆膜上，静置 10 min，冬季可延长 30 min 左右，待漆膜软化溶解后，即可用刮刀轻轻铲除，直至使漆膜全部脱去为止。使用脱漆剂具有脱漆效率高、施工方便、对金属腐蚀性小等优点，但也有易挥发、有一定毒性、污染环境、成本较高等缺点。

(3)防腐涂料中常用的施工方法有刷、喷、浸、浇等。施工中一般采用刷和喷两种方法。

涂料使用前应先搅拌均匀,对于表面已起皮的涂料,应加以过滤,除去小块漆皮,然后根据喷涂方法的需要,选择相应的稀释剂进行稀释至适宜稠度,调好的涂料应及时使用。

1)手工涂刷是用刷子将涂料往返地涂刷在管子表面上,这是一种古老而又普遍的施工方法,此法工艺简单,易操作,不受场地、物体形状和尺寸大小的限制。由于刷子具有一定的弹性,对管材的适用能力强,从而提高了涂层防腐效果。缺点是手工劳动生产效率低,施工质量很大程度上取决于施工操作人员的操作技术和工作态度。

手工涂刷的操作程序一般为自上而下,从左至右纵横涂刷,使漆膜形成薄而均匀、光亮平滑的涂层。手工涂刷不得漏涂,对于管道安装后不易涂刷的部位应预先刷涂好。

涂料施工宜在5℃～40℃的环境温度下进行,并应有防火、防冻、防雨措施。现场刷涂料一般情况下是任其自然干燥,涂层未经充分干燥,不得进行下一道工序施工。

2)喷涂是以压缩空气为动力,用喷枪将涂料喷成雾状,均匀地喷涂在钢管的表面上,用喷涂法得到的涂料层表面均匀光亮,质量好,耗料少,效率高,适用于大面积的涂料施工。

涂料喷枪如图4-83所示。使用空气压力一般为0.2～0.4 MPa,喷嘴距被涂物的距离,当表面是平面时为250～350 mm;当表面是弧面时,一般为400 mm左右,喷嘴移动速度一般为10～15 m/min。

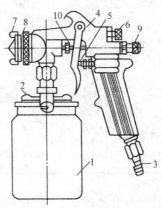

图4-83　涂料喷枪

1—漆罐;2—花篮螺栓;3—空气接头;4—扳机;5—空气阀杆;
6—控制阀;7—喷嘴;8—螺母;9—螺栓;10—针塞

喷涂时,操作环境应保持洁净,无风沙、灰尘,温度宜在15℃～30℃,涂层厚度在0.3～0.4 mm为宜,喷涂后不得有流挂和漏喷现象,涂层干燥后,需用砂布打磨后再喷涂下一层。这样做是为了除掉涂层上的粒状物,使物料层平整,并可增加下一层涂料间的附着力。为了防止遗漏喷涂,前后两次涂料的颜色配比时可略有区别。

涂层质量应使涂膜附着牢固均匀,颜色一致,无剥落、皱纹、气泡、针孔等缺陷。涂层应完整,无损坏、无漏涂等现象。

3. 地上设备与管道的防腐

(1)一般要求。

1)涂底漆前应对组装符号、焊接坡口、螺纹等特殊部位加以保护,以免沾上涂料。

2)涂装表面必须干燥。前一道漆膜干燥后,方可涂下一道漆(过氯乙烯漆、聚氨酯漆除外)。判断漆膜实干的方法是以手指按压漆膜不出现指纹为准。

3)涂层的施工宜采用刷涂、滚涂或喷涂，并应符合下列要求。

①刷涂或滚涂时，层间应纵横交错，每层往复进行（快干漆除外），涂匀为止。

②喷涂时，喷嘴与被喷面的距离，平面为 50～350 mm，圆弧面为 400 mm，并与被喷面成 70°～80°角。压缩空气压力为 0.3～0.6 MPa。

③大面积施工时，可采用高压无气喷涂；喷涂压力宜为 11.8～36.7 MPa，喷嘴与被涂表面的距离不得小于 400 mm。

④刷涂、滚涂或喷涂应均匀，不得漏涂。涂层总厚度应符合设计要求，设计无要求的应符合表 4-49 的规定。涂层表面应平滑无痕，颜色一致，无针孔、气泡、流坠、粉化和破损等现象。

表 4-49　地上设备和管道防腐蚀涂层总厚度　　　　（单位：μm）

腐蚀程度	涂层干膜总厚度	
	室　内	室　外
强腐蚀	≥200	≥250
中等腐蚀	≥150	≥200
弱腐蚀	≥100	≥120

注：耐高温涂层的漆膜总厚度为 40～60 μm。

⑤施工环境应通风良好，温度以 13℃～30℃为宜，但不得低于 5℃；相对湿度不宜大于 80%；遇雨、雾、雪、强风天气不得进行室外施工；不宜在强烈日光照射下施工。

（2）乙烯磷化底漆防腐。乙烯磷化底漆可作为碳素钢表面的磷化处理，但不能代替防腐蚀底漆使用。乙烯磷化底漆的主要技术指标应符合表 4-50 的规定。

表 4-50　乙烯磷化底漆的主要技术指标

项　　目	指　　标
原漆外观	黄色半透明黏稠液体
磷化液外观	无色至微黄色透明液体
漆膜颜色及外观	黄绿色半透明，漆膜平整
粘度（涂-4 粘度计）(s)	≥30
磷化液中磷酸含量(%)	15～16
干燥时间(min)，不大于	
实干(min)	30
柔韧性(mm)	1
冲击强度(kg·cm)	50
附着力(级)	1
耐盐水性(浸盐水中 3 h)	不应有锈蚀痕迹

（3）过氯乙烯漆防腐。

1)过氯乙烯漆必须配套使用，按底漆—磁漆—清漆（面漆）的顺序施工，并应在底漆和磁漆及磁漆和清漆之间涂覆过度漆，过度漆中底漆和磁漆的质量比为 1∶1，清漆和磁漆的质量比为 1∶1。

2)过氯乙烯漆的施工,除底漆(包括其他配套底漆)外,应连续施工,如前一层漆膜已干固,在涂覆下层漆时,宜先用 X-3 过氯乙烯稀释剂喷润一遍。

3)过氯乙烯漆以喷涂为宜,当采用刷涂时,不宜往复进行,漆膜厚度分别为底漆 $20\sim 20\ \mu m$,磁漆为 $20\sim 30\ \mu m$,清漆为 $15\sim 20\ \mu m$。

4)过氯乙烯漆的涂装粘度可按表 4-51 的规定调整。调整粘度用的稀释剂为 X-3 过氯乙烯漆稀释剂,严禁使用醇类或汽油。

表 4-51　过氯乙烯漆的涂装粘度　　　　　　　　　　　　　(单位:s)

名称	喷涂	刷涂	名称	喷涂	刷涂
底漆	$18\sim 22$	$30\sim 40$	清漆	$14\sim 16$	$20\sim 40$
磁漆	$15\sim 23$	$20\sim 40$	过度漆	—	$20\sim 40$

5)如施工环境湿度较大,漆膜发白,可减少稀释剂用量,加入适量(约为树脂量的 30%)的 F-2 过氯乙烯防潮剂或醋酸丁酯。

6)酚醛树脂漆的配制与涂装。

①酚醛树脂漆可采用刷涂或喷涂施工,采用 200 号溶剂油或松香水为稀释剂,涂装粘度为 $40\sim 50\ s$。

②使用涂料时,应充分搅拌,每层涂装间隔为 24 h。

(4)环氧树脂漆防腐。

1)环氧树脂漆包括环氧树脂漆、胺固化环氧漆和胺固化环氧沥青漆。环氧树脂漆为单组分包装;胺固化环氧漆、胺固化环氧沥青漆均为双组分包装。使用时应按其组分的要求,以质量比准确称量,混合搅拌均匀,放置 2 h 方可使用,并在 $4\sim 6\ h$ 内用完。

2)环氧树脂漆涂装粘度,刷涂时为 $30\sim 40\ s$,喷涂时为 $18\sim 25\ s$。

3)调整粘度用稀释剂配比如下:环氧树脂漆、胺固化环氧漆用稀释剂,甲苯和丁醇的质量比为 7:3;胺固化环氧沥青漆用稀释剂,甲苯、丁醇、环己酮、氯化苯的质量比为 7:1:1:1。为延长环氧树脂漆的使用时间,可加入 1%~2% 的环己酮。

4)氯磺化聚乙烯防腐漆。

①氯磺化聚乙烯防腐漆为双组分包装,其配比应符合产品说明书的规定。配制后的漆应在 12 h 用完。

②氯磺化聚乙烯防腐漆的施工可采用刷涂、喷涂、浸涂,每层涂覆间隔时间为 $30\sim 40\ min$。全部涂覆完毕后,应在常温下熟化 $5\sim 7\ d$ 后方可使用。

③如漆液粘度过高,可按产品说明书的规定用 X—1 氯磺化聚乙烯涂料稀释剂或二甲苯稀释,严禁使用其他类型的稀释剂。

④涂装粘度不小于 60 s。

(5)沥青漆防腐。

1)先用铁红醇酸底漆打底。底漆实干后,再涂刷沥青耐酸漆或沥青漆。

2)当进行刷涂施工时,应在前道漆实干后刷下一道漆,施工的间隔宜为 24 h。

3)刷涂时的施工粘度,应在 $25\sim 50\ s$。当粘度过大时,可用 200 号溶剂油稀释。当施工的环境温度较低、干燥较慢时,可加入不超过涂料量 5% 的催干剂。

4)沥青漆可刷涂亦可喷涂。当采用 Q-2 型喷枪时,喷涂空气压力为 $0.4\sim 0.5\ MPa$,喷距为 250 mm。

（6）无机富锌漆防腐。

1）无机富锌漆由锌粉、硅酸钠漆料和固化剂组成。使用前应根据产品使用说明书按比例调制。

2）调制成的无机富锌漆应在 8 h 用完。

3）被涂钢表面必须经喷砂除锈，保持金属表面清洁。施工时以干燥晴朗天气为宜。

4）漆膜厚度以 50～80 μm 为宜，漆膜过厚不能充分固化。

（7）有机硅树脂漆涂浆防腐。

1）稀释剂为醋酸丁酯（或戊酯）与甲苯的质量比为 1∶1。

2）涂装粘度喷涂时为 15～18 s，刷涂时为 23～26 s。

3）第一层常温干燥 2 h 后，再涂第二层，最后在常温下干燥。

4）当调制成银色漆时，所用铝粉浆在使用前配入，每 100 份质量清漆用 9 份质量铝粉浆或 6 份质量铝粉。配制时将需用铝粉浆先以少量清漆调匀后再逐渐加入其余清漆。

（8）醇酸树脂漆防腐。

1）醇酸树脂漆可用醇酸漆稀释剂 X-6 调制，涂装粘度规定如下：喷涂时为 25～35 s，喷涂压力为 0.25～0.4 MPa；刷涂时为 50～70 s。

2）剩余油漆表面应覆盖少量松节油或 200 号溶剂油，以防表面结皮。

3）漆膜经过 60℃～70℃烘烤，可提高耐水性。

（9）聚氨酯漆防腐。

1）聚氨酯漆宜配套使用。聚氨酯底漆、面漆应按照产品规定的配套组分配制而成。

2）每道漆间隔时间不宜超过 48 h，应在第一道漆未干时即涂第二道漆。对固化已久的涂层应用砂纸打磨后再涂下一道漆。

3）聚氨酯漆涂装粘度。刷涂时间为 30～50 s；喷涂时间为 20～35 s。调整粘度可用X-11 稀释；亦可用环己酮和二甲苯调配，其质量比为 1∶1。严禁使用醇类溶剂作稀释剂。

（10）冷底子油防腐。

1）冷底子油应由 30 号、10 号石油沥青或软化点为 50℃～70℃的焦油沥青加入溶剂（煤油、轻柴油、汽油或苯）配制而成。其配比如下：①石油沥青和煤油（或轻柴油）的质量比为 1∶1.5；②石油沥青和汽油的质量比为 1∶2.33；③焦油沥青和苯的质量比为 1∶1.22。

2）配制前，应将沥青打碎至拳头大小放入锅内熔化，使其脱水至不再起泡沫为止。

3）将熬好的沥青倒入料桶中，再加入溶剂。当加入慢挥发性溶剂时，沥青的温度不得超过 140℃；当加入快挥发性溶剂时，沥青的温度不得超过 110℃。溶剂应分多次加入，开始时每次 2～3 L，以后每次 5 L；也可将熔化的沥青成细流状加入溶剂中，并不停地搅拌至沥青全部熔化为止。

4）冷底子油应采用刷涂或喷涂。

5）冷底子油涂装完毕后，应停留一段时间再进行下一道工序的施工，对慢挥发性溶剂的冷底子油，宜为 12～48 h；对快挥发性溶剂的冷底子油，宜为 5～10 h。

4. 埋地设备与管道的防腐

埋地设备和管道防腐等级和选用材料由设计决定，防腐蚀涂层结构和厚度应符合相应防腐蚀涂料和等级的要求。

埋地设备和管道防腐蚀应做好隐蔽工程记录，必须在下沟回填前验收确认。

(1)石油沥青涂料防腐。

1)底漆的配制。底漆的作用是增加沥青涂层与钢管表面的粘结力。底漆是用与沥青涂层相同的沥青和不含铅的汽油按 1：(2.25～2.5)(质量比)的配比配制而成。调配时先将沥青加热至 170℃～220℃进行脱水,然后再降温至 70℃左右,再将沥青慢慢倒入按上述配合比备好的汽油中,一边倒一遍搅拌。严禁把汽油倒入沥青中。

雨期施工时,宜用橡胶溶剂汽油或航空汽油溶化 30 号石油沥青,沥青和汽油的质量比为1：2。

2)填料可采用高岭土、7 级石棉或滑石等材料。在装设阴极保护的管段上严禁使用高岭土,含有可溶性盐类的材料严禁作为填料。

3)沥青涂料的熬制。熬制前,宜将沥青破碎成粒径为 100～200 mm 的块状,并清除纸屑、泥土及其他杂物。熬制开始时,应缓慢加热,熬制温度不宜高于 220℃左右,且不宜在 200℃以上持续 1 h 以上。熬制中应经常搅拌,并清除熔化沥青表面上的漂浮物。

沥青锅的容量不得超过其容积的 3/4。每锅沥青的熬制时间一般宜控制在 4～5 h 左右。每口锅熬制 5～7 锅沥青后,应进行一次清锅,将沉渣及结焦清除干净,熬好的沥青应彻底脱水,不含杂质,配制沥青涂料应有系统的取样试验,不同温度管道对沥青性能的要求见表 4-52。

表 4-52 不同温度管道对沥青性能的要求

管道类别	输送介质温度(℃)	沥青性能要求			备 注
		软化点(℃)	针入度(1/10 mm)	伸长度(cm)	
非加热管道	常温	≥75	15～30	>2	用 30 号沥青或 30 号沥青与 10 号沥青调配
热管道	<50	≥95	5～20	>1	用 10 号沥青或 10 号沥青与专用沥青调配
	50～70	≥120	5～15	>1	用 1 号专用石油沥青
	70～75	≥115	<25	>2	用 2 号或 3 号专用石油沥青

4)涂底漆防腐。底漆应涂在洁净和干燥的表面上,涂抹应均匀,不得有空白、凝块和流坠等缺陷。

5)浇涂沥青及缠绕玻璃布。玻璃布为沥青绝缘层中间加强包扎材料,其作用是提高防腐层的强度及防腐层的整体性和稳定性。底漆干燥后方可浇涂沥青及缠绕玻璃布。常温下涂沥青应在涂底漆后 48 h 内进行。沥青应在已干燥和未受沾污的底漆层上浇涂。浇涂时,沥青涂料的温度应保持在 150℃～160℃。已涂沥青涂料的管道,在炎热天气应避免阳光直接照射。浇涂沥青后,应立即缠绕玻璃布。

(2)环氧煤沥青防腐。

1)环氧煤沥青使用时应按比例配制。加入固化剂后必须充分搅拌,熟化 10～30 min 后方可涂刷。

2)当施工环境温度低或漆料粘度过大时,可适量加入稀释剂,能以正常涂刷且不会影响漆膜厚度为宜,面漆稀释剂用量不得超过 5%。

3)当储存的涂料出现沉淀时,使用前应搅匀。

4)涂料应在配制后 8 h 内用完。

5)底漆干燥后即可涂下一道漆,且应在不流淌的前提下将漆层涂厚,并立即缠绕玻璃布。玻璃布缠绕完毕后,应立即涂刷下一道漆。最后一道面漆应在前一道面漆实干后涂装。

(3)缠绕玻璃布和包扎聚氯乙烯工业膜防腐。

1)缠绕玻璃布。浇涂热沥青后,应立即缠玻璃丝布。玻璃丝布必须干燥、清洁,缠绕时应紧密无皱褶,压边应均匀,压边宽度为 30～40 mm,玻璃布的搭接长度为 100～150 mm。玻璃布的沥青浸透率应达 95% 以上,严禁出现大于 50 mm×50 mm 的空白,管子两端应按管径大小预留一段不涂沥青的长度。预留长度一般为 150～250mm,钢管两端各层防腐层应做成阶梯形接槎,阶梯接槎宽度为 50 mm 左右。

2)包扎聚氯乙烯工业膜通常在沥青绝缘层的最外边,还包一层透明的聚氯乙烯薄膜,其作用是增强绝缘层的防腐性能,提高绝缘层的强度和热稳定性、耐寒性,为防止绝缘层的机械损伤和日晒变形。待沥青层冷却至 100℃ 以下时,方可包扎聚氯乙烯工业膜外保护层,外包聚氯乙烯应紧密适宜,无皱褶、脱壳等现象,压边应均匀,压边宽度为 30～40 mm,搭接长度为100～150 mm。

(4)管道涂层补口和补伤防腐。管道涂层补口和补伤的防腐蚀涂层结构及所用材料,应与管道防腐蚀涂层相同。当损伤面积大于 100 mm² 时,应按该防腐蚀涂层结构进行补伤,小于 100 mm² 时可用涂料修补。补口、补伤处的泥土、油污、铁锈等应清除干净呈现钢灰色。补口时每层玻璃布及最后一层聚氯乙烯工业膜在原管涂层接槎处搭 50 mm 以上。

(5)气温低于 5℃ 时,防腐蚀施工应按冬期施工处理,并应符合下列规定。

1)应测定沥青涂料的脆化温度,达到脆化温度时,不得进行起吊、搬动作业。

2)如在气温低于 −5℃,且不下雪、空气相对湿度不大于 75% 时,管道在进行沥青绝缘防腐涂覆时可不预热;若空气湿度大于 75%,管道上凝有霜露时,管子应先经管道预热,干燥后方可进行防腐蚀施工。

3)在气温低于 −25℃ 时,或在雾、雪和大风天气中,不得进行防腐蚀施工。

(6)防腐蚀后的管段堆放、搬运和装卸。防腐蚀后的管段堆放、装卸、运输、下沟、回填等应采取有效措施,保证防腐蚀涂层不受损伤,且应符合下列要求。

1)管段应分类整齐堆放,底部用支垫垫起,并高出地面,且不得直接放在地面上。

2)管段露天堆放时,宜用避光物遮盖,堆放时间不应超过 3 个月。

3)搬移管段时,必须轻拿轻放,摆放整齐,并采用专用吊具。宜使用宽幅尼龙带或其他适当材料制作的吊环,防止损伤防腐蚀涂层。

4)管段下沟前应检查管沟尺寸是否符合要求,沟底应平整,清除碎石、瓦砾、玻璃渣等硬物。管段下沟后,软土回填应超过管顶 200 mm 以上,然后方可二次回填。

第五章　太阳能热水设备工程

第一节　太阳能热水器

一、太阳能热水器的结构及形式

太阳能热水器的结构主要有集热器、水箱外壳、保温层、水箱内胆、水箱端盖、支架和反射板,重要组成部分是集热器。

太阳能热水器常见的形式有池式、筒式、管板式、真空管式等几种,各种形式及其结构见表 5-1。

表 5-1　太阳能热水器的形式及结构示意图

形式	结构示意图
池式热水器	
筒式热水器	
管板式热水器	
胆式热水器	
板式热水器	

二、太阳能热水器安装材料

太阳能热水器的安装如图 5-1 和图 5-2 所示,安装太阳能热水器所需主要材料见表 5-2。

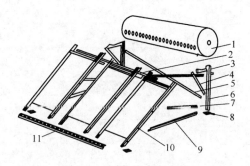

图 5-1　30°角热水器安装

1—水箱;2—前架水平梁;3—不锈钢桶托;4—后立柱斜撑;5—后立柱斜拉梁;
6—后立柱;7—中拉梁;8—地脚;9—下拉梁;10—反射板;11—尾架

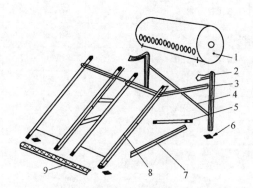

图 5-2　45°角热水器安装

1—水箱;2—不锈钢桶托;3—后立柱;4—后立柱斜拉梁;
5—斜拉梁;6—地脚;7—底拉梁;8—反射板;9—尾架

表 5-2　安装太阳能热水器所需的主要材料

材料名称	规格(mm)	数量	材料名称	规格(mm)	数量
波纹管	—	2 根	弯头	DN15	1 个
单项阀	—	1 个	活接头	DN15	1 个
球阀	—	3 个	铝塑复合管	$\phi 10$	若干
镀锌钢管	DN15	1 m	淋浴喷头	—	1 套

三、太阳能热水器主要技术参数

1. 玻璃—金属真空管型太阳能集热器结构与安装尺寸

玻璃—金属真空管型太阳能集热器结构与安装尺寸见表 5-3。

表 5-3　玻璃—金属真空管型太阳能集热器结构与安装尺寸

规格型号	L (mm)	W (mm)	H (mm)	DN (mm)	L_1 (mm)	总面积 (m^2)	采光面积 (m^2)	真空管根数	真空管规格 $\phi \times$ 长度 (mm×mm)
CP-BJ-WF-2.0/8-2	2 160	990	150	25	25	2.13	—	8	100×2 000
QU58×1800	2 000	960	146.5	20	30	1.92	1.20	12	58×1 800
HUJ12/1.6	1 790	1 164	110	15	60	2.08	—	12	58×1600
HUJ12/1.8	1 990	1 164	110	15	60	2.32	—	12	58×1 800
HUJ15/2.1	2 253	1 128	145	15	48	2.52	—	15	58×2 100
HUJ16/1.6	1 790	1 516	110	15	60	2.71	—	16	58×1 600
HUJ16/2.1	2 290	1 516	110	15	60	3.47	1.76	16	58×2 100
HUJ18/2.1	1 935	1 344	145	15	59	2.60	—	18	58×2 100
TZ47/1500-10U	1 640	920	150	15	50	1.51	—	10	47×1 500
TZ47/1500-15U	1 640	1 270	150	15	50	2.08	0.94	15	47×1 500
TZ47/1500-20U	1 640	1 620	150	15	50	2.66	—	20	47×1 500
TZ47/1500-30U	1 640	2 320	150	15	50	3.80	—	30	47×1 500
GN-16	1610	1 023	177	25	26	1.7	—	12	47×1 500
LPDHWS-2-Y	1 641	1 392	103	15	48	2.4	2.02	12	47×1 500
LPDHWS-3-Y	1 641	2 082	103	15	48	3.5	—	18	47×1 500
LPDHWS-1.5W (1521)-Y	1 641	1 498	112	15	48	2.6	—	21	47×1 500

2. 热管式真空管型太阳能集热器结构与安装尺寸

热管式真空管型太阳能集热器结构与安装尺寸见表 5-4。

表 5-4　热管式真空管型太阳能集热器结构与安装尺寸

规格型号	L (mm)	W (mm)	H (mm)	DN (mm)	L_1 (mm)	总面积 (m^2)	采光面积 (m^2)	真空管根数	真空管规格 $\phi \times$ 长度 (mm×mm)
CP-RG-WF-2.0/8-2	2 160	990	150	25	25	2.13	—	8	100×2 000
QR102×2000	2 000	2 000	146.5	25	30	4.40	3.21	16	102×2 000
MZ58/1800-10R	2 020	995	155	25	50	2.08	—	10	58×1 800
MZ58/1800-15R	2 020	1 410	155	25	50	2.85	—	15	58×1 800
MZ58/1800-20R	2 020	1 825	155	25	50	3.65	2.03	20	58×1 800
MZ58/1800-30R	2 020	2 655	155	25	50	5.36	—	30	58×1 800

3. 全玻璃真空管型太阳能集热器（横排）结构与安装尺寸

全玻璃真空管型太阳能集热器（横排）结构与安装尺寸见表5-5。

表5-5　全玻璃真空管型太阳能集热器（横排）结构与安装尺寸

规格型号	L (mm)	W (mm)	H (mm)	DN (mm)	L_1 (mm)	总面积 (m^2)	采光面积 (m^2)	真空管根数	真空管规格 $\phi \times$ 长度 (mm×mm)
QB47×1200	2 000	2 500	145.5	25	50	5.00	—	60	47×1 200
QB47×1500	2 000	3100	146.5	25	50	6.20	—	60	47×1 500
ϕ47-1500×48	1 434	3 050	180	20	210	4.37	—	48	47×1 500
ϕ58-1800×30	1 455	3 650	180	20	210	5.31	—	30	58×1 800
ϕ58-1800×36	1 710	3 650	180	20	210	6.24	—	36	58×1 500
TZG17/1500-50S	3 200	1 880	170	25	50	6.02	—	50	47×1 500
MZG-47/1500-50S	3 200	1 880	170	25	50	6.02	—	50	47×1 500
NP-56	3 076	2 000	146	32	30	2.6	—	21	47×1 500
SL-HJ-1.5-56	2 090	3 150	210	32	70	6.58	—	56	47×1 500
SL-HJ-1.5-50	1 880	3 150	210	32	70	5.92	—	50	47×1 500

4. 全玻璃真空管型（竖排）太阳能集热器结构与安装尺寸

全玻璃真空管型（竖排）太阳能集热器结构与安装尺寸见表5-6。

表5-6　全玻璃真空管型（竖排）太阳能集热器结构与安装尺寸

规格型号	L (mm)	W (mm)	H (mm)	DN (mm)	L_1 (mm)	总面积 (m^2)	采光面积 (m^2)	真空管根数	真空管规格 $\phi \times$ 长度 (mm×mm)
ZQB-2.0/20	1 400	2 000	120	20	50	2.80	—	20	47×1 200
ZQB-2.5/25	1 400	2 500	120	20	50	3.50	—	25	47×1 200
CP-QB-YF-0.11/50-1	1 850	3 150	140	25	25	5.83	—	50	47×1 500
24×1	1 940	2 000	140	40	10	3.88	—	24	58×1 800
72×1	1 940	6 000	140	40	10	11.64	—	72	58×1 800
QB58×1800	2 000	2 000	146.5	25	50	4.00	—	26	58×1 800
ϕ47-1500×18	1 295	1 373	180	20	210	1.78	—	18	47×1 500
ϕ58-1800×18	1 504	1 504	180	20	210	2.57	—	18	58×1 800
ϕ58-1800×20	1 504	2 000	180	20	210	2.32	2.03	20	58×1 800
NP-32/S	1 930	2 000	146	32	30	3.9	—	18	47×1 800
MZG47/1500-20	1 690	1 530	170	25	50	2.59	—	20	47×1 500
SL-LJ-1.5-20	1 500	1 650	186	40	40	2.48	1.30	20	47×1 500

规格型号	L (mm)	W (mm)	H (mm)	DN (mm)	L_1 (mm)	总面积 (m^2)	采光面积 (m^2)	真空管根数	真空管规格 $\phi\times$长度 (mm×mm)
TZG47/1500-20	1 690	1 530	170	25	50	2.58	—	20	47×1 500
LPPGH47-3(1 518)-CY	1 610	2 039	112	20	30	3.4	—	18	47×1 500
LPPGH47-3(1 530)-WY	1 610	2 039	112	20	30	3.4	—	30	47×1 500

第二节　太阳能热水器及设备的安装

一、安装准备

(1)根据设计要求开箱核对热水器的规格型号是否正确,配件是否齐全。

(2)清理现场,画线定位。

二、热水器设备组装

(1)管板式集热器是目前广泛使用的集热器,与储热水箱配合使用,倾斜安装。集热器玻璃安装宜顺水搭接或框式连接。

(2)集热器安装方位。在北半球,集热器的最佳方位是朝向正南,最大偏移角度不得大于15°。

(3)集热器安装倾角。最佳倾角应根据使用季节和当地纬度按下列规定确定。

1)在春、夏、秋三季使用时,倾角设置采用当地纬度。

2)仅在夏季使用时,倾角设置比当地纬度小10°。

3)全年使用或仅在冬季使用时,倾角比当地纬度大10°。

(4)直接加热的储热水箱制作安装。

1)给水应引至水箱底部,可采用补给水箱或漏斗配水方式。

2)热水应从水箱上部流出,接管高度一般比上循环管进口低50～100 mm,为保证水箱内的水能全部使用,应将水箱底部接出管与上部热水管并联。

3)上循环管接至水箱上部,一般比水箱顶低200 mm左右,但要保证正常循环时淹没在水面以下,并使浮球阀安装后工作正常。

4)下循环管接自水箱下部,为防止水箱沉积物进入集热器,出水口宜高出水箱底50 mm以上。

5)由集热器上、下集管接往热水箱的循环管道,应有不小于0.005的坡度。

6)水箱应设有泄水管、透气管、溢流管和需要的仪表装置。

7)储热水箱安装要保证正常循环,储热水箱底部必须高出集热器最高点200 mm以上,上下集管设在集热器以外时应高出600 mm以上。

三、配水管路安装

配水管路安装见表5-7。

表 5-7　配水管路安装

项目	内　　容
自然循环系统管道安装	(1)为减少循环水头损失,应尽量缩短上、下循环管道的长度和减少弯头数量,应采用大于 4 倍曲率半径、内壁光滑的弯头和顺流三通。 (2)管路上不宜设置阀门。 (3)在设置多台集热器时,集热器可以并联、串联或混联,但要保证循环流量均匀分布,为防止短路和滞流,循环管路要对称安装,各回路的循环水头损失平衡。 (4)为防止气阻滞流,循环管路(包括上下集管)安装应不小于 0.01 的坡度,以便于排气。管路最高点应设通气管或自动排气阀。 (5)循环管路系统最低点应加泄水阀,使系统存水能全部泄净。每台集热器出口应加温度计
机械循环系统安装	机械循环系统适合大型热水器设备使用。安装要求与自然循环系统基本相同,还应注意: (1)水泵安装应能满足 100℃高温下正常运行。 (2)间接加热系统高点应加膨胀管或膨胀水箱

四、热水供应管路系统安装

热水供应管路系统安装内容如下:

(1)管路系统试压,应在未做保温前进行水压试验,其压力值应为管道系统工作压力的 1.5 倍,最小不低于 0.5 MPa。

(2)系统试压完毕后应做冲洗或吹洗工作,直至将污物冲净为止。

(3)热水器系统安装完毕,在交工前按设计要求安装温控仪表。

(4)按设计要求要做防腐和保温工作。

(5)太阳能热水器系统交工前进行调试运行,系统上满水,排除空气,检查循环管路有无气阻和滞流,机械循环检查水泵运行情况及各回路温升是否均衡,做好温升记录,水通过集热器一般应温升 3℃～5℃。符合要求后办理竣工验收手续。

参 考 文 献

[1] 北京土木建筑学会．建筑给水排水及采暖工程施工操作手册[M]．北京:经济科学出版社,2005.

[2] 刘文君．建筑工程技术交底记录[M]．北京:经济科学出版社,2003.

[3] 张克强．农村污水处理技术[M]．北京:中国农业科学技术出版社,2006.

[4] 张忠祥,钱易．废水生物处理新技术[M]．北京:清华大学出版社,2004.

[5] 北京市市政工程设计研究总院．给水排水设计手册[M]．北京:中国建筑工业出版社,2004.

[6] 北京土木建筑学会．新农村建设:给排水工程及节水[M]．北京:中国电力出版社,2008.